JN412402

사물인터넷과
아두이노 프로그래밍

김동준 · 이용국 공저

아두이노와 함께하는 사물인터넷 탐험기

이 책을 집필하는 목적은 사물인터넷을 이해시키기 위한 것입니다. 그런데 어떻게 설명해야 목적을 달성할 수 있을까요? 아인슈타인은 '아무리 뛰어난 이론이라도 어린이가 이해할 수 있도록 설명하지 못한다면 아무 짝에도 쓸모가 없다'고 말했습니다. 저희들은 아인슈타인이 아닙니다. 그렇지만 아인슈타인의 말을 마음에 깊이 새겨, 남녀노소 누구나 편안하게 이해할 수 있는 책이 탄생하도록 최선을 다하려고 합니다.

혹자는 무엇이든 유선과 무선으로 연결되어 있는 현재의 통신 환경에서 간단히 앱(어플리케이션 프로그램)을 불러내어 편리하게 사용만 할 수 있으면 된다고 생각할 것입니다. 그러나 그 내면에 들어 있는 원리를 깨닫고 사용한다면 새로운 가능성을 예측할 수 있고, 속된 표현으로 돈이 되는 무언가를 여러분이 만들어 낼 수도 있습니다. 그렇기 때문에 일반인들도 원리를 알고자 하는 노력이 필요하고, 그 노력에 도움을 주고자 이 책이 필요한 것입니다.

사물인터넷은 대학교의 정보통신을 전공하는 사람들이 공부하는 내용이라 생각하기 때문에 일단 접근하기 어려울 것이라 생각합니다. 일견 맞는 말이지만 꼭 그렇지는 않습니다. 저희들은 전공자가 아닌 일반인들이 이해할 수 있는 사물인터넷 책을 출간할 수 있다는 것을 보여 주고 싶습니다. 상식적인 수준에서 접근하여 어려운 용어를 알기 쉽게 설명하면 가능할 것이라 믿고 있습니다. 그것을 증명하기 위해 사물인터넷 분야에서 접하는 수많은 전문용어들을 그림을 곁들여 쉽게 설명하였고, 아두이노를 이용하여 사물인터넷을 움직이는 소프트웨어를 여러분들이 직접 제작해 볼 수 있도록 하였습니다.

사물인터넷에는 수많은 기술들이 숨어 있습니다. 그리고 수많은 과학자들과 공학자들의 땀과 노력이 녹아 있습니다. 어딘가에 숨어있을 특별한 기술과 많은 사람들의 땀과 노력을 저희들과 함께 찾아봅시다.

탐험이란 위험을 무릅쓰고 어떤 곳을 찾아가서 살펴보고 조사하는 것을 말하지만, 이 책은 위험을 무릅쓸 필요까지는 없으니 책을 읽어 나가기 전에 먼저 기죽지 말기 바랍니다. 어려운 용어들을 가능한 쉽게 설명하였으나 이해에 어려움이 있는 경우 머리에 쥐가 날 수 있는 위험은 있을 수 있기에 책 제목에 탐험이라는 단어를 사용했다는 것을 이해하기 바랍니다.

여러분들이 어린 시절에 망원경을 처음 봤을 때 기억나세요? 멀리 있는 사물이 바로 내 눈앞에 가까이 보여서 깜짝 놀란 기억이 있을 거예요. 사물인터넷은 다섯 글자밖에 안되죠? 그렇지만 내부를 자세히 들여다보면 정말 흥미로운 것이 무지하게 많아요. 망원경을 새로 사서 저 멀리 보이는 달 표면을 자세히 들여다보면서 느꼈던 새로운 것을 발견했다는 기쁨을 기억하시기 바랍니다. 다시 한번 더 강조하고 싶군요. 탐구정신을 발휘해 주세요. 저희들의 기대가 어긋나지 않았으면 좋겠습니다. 여러분 모두들, 파이팅!!!

제1장 사물인터넷과 아두이노/11

1.1 사물인터넷이란? 13
1.2 아두이노란? 14
1.3 사물인터넷과 아두이노 15
1.4 네트워크 토폴로지 17

제2장 아두이노 실습을 위한 전기, 전자의 기초/21

2.1 전류, 전압, 그리고 저항 23
2.2 직렬연결과 병렬연결 25
2.3 교류와 직류 26
2.4 전원장치 27
2.5 LED 30
2.6 브레드보드 31
2.7 엔지니어링 공구 33
2.8 테스터기 사용법 34

제3장 사물인터넷용 온도 센서 만들기/37

3.1 온도 센서란? 39
3.2 온도 검출소자 40
3.3 서미스터의 특성 분석 41
3.4 서미스터의 출력전압 검출 43
3.5 서미스터와 비교기 45
3.6 온도 센서와 마이크로컴퓨터 48
3.7 온도 센서의 완성 53

제4장 사물인터넷과 데이터 통신/57

4.1 통신이란? 59

4.2 데이터 표현 방법 60
4.2.1 문자와 숫자 데이터의 표현 60
4.2.2 음성 데이터의 표현 64
4.2.3 영상 데이터의 표현 65

4.3 단방향 전송과 양방향 전송 68

4.4 아날로그 통신과 디지털 통신 69

4.5 동기식 전송과 비동기식 전송 72

4.6 시리얼(직렬) 통신과 패러럴(병렬) 통신 74

4.7 유선 통신과 무선 통신 77

4.8 적외선 통신 83
4.8.1 적외선과 광 무선 통신 83
4.8.2 적외선 통신 84
4.8.3 국제적외선통신데이터협회(IrDA) 86

4.9 사물 간 통신 86

제5장 사물인터넷과 통신 프로토콜/91

5.1 통신 프로토콜이란? 93

5.2 통신 프로토콜의 기능 94
5.2.1 단편화/재합성 94
5.2.2 캡슐화 95
5.2.3 연결 제어 96
5.2.4 흐름 제어 96

5.3 통신 프로토콜의 분류 97
5.3.1 직접/간접 연결 프로토콜 97
5.3.2 단일체/구조적 프로토콜 98
5.3.3 대칭/비대칭 프로토콜 99
5.3.4 표준/비표준 프로토콜 99

5.4 사물 간 통신 프로토콜 설계 ··· 101
5.4.1 Start Frame Field ··· 101
5.4.2 Address Field ··· 102
5.4.3 주소배정 방법 ··· 103
5.4.4 Type/Length Field ··· 105
5.4.5 Data Field ··· 106
5.4.6 FCS Field ··· 106
5.4.7 Stop Frame Field ··· 107
5.5 SO간 통신 프로토콜 ··· 107
5.6 채널 액세스 프로토콜 ··· 108
5.6.1 채널과 다중화의 이해 ··· 108
5.6.2 시분할 다중화 ··· 109
5.6.3 주파수 분할 다중화 ··· 111
5.6.4 코드 분할 다중화 ··· 114

제6장 사물 간 통신을 위한 이더넷 네트워킹/117

6.1 이더넷 소개 ··· 119
6.2 데이터 충돌 방지 방법 ··· 120
6.3 아두이노와 공유기 연결 ··· 122
6.4 이더넷 네트워킹 ··· 124

제7장 사물인터넷 관련 기반 기술/127

7.1 클라우드와 빅데이터 ··· 129
7.2 플랫폼 ··· 132
7.3 보안 ··· 134
7.3.1 보안 인증 ··· 134
7.3.2 암호화 개념 ··· 135
7.3.3 해킹 ··· 137

제8장 아두이노 보드의 동작방식/139

8.1 아두이노 보드 동작방식 141
8.1.1 아두이노(Arduino) 보드의 구성 141
8.1.2 아두이노 보드의 사양 142
8.1.3 아두이노 보드의 동작방식 143
8.1.4 아두이노 개발환경과 C언어 145
8.2 아두이노 개발환경과 구축 146
8.2.1 자바설치 146
8.2.2 아두이노 설치 148
8.2.3 내 컴퓨터와 아두이노 보드 간의 통신 환경 구축하기 157
8.3 아두이노 스케치의 기본 문법 158
8.3.1 아두이노 코딩에서 함수란 무엇인가? 158
8.4 아두이노 보드에서 내 컴퓨터에게 시리얼 통신으로 문자보내기 161
8.4.1 아두이노 보드에 업로드하기 161
8.4.2 메아리 통신 164
8.4.3 아스키코드와 Serial.write() 그리고 Serial.println()의 차이점 165
8.4.4 아두이노 개발환경에서 만든 스케치 보관하기 167
8.4.5 아두이노 개발환경에서 새로운 스케치 만들기 167
8.4.6 아두이노 개발환경의 라이브러리 추가하기 167

제9장 사물인터넷 구현을 위한 아두이노 보드 기초 응용/171

9.1 아두이노 보드의 입·출력 포트 사용방법 173
9.2 아두이노 보드 내부의 LED 깜빡이기 176
9.3 외부 LED를 깜빡이기 177
9.4 외부의 LED 여러 개를 차례대로 깜빡이기 179
9.5 스위치 사용하기 182
9.6 플로팅·풀업저항·풀다운 저항이란? 182
9.7 여러 개의 스위치로 여러 개의 LED 켜기 187
9.8 풀업저항, 풀다운저항 없이 스위치 사용하기 190

9.9 아날로그 출력(PWM) – 펄스로 LED 제어하기 ··· 191
9.10 아날로그 신호 받기 – 건전지 전압 측정하기 ··· 194
9.11 아날로그 신호 받기 – 가변저항 값 읽어오기 ··· 195
9.12 아두이노로 멜로디 연주하기 ··· 197

제10장 외부세계를 감지하는 사물인터넷/201

10.1 광 센서(LDR-light dependent resistor) ··· 203
10.2 인체감지 센서로 침입자 감시 사물인터넷에 도전 ··· 207
10.3 적외선 센서를 통한 문 열림 사물인터넷의 구현 ··· 209
10.4 초음파 센서를 통한 거리측정 사물인터넷에 도전 ··· 211
10.5 온·습도 센서로 지정한 장소의 온도 실시간 파악하기 ··· 213

제11장 물리적 움직임을 제어하는 사물인터넷 기술/217

11.1 DC모터 제어하기 ··· 219
11.2 릴레이 제어하기 ··· 224
11.2.1 릴레이를 통한 전원스위치 온·오프 ··· 224
11.2.2 릴레이를 통한 DC모터 제어 ··· 225
11.3 서보모터 제어하기 ··· 226
11.4 정밀한 제어를 위한 스테핑모터 ··· 229

제12장 사물인터넷 장치들 간의 디지털통신 소개/233

12.1 I2C 통신 규약 ··· 235
12.2 I2C 통신을 활용한 시계모듈 ··· 237
12.3 SPI 통신 규약 ··· 240
12.4 SPI 통신으로 SD메모리카드 사용 ··· 241
12.5 SPI 통신으로 8자리 숫자 표시하기 ··· 244

제13장 진정한 사물인터넷을 위한 네트워크 실전/249

13.1 아두이노 이더넷 쉴드 활용 ······ 251
13.1.1 이더넷의 로컬IP 알아내기 ······ 252
13.1.2 웹상에서 사물인터넷의 정보를 제공하기 위한 아두이노 웹서버의 구현 ······ 255
13.1.3 SD카드에 저장해 둔 HTML로 웹서버 서비스하기 ······ 259
13.1.4 사물인터넷의 기본 활용- 아두이노 웹서버로 내 방 온도 확인하기 ······ 261
13.1.5 사물인터넷 장치가 웹에 접속, 아두이노 웹클라이언트 ······ 264
13.2 와이파이쉴드를 통한 선 없는 사물인터넷에 도전 ······ 267
13.2.1 와이파이 웹서버를 활용한 아두이노 아날로그 포트 상태 웹서비스하기 ······ 267
13.2.2 아두이노 무선 와이파이 웹클라이언트 ······ 271
13.2.3 외부에서 아두이노 이더넷에 접속 ······ 273

[제 1 장]

사물인터넷과 아두이노

1.1 사물인터넷이란?

우선 가장 기본이 되는 단어인 사물에 대하여 알아봅시다. 사물을 국어사전에서는 '물질세계에 있는 모든 구체적이며 개별적인 존재를 통틀어 이르는 말'이라고 되어 있으므로 지상에 존재하는 모든 물체들은 사물이라 볼 수 있습니다. 그러나 사물인터넷에서 가장 많이 거론하는 것은 유선 또는 무선으로 연결할 수 있는 다양한 센서와 단말기, 그리고 스마트한 기능을 내장하고 있는 각종 가전제품들입니다.

다음으로 인터넷에 대하여 알아봅시다. 인터넷은 'Inter(상호간의)'와 'Network(네트워크)'의 합성어로 네트워크를 서로 연결하는 것을 말합니다. 그리고 네트워크는 그물처럼 연결되어 있는 도로, 철도, 상하수도 망에서 출발한 용어지만, 여기서는 유무선 통신망을 뜻하므로 인터넷은 여러 가지의 통신망을 서로 연결한 것입니다.

따라서 사물인터넷은 사물을 네트워크로 연결한 사물네트워크를 또 다른 사물네트워크와 서로 연결한 것이라고 볼 수 있지요. 그런데 사물인터넷에서의 인터넷은 단순히 네트워크를 서로 연결한 것만을 뜻하지 않습니다.

사물들을 어떻게 연결하고, 사물 간에는 어떻게 데이터를 주고받을 것인가는 차츰 알아보도록 하고, 우선 무슨 목적으로 연결하는가에 대해서 알아봅시다. 사물을 연결하는 목적은 각 사물이 가지고 있는 특성으로부터 현재 상태를 파악하고 이후의 변화를 예측하여 유용하게 활용하거나, 사물 사이의 상태정보를 서로 주고받으면서 더 좋은 서비스를 제공하거나, 좀 더 지능화시켜 스마트한 사물을 만들어 사람의 개입을 최소화하여 자동화하거나, 사물에서 발생하는 다양한 데이터를 실시간으로 모으고 분석하여 전략적이고 신속한 결정을 할 수 있도록 돕는 목적 등 다양합니다.

여기서 언급한 다양한 목적을 달성하기 위하여 많은 사물들이 네트워크로 연결되어야 하는데, 사물들을 연결하여 네트워크를 구성할 때, 연결 대상의 수가 적으면 간단하지만, 실제로 연결해야 할 사물이 수천 개, 수만 개, 심지어는 수십억 개가 되면 사물을 서로 연결하는 네트워크를 구축하는 것은 상상할 수도 없는 대단히 어려운 문제가 됩니다. 어떻게든 연결할 수는 있겠지만 네트워크를 구축하기 위하여 많은 시간과 천문학적인 돈이 필요하겠지요. 따라서 새롭게 돈을 투자해 사물인터넷을 위한 네트워크를 구축하는 대신에 기존에 사용하던 네트워크를 최대한 활용하는 것이 효율적이고 경제적일 것입니다.

현재 우리들이 가장 많이 사용하는 네트워크는 인터넷이라는 사실은 잘 알고 있죠? 이 인터넷은 전 세계 모든 컴퓨터를 연결하는 네트워크이므로 사물을 기존에 사용하던 인터넷에 연결하면 네트워크 구축비용을 최소화할 수 있을 거예요. 따라서 사물인터넷에서 인터넷은 여러 가지 다양한 네트워크를 상호 연결한다는 뜻은 물론, 기존의 인터넷에 사물을 연결하여 효율적인 네트워크를 구축하겠다는 뜻이 포함되어 있다고 이해하시면 되겠습니다.

1.2 아두이노란?

아두이노(Arduino)는 오픈 소스를 기반으로 한 단일 보드 마이크로컨트롤러(Microcontroller)와 관련 개발 도구 및 환경을 말합니다. 2005년 이탈리아의 IDII(Interaction Design Institute Ivera)에서 하드웨어에 익숙지 않은 학생들이 자신들의 디자인 작품을 손쉽게 제어할 수 있도록 하기 위해 고안되었다고 합니다.

아두이노는 다수의 스위치나 센서로부터 값을 읽어, LED나 모터와 같은 외부 전자 장치들을 마이크로컨트롤러를 사용하여 제어할 수 있습니다. 따라서 아두이노를 사용하여 온도 조절장치를 만들고, 로봇 팔을 움직이거나, 집안의 가전제품을 원격으로 제어하는 스마트 홈도 구현할 수 있습니다.

마이크로컨트롤러는 MCU(Micro Controller Unit)라고도 부르며, 마이크로프로세서(Microprocessor)와 입출력 모듈을 하나의 칩으로 만든 초소형 컴퓨터를 말합니다. '아두이노 우노'에 사용되는 마이크로컨트롤러(ATmega328)는 CPU(Central Processing Unit), 플래쉬(Flash) 메모리, EEPROM(Electrically Erasable Programming ROM), SRAM(Static Random Access Memory), 그리고 프로그램 가능한 입/출력을 가지고 있습니다.

CPU는 실제 연산에 사용되고, 플래쉬 메모리에는 응용 프로그램 코드가 기계어 형태로 저장되고, SRAM에는 기계어 코드가 실행되기 위한 변수나 데이터가 저장되고, EEPROM은 프로그램 동작이나 제어에 필요한 데이터를 저장하는 용도로 사용됩니다. SRAM이나 EEPROM 모두 데이터 저장용으로 사용하는 메모리인데, SRAM은 전원이 꺼지면 내용이 사라지지만 EEPROM은 전원이 꺼져도 내용이 남아 있습니다.

초반부터 너무 어려운 용어들이 많이 나와서 당황하셨지요? 마이크로컨트롤러를 구성하는 여러 장치를 지금 단계에서 이해하려고 하는 것은 무리가 있습니다. 일단 여러분들은 마이크로컨트롤러와 주변 회로로 만들어진 <그림 1-1>과 같은 '아두이노 우노' 보드를 어떻게 활용할 것인가에 집중하면 될 것입니다. <그림 1-1>을 잘 보면 'Korduino UNO'라고 프린트되어 있는 것이 보이는데, 이것은 제가 가지고 있는 아두이노 호환 장치를 사진 촬영한 것이라 그렇습니다. '코두이노 우노'는 우리나라 'JK전자'에서 만든 것입니다. 그림에서 아래쪽 파란색 선으로 표시한 것이 바로 마이크로컨트롤러입니다.

이 장치를 가지고 로봇 팔을 움직이고, 외부에서 원격으로 집에 있는 가전제품을 제어하는 상황을 상상해 보십시오. 얼마나 흥미로운 일입니까?

이 책에서는 사물인터넷을 구현하면서 아두이노 보드를 사용하지만, 아두이노 이외에도 라즈베리 파이, 인텔 에디슨 등의 싱글보드 컴퓨터도 사용되고 있으므로 여러분들이 관심을 가지고 사물인터넷에 응용할 수 있는 방법을 찾아보기 바랍니다.

<그림 1-1> 아두이노 우노

1.3 사물인터넷과 아두이노

'사물인터넷과 아두이노'라는 말을 들으면 어떤 생각이 떠오르나요? 전문적으로 잘 모른다고 해도, 둘 사이에 뭔가 연관성이 있을 것이라는 생각을 할 수 있겠지요? 맞습니다. 아두이노를 사용하여 사물인터넷을 구현할 수 있기 때문입니다.

앞에서 사물인터넷에서 가장 많이 거론하는 것은 다양한 센서(감지기)와 스마트한 기능을 내장하고 있는 각종 가전제품이라는 설명을 했습니다. 여기서는 아두이노와 센서를 사용하여 어떻게 사물인터넷을 구현할 수 있는지 설명하겠습니다.

사물인터넷에서 센서를 사용하는 이유는 뭘까요? 인터넷에 연결되어 있는 각종 센서는 주변 환경변화에 반응하여 데이터를 발생시키고, 그 데이터를 이용하여 어떤 장치의 전원을 켜거나 끌 수 있고, 그 데이터를 모아서 저장해 두었다가 나중에 통계자료를 만들어 특별한 서비스를 제공하는데 사용할 수 있기 때문이지요.

세상에는 얼마나 많은 종류의 센서가 있을까요? 세상에는 수 천 가지 센서가 있습니다. 그런데 온도 센서가 우리 주변에서 가장 많이 사용되고, 대부분의 센서가 동작하는 원리가 온도 센서와 비슷하기 때문에 여기서는 아두이노를 사용하여 사물인터넷을 구현할 때 온도 센서를 사용하여 설명할 것입니다.

온도 센서에 대한 상세한 정의를 알아보기 위해 인터넷을 찾아보니 네이버 지식백과에 '공기나 물과 같은 유체나 벽면 등의 온도를 검출하여 그 온도를 기록한다든지 제어한다든지 하기 위해 사용되는 장치. 보통은 검출한 온도를 전기 신호로 변환하여 전송합니다. 검출 소자에는 서미스터,

백금, 니켈, 열전쌍 등이 쓰인다.'라고 되어 있군요. 간단히 요약하면 온도 센서는 '검출 소자를 사용하여 온도를 알아내고, 그 결과를 전기 신호로 전송하는 장치'입니다. 온도 센서를 만드는 과정은 제3장에서 상세하게 설명하겠습니다.

다음 <그림 1-2>는 온도 센서와 아두이노를 연결한 그림입니다. 실제로 온도 센서와 아두이노를 연결하려면 여러 가지 전선이 필요하지만 여기서는 개략적인 그림으로만 설명합니다.

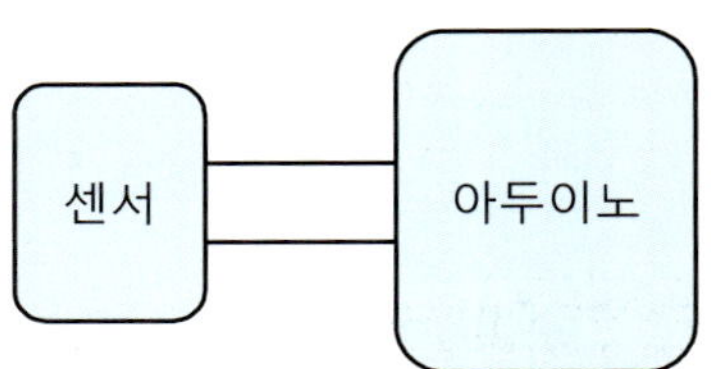

<그림 1-2> 센서와 아두이노 연결

온도 센서와 아두이노를 연결하는 이유는 무엇일까요? 앞에서 온도 센서는 '검출 소자를 사용하여 온도를 알아내고, 그 결과를 전기 신호로 전송하는 장치'라고 했었지요? 여기에 두 장치를 연결하는 이유가 있습니다. 온도 센서에서 나오는 전기신호를 읽어, 현재 온도가 몇 도인지 알아내기 위해서는 특별한 장치가 필요한데, 그 장치가 바로 아두이노에 들어가 있는 마이크로컨트롤러이기 때문입니다.

온도 센서가 인터넷에 연결된 사물이 되려면 한 가지 장치가 더 연결되어야 합니다. 그것은 바로 인터넷에 연결하기 위한 유무선 통신장치입니다. 다음 <그림 1-3>을 봅시다.

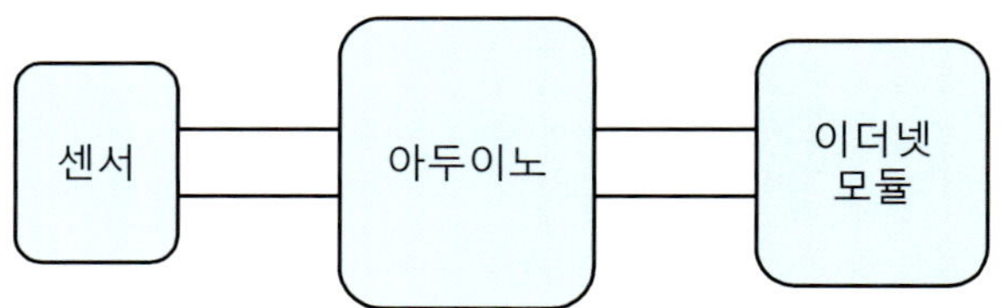

<그림 1-3> 센서, 아두이노, 이더넷 모듈 연결

통신장치로서 이더넷 모듈을 사용한 이유는 유선통신에서 가장 많이 사용하는 것이 이더넷 방식이기 때문입니다. 만약 무선으로 연결하려면 와이파이(Wi-Fi) 모듈을 사용하면 될 것입니다. 물론 이더넷 모듈과 와이파이 모듈을 함께 가지고 있는 통신장치도 있습니다. 이외에도 근거리 무선 통신(NFC, Near Field Communication)의 표준기술로서 블루투스(Bluetooth)와 지그비(ZigBee)를 지원하는 통신 모듈을 사용하여 사물인터넷을 구현할 수도 있습니다. 블루투스와 지그비의 경우 초저전력으로 동작하면서 센서와 같은 소형 장치에 내장하기 쉬운 장점이 있으므로 사물인터넷 분야에서 각광을 받고 있습니다.

지금 만들어진 온도 측정장치를 <그림 1-4>와 같이 여러분들이 집에서 사용하는 공유기에 연결하면 사물인터넷이 완성되는 것입니다. 추가로 또 다른 온도 측정 장치를 만들어 공유기에 연결하면, 두 개의 장치가 서로 연결되는 것입니다. 이것이 바로 사물인터넷의 시작입니다. <그림 1-4>에서 공유기와 유선으로 연결한 것을 표현하고 있습니다만, 일반적으로 공유기는 와이파이를 지원하므로 무선으로 연결할 수도 있습니다.

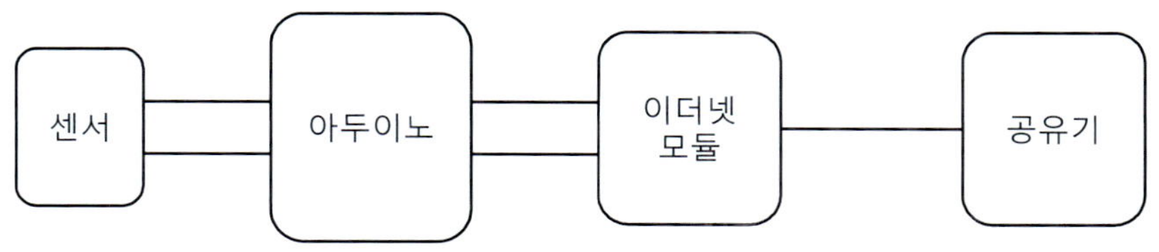

<그림 1-4> 아두이노를 사용한 사물인터넷

1.4 네트워크 토폴로지

앞에서 공유기를 예를 들어 사물인터넷을 설명하였는데, 실제로는 사물들을 연결하는 방법에는 여러 가지가 있습니다. 사물들을 연결하여 네트워크를 구성할 때, 사물들을 배치하는 형태를 네트워크 토폴로지(Topology)라고 하며, 네트워크 토폴로지에는 여러 가지가 있는데, 대표적인 것 몇 가지만 설명하겠습니다.

첫 번째는 <그림 1-5>와 같은 버스(Bus) 토폴로지입니다. 파란 색으로 표시된 직선은 통신 케이블이고, 네모는 앞에서 설명한 사물로서 센서, 아두이노, 이더넷 모듈이 결합한 장치에 해당합니다. 버스 토폴로지는 이더넷(Ethernet)으로 LAN(Local Area Network)을 구축할 때 사용하는 데, 이더넷에 대해서는 제6장에서 자세히 설명하겠습니다.

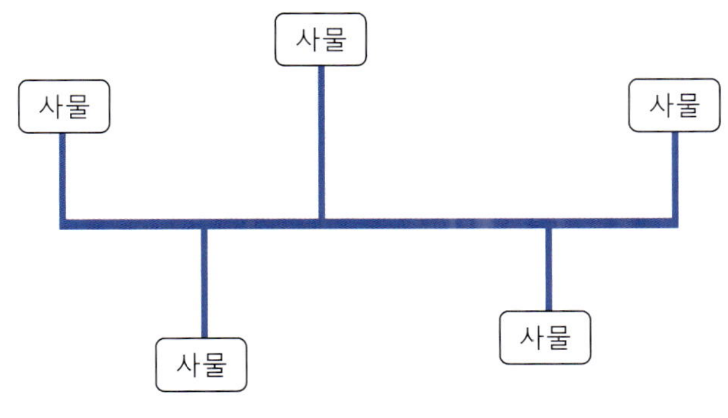

<그림 1-5> 버스 토폴로지

버스 토폴로지는 중앙에 있는 공통 케이블에 각 사물이 연결되어 있는 형태로서 사물들을 추가하거나 제거하는 것이 용이하고, 연결되어 있는 사물 중에서 오동작을 일으키는 사물이 있는 경우에라도 전체 네트워크에 영향을 주지 않습니다. 그러나 공통 케이블에 연결되는 사물의 수가 증가하면 할수록 데이터 트래픽이 증가하여 통신 속도가 떨어지면서 네트워크 성능이 나빠집니다.

두 번째는 <그림 1-6>과 같은 링(Ring) 토폴로지입니다. 링 토폴로지는 이름 그대로 사물들이 원형으로 연결되어 있고, 한 방향으로만 데이터 전송이 이루어집니다. 연결되어 있는 하나의 사물이 고장이 나면 네트워크 전체가 통신할 수 없는 단점이 있습니다. 유선으로 랜을 구축할 때 사용하는 토폴로지이고, 사물인터넷에는 적용하기 어려운 토폴로지입니다.

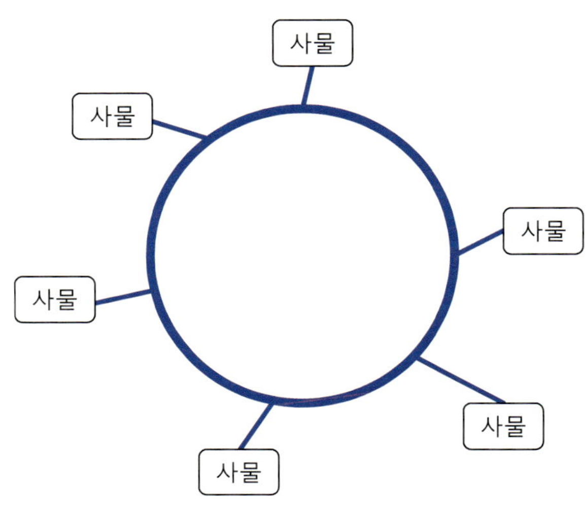

<그림 1-6> 링 토폴로지

세 번째는 <그림 1-7>과 같은 스타 토폴로지입니다. 스타 토폴로지의 특징은 중앙에 각 사물들의 통신을 제어하는 통제장치가 있는 것입니다. 그리고 각 사물들을 연결하고 제거하는 것이 용이하고, 모든 통신을 중앙에서 제어하기 때문에 각 사물들의 고장유무를 손쉽게 알 수 있는 장점이 있습니다만, 중앙에 있는 통제장치가 고장이 나면 네트워크 전체가 마비된다는 단점이 있습니다.

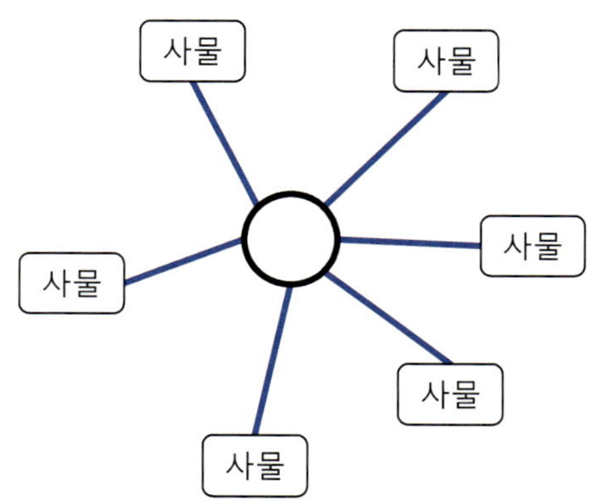

<그림 1-7> 스타 토폴로지

사물인터넷에서 이 통제장치는 각 사물들을 인터넷에 연결하기 위한 게이트웨이(Gateway)로 사용됩니다. 게이트웨이는 다음 <그림 1-8>과 같이 사물로부터 데이터를 받아 인터넷으로 전송할 수 있는 형태로 변환하여 전송하는 역할을 합니다. 일방적으로 송신만 할 수도 있지만, 필요에 따라 인터넷에서 제어 신호를 받아 사물에 전달할 수도 있습니다. 사물인터넷에 연결된 장치 중에는 정해진 시간에 주기적으로 데이터를 전송하는 것도 있지만, 외부 요청이 있을 때만 데이터를 전송하는 것도 있기 때문입니다.

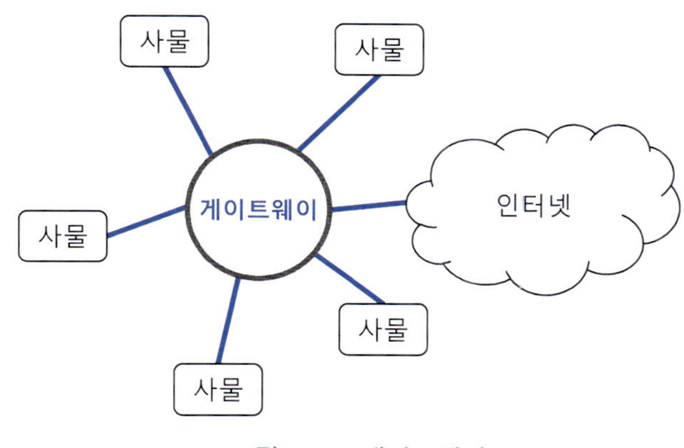

<그림 1-8> 게이트웨이

네 번째는 <그림 1-9>와 같은 매시(Mesh) 토폴로지입니다. 매시는 고기 잡는 그물망을 뜻하는 것으로 모든 사물들을 일대일로 연결하는 것입니다. 따라서 어떤 연결선로에 고장이 발생해도 우회할 수 있는 선로가 있으므로 사물 사이의 통신에 크게 영향을 주지 않습니다.

그러나 사물이 추가 될 때마다 연결선로가 급격히 증가하기 때문에 네트워크 구축비용이 많이 듭니다. 따라서 매시 형의 네트워크를 구축하기 위한 다른 방법을 찾아야 합니다.

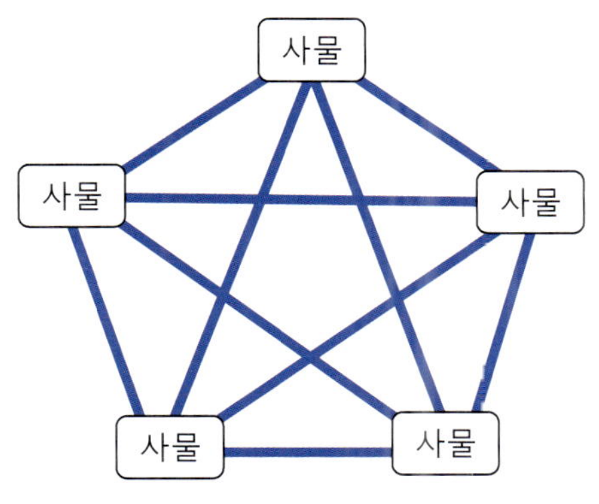

<그림 1-9> 매시 토폴로지

앞에서 지그비에 대하여 잠간 언급하였는데, 바로 근거리 무선 통신 규격인 지그비가 해결책입니다. 지그비는 일일이 통신선로로 장치를 연결하지 않고 무선 전파로 연결하는 것이기 때문에 지

그비를 지원하는 무선 통신 모듈만 연결하면 간단히 네트워크를 구축할 수 있습니다. 따라서 사물인터넷을 구성하는 많은 센서를 연결하는 방법 중에서 가장 적합하다고 볼 수 있습니다. 특히 저전력이고 저가격이기 때문에 사용의 편리성이 있습니다. 지그비 통신은 매시 토폴로지뿐만 아니라 스타 토폴로지 구성도 가능합니다. 그리고 사물 두 개 사이의 일대일(Peer to Peer) 통신 네트워크 구성도 가능합니다.

[제 2 장]

아두이노 실습을 위한 전기, 전자의 기초

2.1 전류, 전압, 그리고 저항

전류를 설명하기 위하여 우선 전기장(Electric Field)에 대하여 알아봅시다. 어떤 공간에 전기적인 현상을 발생시키는 전하가 존재하면 그 주위에 전기장이 만들어 집니다. 전하에는 <그림 2-1>과 같이 양전하(양전기)와 음전하(음전기)가 있습니다.

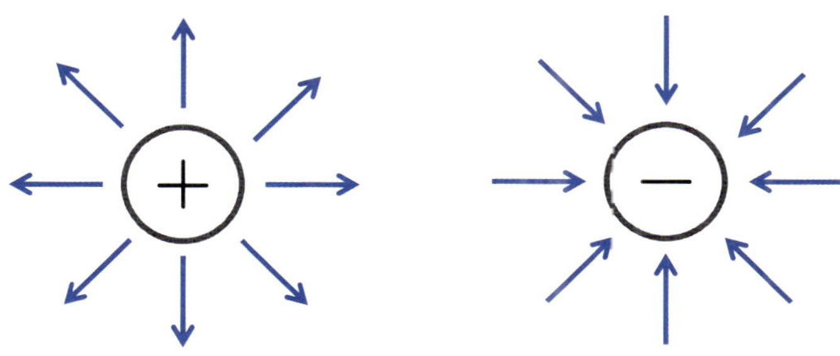

<그림 2-1> 양전하와 음전하

양전하가 만들어 내는 전기장은 바깥쪽으로 향하고, 음전하가 만들어 내는 전기장은 안쪽으로 향합니다. 만약 양전하가 만들어 내는 전기장이 형성된 공간에 음전하를 가지고 있는 입자를 두면 어떤 방향으로 힘을 받을까요? <그림 2-2>에 해답이 있습니다.

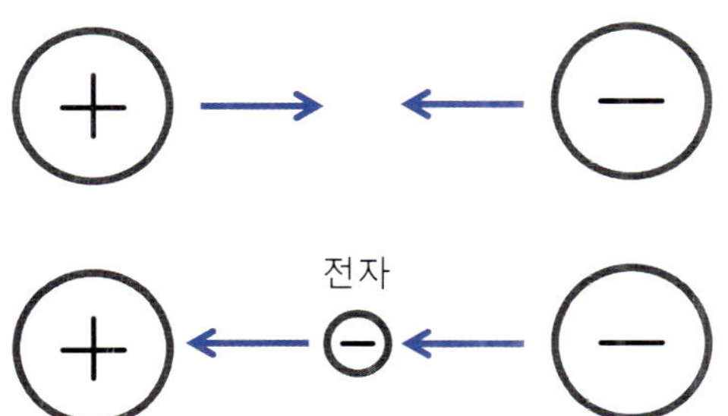

<그림 2-2> 전하 사이의 인력과 척력

같은 전기를 가지고 있는 입자는 척력(서로 반발하는 힘)이 작용하고, 다른 전기를 가지고 있는 입자는 인력(서로 잡아당기는 힘)이 작용합니다. 양전하(+전기를 가지고 있는 양극)와 음전하(-전기를 가지고 있는 음극) 사이에 전자(-전기를 가지고 있는 음전하)를 두면, 양전하로부터 인력이 작용하고 음전하로부터 척력이 작용하므로 전자는 음전하(음극) 쪽에서 양전하(양극) 쪽으로 흐릅니다.

우리가 전류라고 부르는 것은 바로 이 전자가 이동하는 것을 말하며, 전류의 방향은 전자가 이동하는 방향의 반대 방향이므로 전류는 양극에서 음극으로 흐르게 됩니다. <그림 2-3>을 참고하세요.

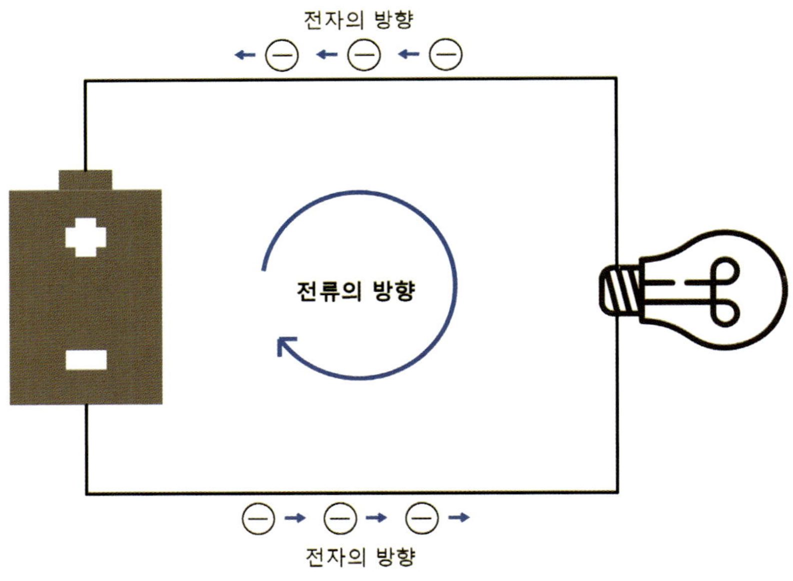

<그림 2-3> 전자의 이동과 전류의 방향

다음으로 전압에 대하여 설명하겠습니다. 전압은 간단히 말해서 두 지점 사이에 있는 전하의 크기차이(또는 전위차)라고 할 수 있습니다. 앞의 그림에서는 양극과 음극 사이에 인가되는 전기적 압력의 크기라고 생각할 수 있겠습니다. 두 지점사이의 수압에 의해 물이 흐르듯, 두 지점사이의 전압에 의하여 전기가 흐릅니다. 전압이 커지면 커질수록 더 많은 전기가 흐르므로 전류의 크기가 커지겠지요. 그리고 전위차가 없으면 전압은 제로가 될 것이고, 이때는 전류가 흐르지 않을 것입니다.

마지막으로 저항에 대하여 설명하겠습니다. 저항을 설명하려면 독일의 물리학자 옴(Ohm)이 발견한 법칙을 먼저 이야기해야 합니다. 전기회로에서 전류, 전압, 저항 사이의 관계를 명시하는 매우 중요한 법칙입니다. 옴이 발견하여 옴의 법칙이라 부릅니다. 옴의 법칙은 전압이 높을수록 전류가 잘 흐르고, 같은 전압일지라도 어떤 물질이냐에 따라 전류가 잘 흐르거나 흐르지 않거나 한다는 것입니다. 물질마다 전류가 흐르는 정도가 다른 이유는 바로 그 물질이 가지고 있는 저항 때문입니다. 옴의 법칙을 간단히 요약하면 전류의 세기는 두 점 사이의 전위차에 비례하고, 전기저항에 반비례한다는 것입니다. 이것을 수식으로 표시하면 <그림 2-4>와 같아요. I는 전류, V는 전압, R은 저항을 표시합니다.

$$I = \frac{V}{R}$$

<그림 2-4> 전류, 전압, 저항의 관계식

수식을 보니 머리가 아프다고요? 알겠습니다. 앞으로 가능하면 수식은 생략하겠습니다. 전압, 전류, 저항의 관계를 <그림 2-5>에서 다시 만나 보겠습니다. 그림에서 VOLT는 전압, AMP는 전류, OHM은 저항을 표시합니다. 앞에서 전압과 전류를 수압과 수압에 의하여 흐르는 물과 비교하면서 설명하였는데, 물이 흐르는 수도관에 이물질이 끼면 물이 흐르기 힘들어 지듯이 저항은 바로 수도관에 낀 이물질이라 생각하면 됩니다.

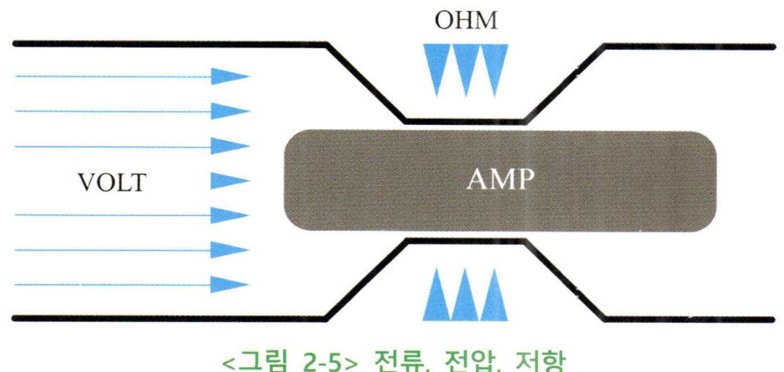

<그림 2-5> 전류, 전압, 저항

2.2 직렬연결과 병렬연결

저항을 이용하여 전기회로에 흐르는 전류의 값을 조정할 수 있는데, 여러 개의 저항을 사용하는 경우, 직렬과 병렬로 연결하는 방법이 있습니다. 직렬연결과 병렬연결된 두 저항에 대한 전체 저항값을 구하는 방법을 설명하겠습니다.

먼저 저항을 직렬로 연결한 <그림 2-6>을 보겠습니다.

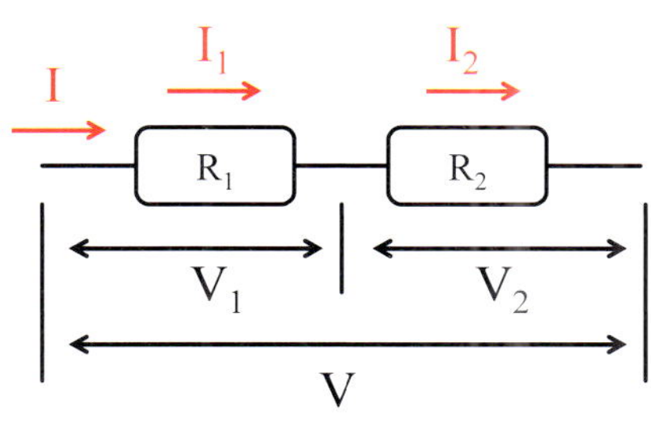

<그림 2-6> 직렬연결

직렬로 저항을 연결하는 경우에는 각 저항에 흐르는 전류의 세기는 같습니다. 즉, $I = I_1 = I_2$입니다. 그리고 전체 전압은 각 저항에 걸리는 전압의 합이 됩니다. 즉, $V = V_1 + V_2$입니다. <그림 2-4>의 전류, 전압, 저항의 관계식을 적용해 보면 직렬연결의 경우 합성저항은 개별저항보다 커집니다. 즉, $R = R_1 + R_2$입니다.

다음으로 저항을 병렬로 연결한 <그림 2-7>을 보겠습니다.

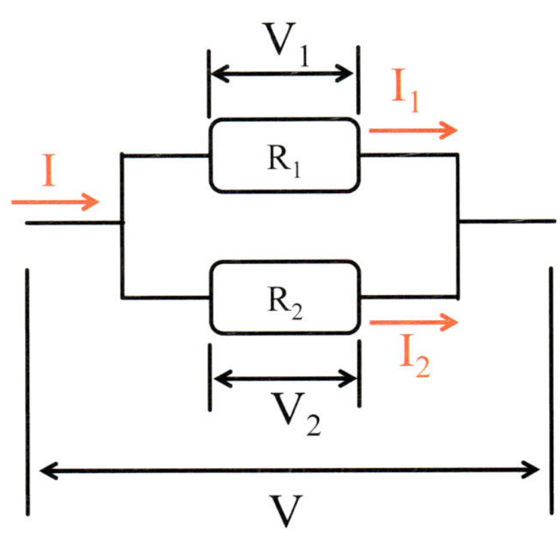

<그림 2-7> 병렬연결

병렬로 저항을 연결하는 경우에는 각 저항에 걸리는 전압의 세기는 같습니다. 즉, $V = V_1 = V_2$입니다. 그리고 전체 전류는 각 저항에 걸리는 전류의 합이 됩니다. 즉, $I = I_1 + I_2$입니다.

<그림 2-4>의 전류, 전압, 저항의 관계식을 적용해 보면 직렬연결의 경우 합성저항은 개별저항보다 작아집니다. 즉, $1/R = 1/R_1 + 1/R_2$입니다.

2.3 교류와 직류

전류에는 직류(DC, Direct Current)와 교류(AC, Alternating Current)가 있습니다. 건전지에 꼬마전구를 연결해 회로를 만들면 이 회로에 흐르는 전류는 항상 크기가 일정하고, 흐르는 전류의 방향도 변하지 않는데 이러한 전기를 직류(DC)라고 합니다. 대표적인 직류의 예는 바로 건전지입니다. 집에 있는 가전제품들을 원격으로 조정할 때 사용하는 리모컨에 들어있는 건전지 말입니다. 이에 반해 발전소로부터 일반 가정에 공급받아 전등을 켜는데 사용하는 전류는 주기적으로 흐르는 방향과 크기가 변하는데 이러한 전기를 교류(AC)라고 합니다.

<그림 2-8>은 직류와 교류를 비교하여 설명한 그림입니다.

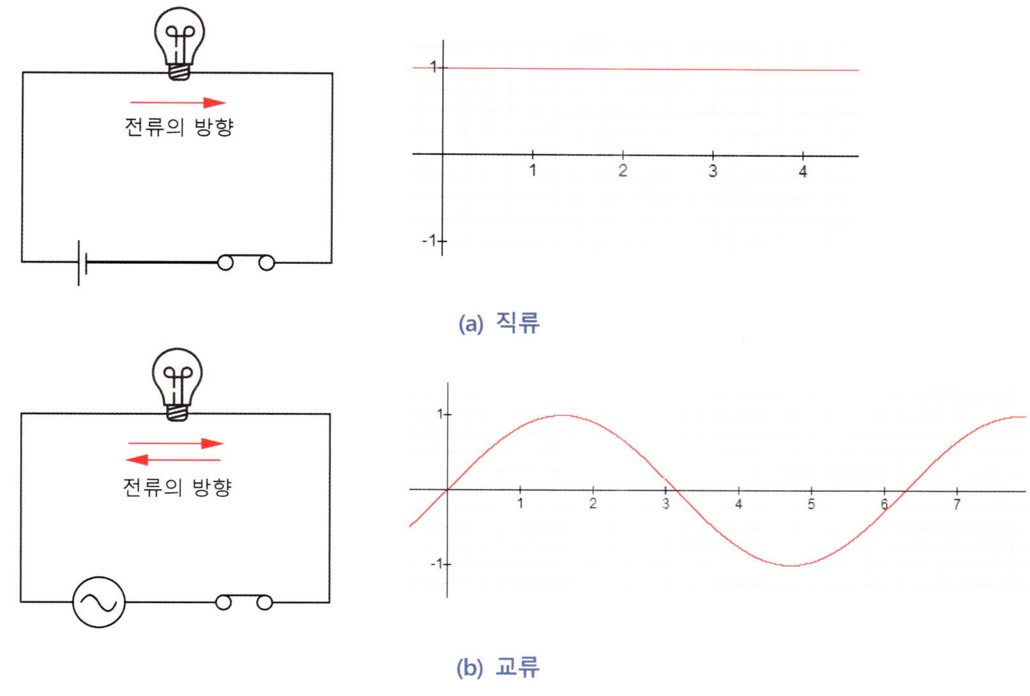

(a) 직류

(b) 교류

<그림 2-8> 직류와 교류

전류의 방향을 얼마나 빠르게 바꾸는 가를 결정하는 것을 주파수라고 합니다. 주파수란 전류의 방향이 바뀌는 주기적인 현상이 단위시간 동안 몇 번 발생하였는지를 뜻하는 말로 단위는 헤르츠(Hz)를 사용합니다. 1헤르츠는 1초에 한번 방향을 바꾸는 것으로 이해하면 되고, 일반 가정에 들어오는 전기의 주파수는 60헤르츠이므로 1초에 60번 전류의 방향을 바꾼다고 생각하면 됩니다.

전기제품마다 교류를 사용하는 것도 있고, 직류를 사용하는 것도 있는데, 우리가 실습에 사용하는 컴퓨터나 아두이노는 직류를 사용합니다. 직류는 크기와 방향이 변하지 않기 때문에 다루기가 쉬운 측면이 있기 때문입니다. 발전소로부터 실내로 공급되는 전기는 220볼트, 60헤르쯔의 교류이므로 이것을 전원장치(어댑터)를 사용하여 직류로 변환하여 사용합니다.

2.4 전원장치

전원장치는 트랜스(Transformer), 다이오드(Diode), 극성을 갖는 전해콘덴서(Electrolytic Condenser), 레귤레이터(Regulator), 저항 등으로 구성된 회로로서 아두이노에서 필요한 일정한 전압을 만들어 내기 위한 장치입니다. 저항은 전류의 크기를 조절하기 위해서 사용하는 것은 이미 설명했으니, 나머지 장치에 대하여 설명하겠습니다.

우선 트랜스를 살펴봅시다. 트랜스는 전압강하를 위하여 사용합니다. 가정으로 들어오는 전기는 220볼트인데, 이것을 바로 아두이노에 공급하면 어떻게 될까요? 인가할 수 있는 정격전압을 초과할 것이므로 아두이노는 바로 연기를 내면서 타던가, 아두이노를 구성하는 반도체 소자들은 뻥 소리를 내면서 터질 수도 있습니다. 따라서 <그림 2-9>와 같이 트랜스를 이용하여 전압을 떨어 뜨려야 합니다. 그림에서 V는 전압, N은 코일을 감은 횟수이며, 입력전압과 출력전압은 V1 : V2 = N1 : N2에 의하여 정해집니다. 비례식이 어렵게 보일 수도 있는데, 간단히 코일의 감은 횟수에 비례한다고 생각하면 됩니다. 즉, N1 = 10, N2 = 5라면 출력전압은 입력전압의 반으로 줄어듭니다.

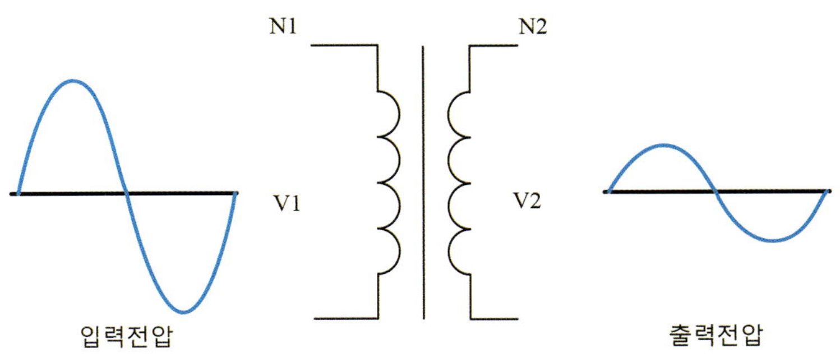

<그림 2-9> 트랜스를 이용한 전압강하

다이오드는 게르마늄이나 실리콘으로 만들어지고, 주로 한쪽 방향으로 전류가 흐르도록 제어하는 반도체 소자를 말합니다. 전류는 항상 애노드(Anode)에서 캐소드(Cathode)로 흐르고, 줄이 표시된 곳이 캐소드입니다. 그리고 다이오드를 표시하는 기호는 <그림 2-10>과 같습니다.

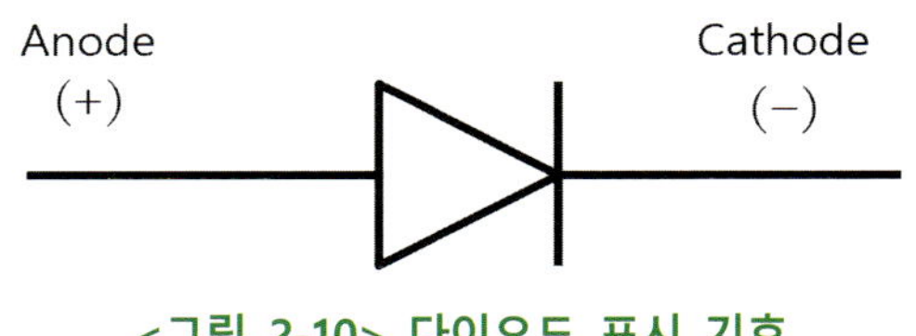

<그림 2-10> 다이오드 표시 기호

다이오드의 애노드에 교류전류를 입력하면 어떤 결과가 출력이 될까요? 한쪽 방향으로만 전류가 흐른다는 사실에 주목하면 출력이 어떻게 될지 알 수 있어요. <그림 2-11>과 같이 출력됩니다. 한쪽 방향으로 흐르기 때문에 + 방향 부분은 남고, - 방향 부분은 사라집니다. 결국 한쪽 방향으로만 흐르는 전류가 되므로 교류가 직류로 바뀌게 되고 이것을 정류라고 합니다.

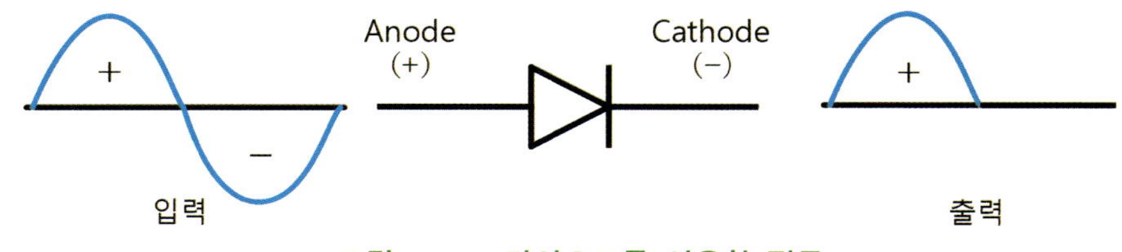

<그림 2-11> 다이오드를 이용한 정류

다이오드를 통과하면 한쪽 방향 부분의 전류만 남게 되므로 이것을 반파정류라고 합니다. 그런데 이 반파정류는 전기에너지의 반만 사용하기 때문에 효율이 떨어집니다. 따라서 다이오드 4개를 사용하여 <그림 2-12>와 같은 전파정류 회로(브리지 정류회로)를 만들어 사용합니다.

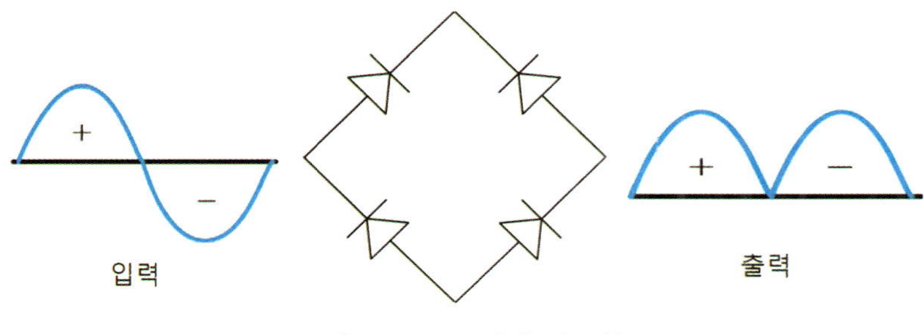

<그림 2-12> 브리지 정류회로

정류회로의 출력은 맥류로서 크기가 일정하지 않고 변화하므로 직류가 아닙니다. 따라서 이것을 전해 콘덴서를 사용하여 <그림 2-13>과 같이 평활하게 만들어 줍니다.

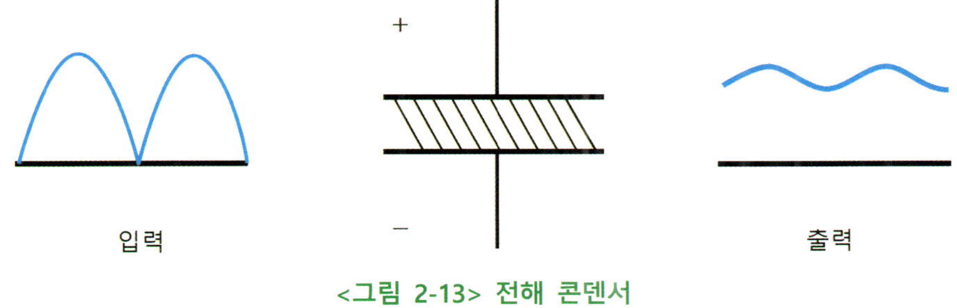

<그림 2-13> 전해 콘덴서

전해 콘덴서를 이용하여 평활하게 해도 일정한 출력이 아니기 때문에 고정된 출력값을 얻기 위하여 <그림 2-14>와 같이 레귤레이터를 사용합니다.

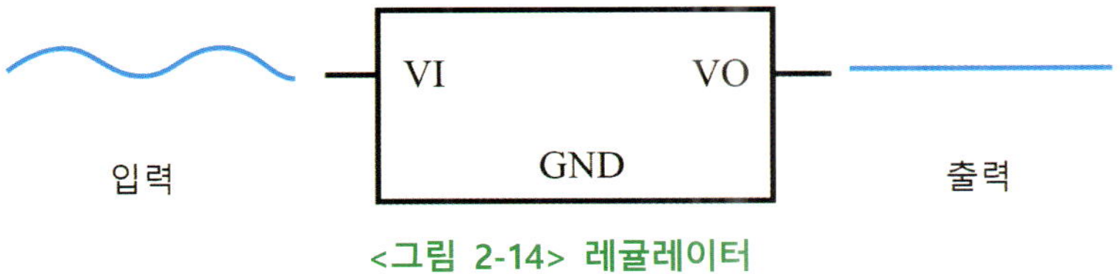

<그림 2-14> 레귤레이터

2.5 LED

LED(Light Emitting Diode)는 발광 다이오드라고 부르며, 앞에서 설명한 다이오드의 한 종류입니다. 전압을 가했을 때 미리 결정되어 있는 적색이나 녹색 등으로 발광하는 반도체 소자입니다. 발광하는 색은 LED를 만드는 재료에 따라 달라집니다. 다른 일반적인 다이오드와 동일하게 극성을 가지고 있으며, <그림 2-15>에서 다리가 긴 쪽이 애노드(+극성)이고 다리가 짧은 쪽이 캐소드(-극성)입니다. 전압이 낮은 동안은 전압을 올려도 거의 전류가 흐르지 않고, 발광도 하지 않는데, 일정 전압 이상이 되면 전압 상승에 대하여 전류가 흘러서, 전류량에 비례해서 빛이 발생합니다.

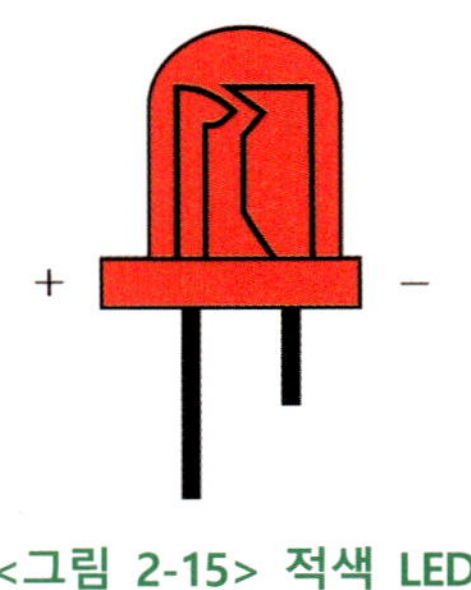

<그림 2-15> 적색 LED

LED는 전자회로에서 디스플레이용으로 가장 많이 사용하는 부품입니다. 아두이노에 이 LED를 연결하여 여러 가지 실험을 할 수 있으며, 예술작품 제작도 가능합니다. 물론 예술작품을 만들고자 하면 LED를 제어하기 위한 프로그램이 작품에 따라 복잡해지겠지요.

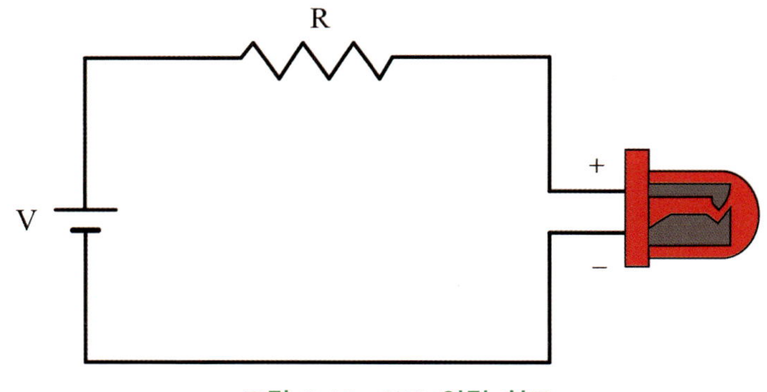

<그림 2-16> LED 연결 회로

LED에 불을 켜기 위한 <그림 2-16>의 회로를 봅시다. 보통의 LED는 1.8~2.0V의 동작전압을 가지고 있고 전류는 10mA(밀리 암페아) 정도입니다. 동작전압을 LED의 극성에 맞게 공급하면 LED는 켜집니다. 우리가 흔히 사용하는 배터리는 1.5V 인데, 이것을 가지고는 LED에 불을 켤 수

없습니다. 일반적으로 회로에서 5V를 많이 사용하는데, 이 5V를 LED에 공급하면 어떻게 될까요? 당연히 과전류가 흘러 LED는 타버립니다. 따라서 전류의 양을 줄이기 위하여 저항(R)을 직렬로 연결한 것입니다. 회로에서 저항값을 계산하기 위하여 옴의 법칙이 사용됩니다만 자세한 계산은 생략하겠습니다.

2.6 브레드보드

브레드보드를 설명하기 전에 우선 회로제작 과정에 대하여 설명 하겠습니다. 앞에서 아두이노에 전원을 공급하기 위한 전원장치에 대하여 설명하였습니다. 이 전원장치는 설계된 회로에 맞추어 먼저 인쇄 회로 기판(PCB, Print-Circuit Board)을 만듭니다. 프린트 기판은 절연 처리된 기판 위에 도체인 동박을 붙인 다음, 회로 설계 결과에 따라 부식법을 사용하여 불필요한 부분의 동을 제거하고 필요한 패턴의 동박만을 기판 위에 남긴 것으로 <그림 2-17>과 같습니다. 전원장치의 프린트 패턴은 아니고 그냥 이해를 돕기 위한 프린트 패턴입니다.

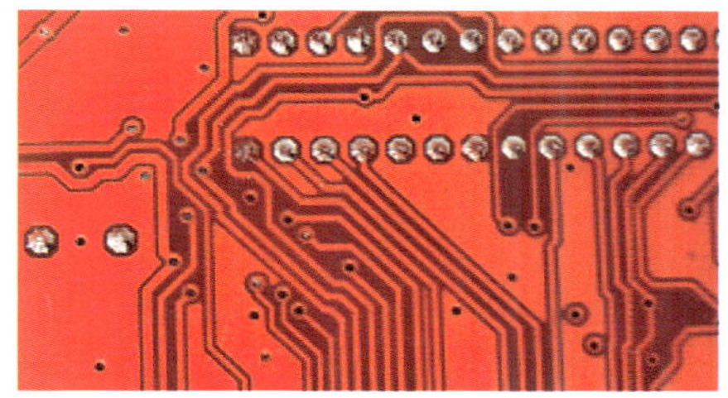

<그림 2-17> 프린트 패턴 예

전원장치는 이 프린트 패턴에 다이오드, 저항, 전해 콘덴서 등의 전자소자를 납땜하여 만들어 집니다. <그림 2-18>은 납땜한 결과를 보여주는 그림입니다. 이 그림도 실제 전원장치는 아니고 참고로 제시하는 그림입니다.

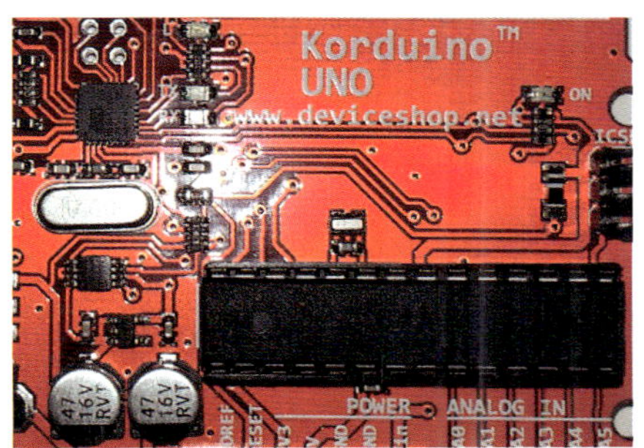

<그림 2-18> 부품이 장착된 기판

이제 브레드보드가 필요한 이유를 설명하겠습니다. 인쇄회로 기판은 한번 제작하면 인쇄된 패턴을 수정하여 재사용할 수 없습니다. 이미 부식법으로 동을 제거했기 때문이지요. 납땜했던 부품들은 조심스럽게 납을 제거하고 재사용이 가능합니다만, 이것도 매우 번거로운 일입니다. 회로를 제작하다보면 많은 시행착오를 겪게 됩니다. 한 번 설계한 회로에서 원하는 결과가 나오면 좋겠지만, 그런 경우는 거의 없습니다. 처음 개발하는 회로는 더더욱 그렇습니다. 따라서 원하는 결과가 나올 때까지 계속 수정을 해야 하는데 이때 필요한 것이 브레드보드입니다. 브레드보드는 만능의 인쇄회로 기판이라 할 수 있습니다. 이미 만들어진 브레드보드 위에 자유롭게 전자 부품들을 연결하여 회로를 만들고, 수정하면서 특성을 곧바로 테스트할 수 있기 때문입니다.

브레드보드의 실제 모습은 <그림 2-19>와 같습니다. 브레드보드를 처음 보면 모든 구멍이 다섯 개씩 동일하게 배치되어 같아 보이지만, 실제로는 그 구멍들은 가로 방향과 세로 방향으로 연결되어 있습니다. 위와 아래 가로로 연결되어 있는 부분(적색 +와 청색 -로 표시됨)은 전원으로 사용하고, 세로로 다섯 개(영문 소문자 'abcde'와 'fghij'로 표시됨)씩 연결되어 있는 부분은 전자 부품을 연결하기 위하여 사용합니다.

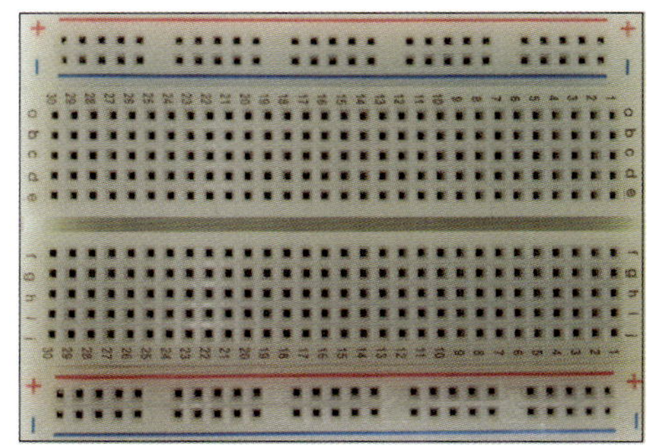

<그림 2-19> 브레드보드

브레드보드에 실제로 부품을 연결한 그림은 <그림 2-20>과 같습니다. 브레드보드에 연결한 부품은 언제든지 빼서 다른 부품으로 교체가 가능하기 때문에 회로 수정이 가능하고, 부품도 재사용이 가능합니다. 앞에서 브레드보드를 만능의 인쇄회로 기판이라고 표현했던 이유를 아시겠지요?

<그림 2-20> 부품 연결 예

2.7 엔지니어링 공구

이미 만들어진 회로만 동작시키는데 익숙하면, 스스로 만들고 싶은 장치들을 만들 수 없습니다. 직접 자신의 손으로 만들어 보고, 동작시켜 보고, 동작이 원하는 데로 되지 않으면, 설계를 수정하여 다시 만들어 보아야 합니다. 이렇게 여러분이 직접 회로를 만들기 위해서는 몇 가지 도구, 즉, 엔지니어링 공구가 필요합니다.

우선 필요한 것은 납땜인두입니다. 저항이나 콘덴서 등의 부품을 인쇄회로 기판에 납땜할 때 필요합니다. 여러 가지 종류의 납땜인두가 있겠지만, 끝이 뾰족하고 가는 것이 사용하기에 좋습니다.

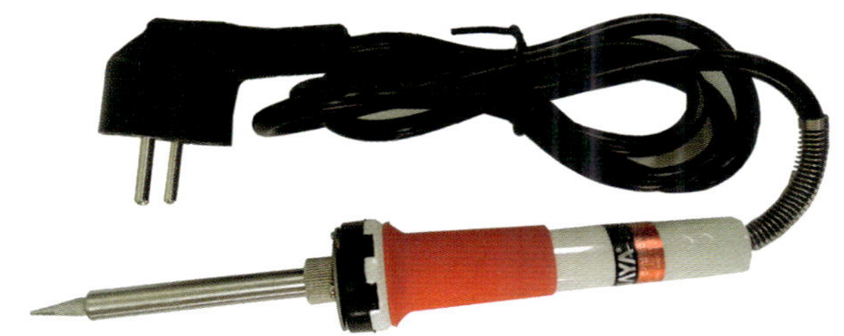

<그림 2-21> 납땜 인두

다음으로 필요한 것이 니퍼(Nipper)입니다. 전자 부품들은 일반적으로 인쇄회로 기판에 납땜한 후 여분의 리드선이 길게 남습니다. 이 리드선을 자르기 위해 필요한 것이 바로 니퍼입니다. 니퍼는 소형이고 날이 잘 드는 것이 사용하기에 좋습니다.

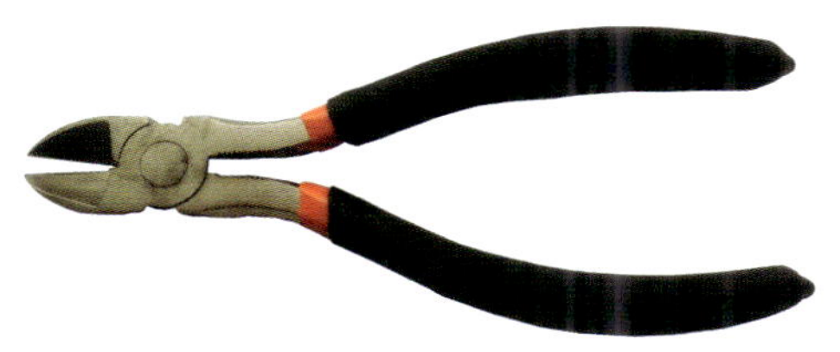

<그림 2-22> 니퍼

다음으로 필요한 것이 나사를 조이는데 필요한 드라이버입니다. 드라이버에는 십자와 일자가 있는데 둘 다 필요합니다. 특히 일자는 나사를 조이는데도 필요하지만, 집적회로(IC)로 되어 있는 반도체 소자를 소켓으로부터 분리하는데 유용하게 사용됩니다.

<그림 2-23> 드라이버

2.8 테스터기 사용법

테스터기는 전기적 특성인 전류, 전압, 저항 등을 측정하는 장치입니다. 여러 가지를 선택적으로 측정이 가능하므로 멀티테스터기라고도 부릅니다. 회로를 제작하고 실험하는 엔지니어에게는 필수품입니다. 테스터기는 아날로그 형과 디지털 형이 있는데, 측정값을 디지털형태로 표시해주기 때문에 사용하기에는 아무래도 디지털 형이 편리합니다. 전압, 전류, 저항의 측정 가능한 값은 테스터기마다 차이가 있으므로 회로제작에 알맞은 테스터기를 선택하여 구입하시면 됩니다.

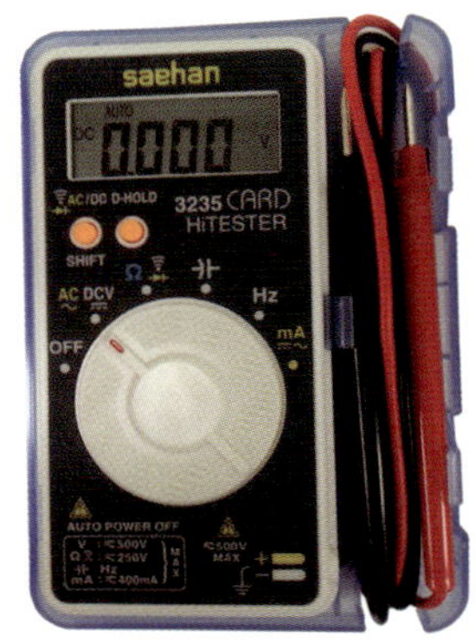

<그림 2-24> 멀티테스터기

측정하려는 항목에 따라 회전형 슬라이드 스위치로 선택하여 측정합니다. 예를 들어 1.5V 건전지의 실제 전압을 측정하려면, 앞의 그림처럼 슬라이드 스위치를 직류전압측정에 맞추고, 빨간색 리드선은 건전지의 양극(+)에 연결하고 검정색 리드선은 음극(-)에 연결하면, 건전지의 전압이 표시됩니다. 가정에 들어오는 전기는 교류이므로 이것을 측정하려면, 교류전압에 스위치를 맞추고 벽에 있는 콘센트에 리드선을 연결하여 측정합니다. 교류전압을 측정할 때는 양극과 음극의 구분이 없으니까 빨간색 리드선과 검정색 리드선을 구분없이 연결합니다. 그리고 측정 범위를 선택하는 스위치가 있는 테스터기에서는 이 범위를 지정하고 측정합니다. 1.5V 건전지의 전압을 측정할 때

와 220V 전압을 측정할 때 서로 다른 범위를 선택해서 측정하야 한다는 뜻입니다.

전류를 측정하는 것도 전압을 측정하는 방법과 같습니다. 슬라이드 스위치를 교류전류측정인지 직류전류측정인지 선택하고, 전류 측정 범위도 지정하여 리드선을 연결하여 측정합니다. 그런데 전류측정에서는 조심해야 할 것이 있습니다. 측정하기 전에 회로를 끊고 리드선을 직렬로 연결해야 한다는 것입니다. 전압을 측정하듯이 병렬로 연결하면 과전류가 흘러 테스터기가 고장 날 수 있습니다. 따라서 전류 측정에서는 항상 조심 또 조심하여야 합니다.

저항을 측정하는 것은 더욱 간단합니다. 슬라이드 스위치를 저항 측정으로 선택하고, 리드선을 측정하려는 저항 양단에 양극과 음극 구분없이 연결만 하면 측정값이 표시됩니다. 물론 저항의 저항값은 저항의 표면에 표시되어 있는 색줄을 보고 알 수 있지만, 읽는 방법을 터득하는 데 약간의 시간이 필요합니다. 여기서는 상세한 방법에 대한 설명은 생략하겠습니다.

[제 3 장]

사물인터넷용 온도 센서 만들기

3.1 온도 센서란?

사물인터넷을 설명하면서 센서를 언급하는 이유는 인터넷에 연결되는 사물은 아무런 반응이 없이 길가에 놓여있는 돌 덩어리와는 달리, 주변환경의 변화에 대하여 뭔가 반응을 하는 사물이기 때문입니다. 그러면 주변 환경변화에 따라 반응하는 사물은 무엇일까요? 바로 센서입니다. 인터넷에 연결되어 있는 각종 센서는 주변 환경변화에 반응하여 데이터를 발생시키고, 그 데이터를 이용하여 어떤 장치의 전원을 켜거나 끌 수 있고, 그 데이터를 모아서 저장해 두었다가 나중에 통계자료를 만들어 특별한 서비스를 제공하는데 사용할 수 있습니다.

여러분들은 여기서 한 가지 의문이 생길 것입니다. 세상에는 수없이 많은 종류의 센서가 있을텐데, 왜 온도 센서에 대하여 언급하는 것일까? 맞습니다. 세상에는 수 천 가지 센서가 있습니다. 그런데 온도 센서가 우리 주변에서 가장 많이 사용되고, 대부분의 센서가 동작하는 원리가 온도 센서와 비슷하기 때문에 온도 센서를 설명하는 것입니다.

제1장에서 설명했던 온도 센서의 정의를 다시 보겠습니다. 네이버 지식백과에 '공기나 물과 같은 유체나 벽면 등의 온도를 검출하여 그 온도를 기록한다든지 제어한다든지 하기 위해 사용되는 장치. 보통은 검출한 온도를 전기 신호로 변환하여 전송합니다. 검출 소자에는 서미스터, 백금, 니켈, 열전쌍 등이 쓰인다.'라고 되어 있고, 간단히 요약하면 온도 센서는 '검출 소자를 사용하여 온도를 알아내고, 그 결과를 전기 신호로 전송하는 장치'입니다.

그러면 압력 센서란 무엇일까요? 온도 센서와 비슷하게 '압력을 검출할 수 있는 소자를 사용하여 물체에 가해지는 압력을 알아내고, 그 결과를 전기 신호로 전송하는 장치'입니다. 그리고 광 센서란 무엇일까요? 온도 센서와 비슷하게 '빛의 세기를 검출할 수 있는 소자를 사용하여 빛의 양을 알아내고, 그 결과를 전기 신호로 전송하는 장치'입니다. 이쯤 되면 수없이 많은 센서 중에서 왜 온도 센서에 대하여 언급하는지 잘 알겠지요? 온도 센서의 원리만 잘 알면 나머지 센서는 손쉽게 이해할 수 있어요.

이제는 온도 센서를 상세하게 설계하면서 사물인터넷에 연결되는 사물의 내부 구조를 파악해 봅시다. 상세하게 설계하는 과정 중에 여러분들이 중학교와 고등학교시절에 배웠던 과학과 수학이 사용되니 그 시절에 배웠던 과학과 수학이 어떻게 응용되는지 확인할 수 있는 좋은 기회가 될 거예요.

과학이나 수학과목은 즉흥적으로 이해할 수 없고, 논리적인 사고와 많은 시간을 투자해야 하기 때문에 어렵다고 느끼는 사람들이 많지요? 그 심정 충분히 이해합니다. 그런데 실생활에 응용되는 실제 예를 가지고 설명하면 재미도 있고, 새로운 호기심이 발동하여 푹 빠질 수 있는 과목이기도 합니다.

사물인터넷을 설명하는 책에서 온도 센서를 상세하게 설계하고, 그 온도 센서가 들어가는 사물의 내부 구조를 자세히 파악하는 이유는 여러분들에게 과학과 수학에 대한 호기심과 흥미를 유발하기 위한 것이지요. 이 책을 통해 여러분들이 과학과 수학에 열심히 매진하여 우리나라를 새로운 과학 강국으로 만들고, 노벨상까지 타는 데 조금이라도 기여하기 위한 것이라고 이야기하면 오버인가요?

3.2 온도 검출소자

온도 센서를 설계하려면 우선 온도 검출소자를 선택해야 하는데요. 어떤 것이 있었는지 기억나나요? 앞 페이지 내용을 다시 보세요. 그래요. 검출 소자에는 서미스터, 백금, 니켈, 열전쌍 등이 쓰입니다. 이 중에서 검출소자로 서미스터를 사용하는 것으로 결정할게요. 왜냐고요? 일반적인 센서의 원리를 설명하는데 가장 적합하다고 믿고 있기 때문이지요.

여러분들이 서미스터가 온도변화에 따라 전기신호를 발생시키고 그것을 처리하는 과정을 이해하고 나면 서미스터를 선택한 이유를 이해하게 될 것입니다.

먼저 서미스터에 대하여 알아보죠. 요즈음은 인터넷이 워낙 잘 되어 있어서 인터넷에 찾아보면 서미스터가 무엇인지 쉽게 알 수 있지요? 찾아보니, 네이버 지식백과에 '온도에 의해 현저하게 전기 저항값이 변화하는 반도체를 사용한 저항체로, 이것을 이용해서 온도계 외에 여러 가지 제어기를 만들 수 있다. 반도체의 원료는 크롬, 코발트, 망간, 니켈, 티탄 등의 산화물을 혼합하여 소결한 것으로, 일반 금속과 반대로 온도가 올라가면 저항값이 감소한다'라고 되어 있네요. '온도가 올라가면 저항값이 감소한다'라고 되어 있지만 저항값을 증가하게 만들 수도 있습니다.

서미스터에 대한 설명이 조금 어렵지요? 벌써부터 온도 센서 설계를 포기하고 싶다고요? 벌써 포기하면 안되겠지요?

서미스터는 간단하게 말해서 주변 환경의 온도가 변화하면 저항값이 변화하는 물체입니다. 즉, 온도가 변화하면 저항값이 변화하고, 저항값이 변화하면 전기신호가 변화하므로 이 전기신호의 변화로부터 온도를 측정하는 것이지요. 이제는 서미스터가 무엇인지 이해가 가죠? 다시 한번 읽어보고, 머릿속으로 전기신호가 변화하는 상상도 해 보세요.

제2장에서 잠깐 설명했던 내용이지만 한번 더 살펴보겠습니다. 전기신호의 변화를 이해할 수 없다면, 원인은 저항값이 무엇인지 몰라서 그럴 거라고 생각하기 때문입니다. 다음 그림을 보죠.

<그림 3-1>에서 오른쪽에 있는 LED 전구에 불이 들어오는 것은 당연하겠지요? 왼쪽에 있는 건전지의 전압(V)에 의해 전류가 흘러 LED에 불이 들어오지요. 전기적인 에너지가 불을 켜는 것인데, 전구의 밝기는 무엇에 따라 변화할까요? 바로 저항값(R)에 따라 변화합니다. 저항값은 전류가 흐르는 것을 방해하는 정도를 표시하는 값으로 크면 클수록 전류가 흐르는 것을 크게 방해하여 LED 전구의 밝기를 더욱더 흐리게 만듭니다. 지금까지 설명한 내용이 바로 누구의 법칙인지 기억하시나요? 바로 독일 사람인 옴의 법칙입니다. 그는 전압과 전류와 저항의 관계를 정리하여 옴의

법칙을 만들었습니다. 바로 '회로에 흐르는 전류의 크기는 전압에 비례하고 저항에 반비례한다'라는 것입니다. 이것을 제2장에서 설명했었지요?

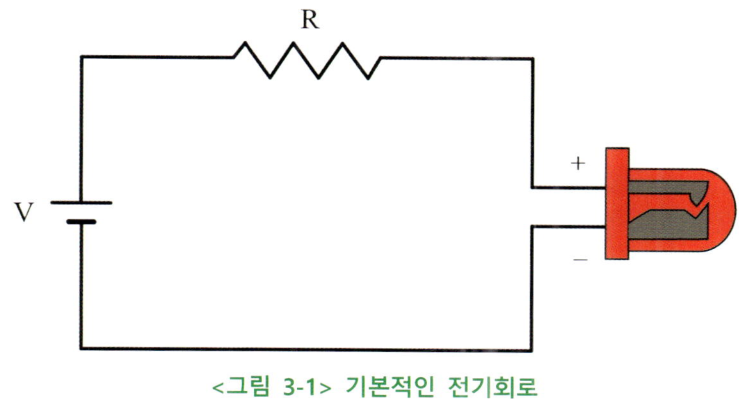

<그림 3-1> 기본적인 전기회로

3.3 서미스터의 특성 분석

온도 센서의 검출 소자로 사용하는 서미스터의 저항값의 변화로부터 어떻게 온도값을 알아낼 수 있는지 살펴보겠습니다.

먼저 서미스터의 온도와 저항의 관계를 나타낸 그림을 보죠.

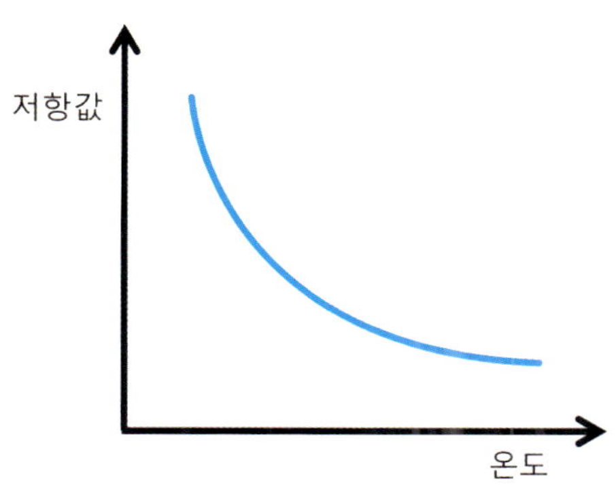

<그림 3-2> 서미스터 특성

<그림 3-2>에서 온도가 높아지면 저항값이 작아지는 것을 볼 수 있는데, 앞에서 설명한 옴의 법칙에서 저항값이 작아지면 전류가 더 잘 흐른다는 것 기억하시죠? 만약 건전지, 서미스터, LED 전구를 앞의 <그림 3-1>의 기본적인 전기회로와 같이 연결한다면 온도가 높아질 때 전구는 더 밝아

질까요, 어두워질까요? 앞의 <그림 3-1>에서 저항을 서미스터라고 생각하면 됩니다.

네, 맞습니다. 온도가 올라가면 저항값이 작아지니 전류는 더 많이 흐르게 되고, LED 전구는 더 밝게 빛이 나겠지요.

여기서 저항값의 변화를 조금 더 자세히 살펴봐야 하는데요. 이제부터 조금 어려운 설명이 될 수 있어요. 바로 선형성(Linearity)에 대한 설명입니다. 선형성은 직선처럼 똑바른 특성을 갖는 것을 의미하는데, 서미스터 저항값의 변화는 선형인가요? 네, 직선이 아니기 때문에 선형이 아니죠.

여기서 한 가지 질문하겠습니다. 서미스터의 저항값의 변화가 직선일 때와 곡선일 때, 둘 중에 어떤 경우에 온도값을 상대적으로 정확하게 알아 낼 수 있을까요? 어렵게 생각하지 말고, 상식적으로 판단해 보세요. 두 양이 서로 일정비율로 증가하거나 감소하는 비례관계를 생각하면 답이 나오는데...

온도와 서미스터의 저항값이 직선으로 변화하면, 정확히 비례관계가 성립하므로 온도가 10도 변화할 때, 저항값이 얼마가 변화하는 지 정확이 알 수 있으므로 온도를 정확하게 구할 수 있습니다. 그런데 곡선으로 변화하면 온도가 현재 몇 도에서 10도가 변화했는가에 따라 서미스터의 저항값의 변화폭이 달라지므로 특별한 보정을 해줘야 하므로 온도를 정확하게 구하기가 상대적으로 어렵습니다.

그러면 곡선으로 변화하는 서미스터의 저항값을 직선으로 변화하도록 만드는 방법은 없을까요? 생각할수록 머리 아프시죠? 무척 어려운 문제라 생각하지요? 그런데 결과를 보면 간단합니다. 바로 병렬저항을 이용하는 것입니다. 저항을 병렬로 연결할 때 전체 저항을 구하는 수식을 유도하고, 그것을 그래프를 그려서 확인하면 되겠지요?

저항을 직렬로 연결할 때는 저항값이 단순히 더해지므로, 곡선으로 변화하는 서미스터의 저항값의 변화를 직선화할 수 없습니다. 따라서 일단은 저항을 병렬로 연결해야 합니다. 두 개의 저항 R_1과 R_2를 병렬로 연결하면 전체 저항은 다음 <그림 3-3>과 같은 식이 됩니다.

$$\frac{1}{R} = \frac{1}{R_1} + \frac{1}{R_2}$$

$$\Rightarrow R = \frac{1}{\frac{1}{R_1} + \frac{1}{R_2}} = \frac{1}{\frac{R_1 + R_2}{R_1 R_2}} = \frac{R_1 R_2}{R_1 + R_2}$$

$$\Rightarrow R = \frac{R_1 R_2}{R_1 + R_2}$$

<그림 3-3> 병렬 저항값 계산

R_1을 병렬로 추가한 저항, R_2를 서미스터의 저항이라 하고 전체 저항을 그래프로 그리기 위하여 인터넷에서 다운받은 'Nucalc'라는 프로그램을 사용하였습니다.

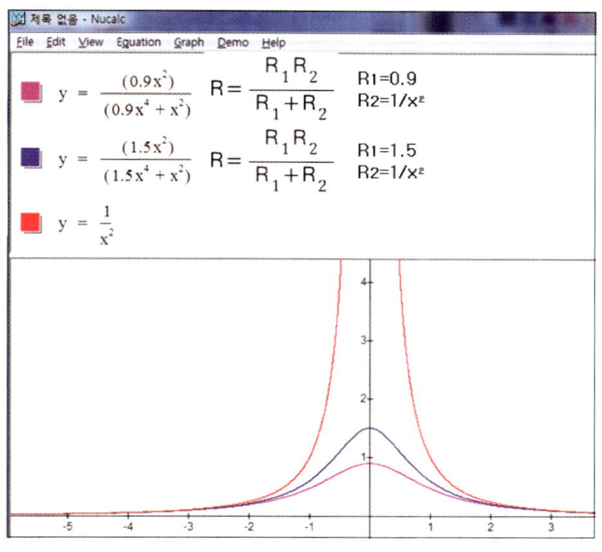

<그림 3-4> 병렬 저항의 효과

서미스터의 저항값이 곡선으로 변화하므로 $R_2 = 1/x^2$라 가정(빨간색 그래프)하고, 병렬로 연결하는 저항은 $R_1 = 0.9$, $R_1 = 1.5$ 등 두 가지 경우에 대하여 그래프를 그려보면, $R_1 = 0.9$일 경우에 좀 더 직선(보라색 그래프)에 가까워지는 것을 알 수 있습니다. 물론 병렬로 저항 하나를 추가한다고 해서 모든 구간에서 직선화를 이룰 수 있는 것은 아닙니다. 일부 구간만 직선에 가깝게 변화하는 것이고, 시행착오를 통하여 보다 넓은 구간에서 직선화가 이루어지도록 병렬 저항값을 구하는 노력이 필요하겠지요.

여기서는 병렬저항에 대하여만 설명했지만 실제로는 서미스터의 온도특성이나 측정범위에 따라 직렬저항으로 해결할 수도 있고, 병렬저항과 직렬저항을 복합적으로 사용하여 직선화를 달성할 수도 있습니다. 이런 직선화는 많은 시행착오가 필요한 것으로 여러분 스스로 해결하기는 어려움이 있습니다. 그러나 요즘 나오는 온도 센서의 출력전압은 이미 직선화되어 있고, 측정 범위 내에서 온도변화에 비례하여 전압이 출력되므로 크게 걱정하실 필요가 없습니다. 나중에 온도 센서로 많이 사용하고 있는 'LM35'라는 부품에 대하여 간단히 설명하겠습니다.

3.4 서미스터의 출력전압 검출

이제부터는 온도변화에 따라 서미스터에서 출력되는 전기신호의 변화로부터 온도를 측정하는 방법을 설명하도록 하겠습니다. 마이크로 컴퓨터까지 연결되고, 컴퓨터 프로그램(코딩)까지 포함되는 내용이라 이해하기가 만만치는 않겠네요. 그렇지만 힘을 냅시다. 새로운 것을 배우는 재미도 쏠쏠하니까요.

먼저 서미스터를 이용한 온도 센서를 나타내는 다음 그림을 봅시다.

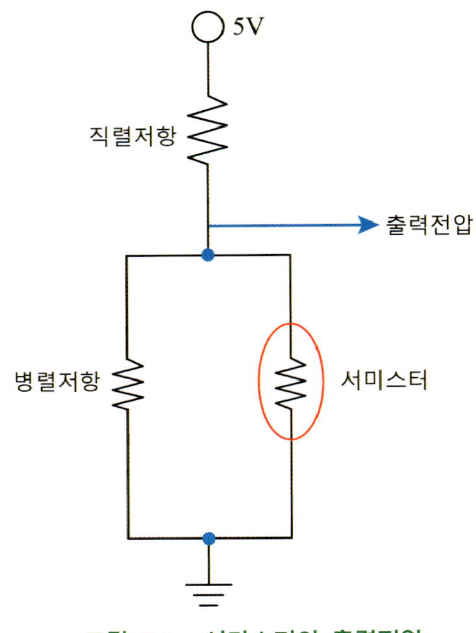

<그림 3-5> 서미스터의 출력전압

서미스터에 병렬저항을 연결한 이유는 설명했지요? 출력 저항값을 선형으로 만들기 위한 것이죠. 그리고 직렬저항은 출력전압의 범위를 결정하기 위해 연결한 것입니다. 그림에서 출력전압이 바로 온도변화에 따라 변화하는 온도 센서의 출력인 전기신호입니다. 뭐가 뭔지 도무지 알 수 없다고요? 이해합니다만 제2장에서 설명했던 저항의 직렬연결과 병렬저항에 대한 것을 다시 한번 살펴보기 바랍니다.

<그림 3-6>을 하나 더 보여 드리지요. R_1은 서미스터 저항과 병렬저항을 합한 저항 값이고, R_2는 직렬저항 값입니다. R_1과 R_2는 계산의 편의를 위해 각각 3k와 2k 옴이라고 가정하겠습니다.

이 그림에서 출력전압은

$$\frac{(R_1)}{(R_1+R_2)}5V = \frac{(3k)}{(3k+2k)}5V$$

와 같이 계산할 수 있습니다. 그림에서 k는 킬로, 즉 1,000을 나타내는 기호이므로 계산할 때는 1,000을 집어넣으면 됩니다. 단순한 비례관계이므로 출력전압이 3V(Volt, 볼트)가 되는 것을 알 수 있을 거예요. 물론 병렬저항 값과 직렬저항 값을 얼마로 하고, 맨 위에서 인가하는 전압을 5V 가 아닌 어떤 값을 정하는 가에 따라 출력전압이 달라지는 것은 당연하겠지요.

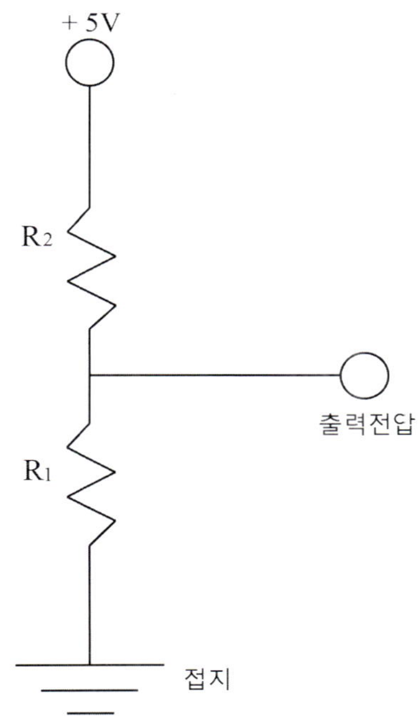

<그림 3-6> 서미스터의 출력전압 계산

이제는 앞에서 보여드린 서미스터를 이용한 온도 센서의 동작이 이해가 되지요? 여기서 한 가지 더 생각해 볼 게 있는데요. 서미스터의 출력전압은 고정된 값일까요, 변하는 값일까요? 주변 환경의 온도가 변화하면 서미스터의 저항 값이 변화하기 때문에 출력전압은 수시로 변화합니다.

그러니까 온도 변화가 심하면 출력전압의 변화가 커지는 것은 당연하겠지요. 이렇게 수시로 출력이 변화할 때 이 출력으로부터 온도 값을 측정하여 디스플레이 장치에 표시하려면 어떻게 해야 할까요? 이것을 구현하려면 비교기라는 장치가 추가로 필요해요. 또 새로운 장치가 나왔네요.

골치가 아프다고 푸념만 하지 말고 새로운 장치에 대한 호기심을 가지고 설명을 들어 보세요. 파이팅!!!

3.5 서미스터와 비교기

비교기는 다음 그림과 같이 표시합니다. 지금 전자회로에 대하여 설명하려고 하는 것은 아니니까, 온도 센서의 구조를 이해하는 데 필요한 설명만 하겠습니다.

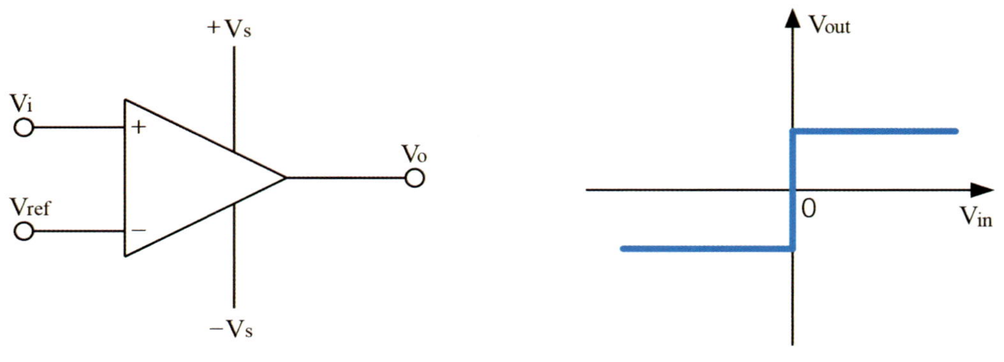

<그림 3-7> 비교기

<그림 3-7>에서 왼쪽은 비교기를 그림으로 표시한 것이고, 오른 쪽은 비교기의 출력을 표시한 것입니다. 비교기에는 입력이 Vi와 Vref 두 개가 들어가는데, 두 개의 입력의 크기를 비교하여 High와 Low 두 가지 출력이 나옵니다. 예를 들어 Vi가 Vref 보다 큰 값이면 High에서 Low로 출력이 변하고, 반대로 Vi가 Vref 보다 작은 값이면 Low에서 High로 출력이 변하는 것이지요.

온도 센서를 만드는데 왜 비교기를 사용하는지 생각해 보세요.

서미스터와 비교기를 연결한 그림입니다. 그림을 보면서 차분하게 생각해 보세요. 뭔가 동작할 것 같지 않나요?

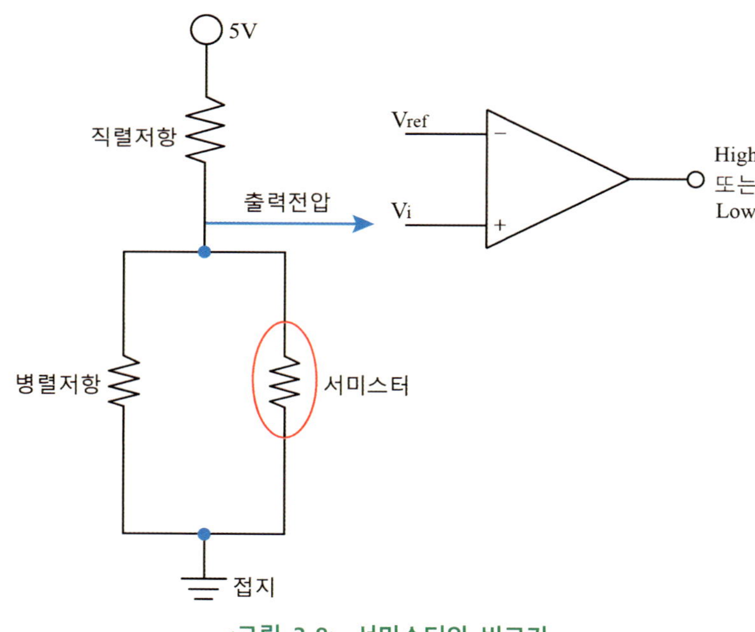

<그림 3-8> 서미스터와 비교기

서미스터를 이용한 온도 센서로부터 출력전압이 비교기에 입력되는 상태에서 Vref에 어떤 값을 입력해 주면, 비교기의 출력은 High 또는 Low로 변할 것이고, 이것이 On/Off 스위치 역할을 하여

보일러를 가동시킬 수 있을 것 같지 않나요? 다음 그림을 보세요. 그림을 보니까 온도 센서의 출력이 변화함에 따라 Vref에 입력되는 설정값을 경계로 보일러가 가동되는 것을 알 수 있겠지요?

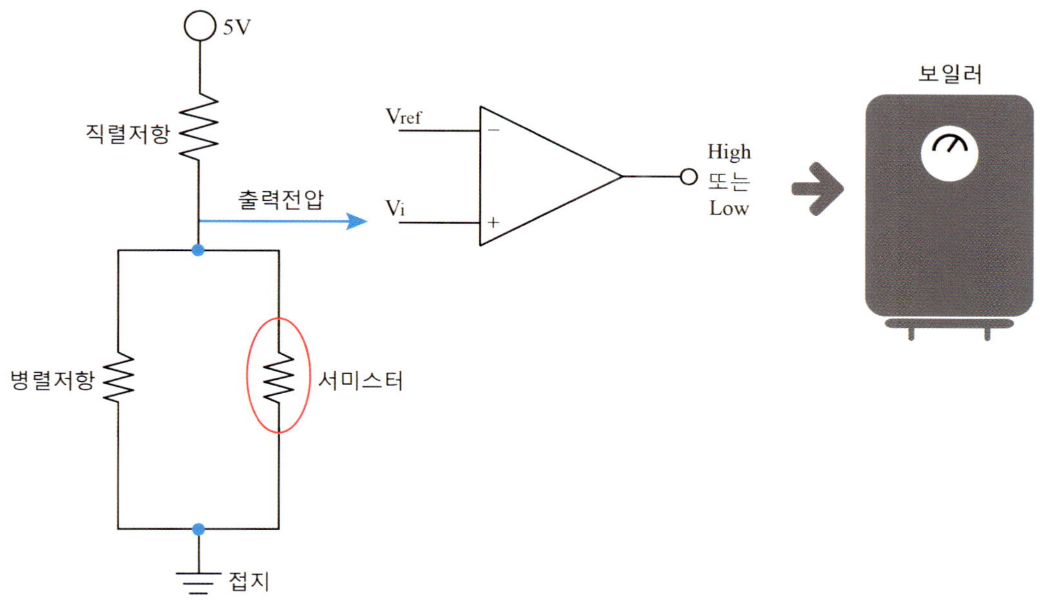

<그림 3-9> 온도 센서와 보일러 연결

여기서 한 가지 질문을 하겠습니다. 설정값을 Vref에 입력해 주어야 하는데 어떻게 입력하고, 입력한 후에 어떤 동작이 일어날까요? 일반적으로 보일러의 온도조절장치에 버튼 스위치를 사용하여 설정값을 입력하고, 그 이후 동작은 여러분들은 신경을 쓰지 않지요? 그런데 이 책에서는 그 이후의 동작에 대해서도 자세히 설명하려고 합니다. 왜냐고요?

사물인터넷에 연결되는 사물은 길에 나뒹구는 돌멩이와는 달리 주변 상황의 변화를 감지하여 반응하고, 그 결과를 통보해 주고, 다른 사물로부터 데이터를 받아 협력하는 등 매우 똑똑한 사물입니다. 사물이 똑똑해 지려면 계산하는 능력과 판단하는 능력 등을 갖추어야 하는데, 그러기 위해서는 마이크로컴퓨터를 내장해야 합니다.

결과적으로 여러분이 온도조절장치에 설정 값을 입력하면 그 값이 디스플레이 장치에 표시가 되고, 서미스터 출력으로부터 현재온도를 측정하여 설정 값과 비교하는 모든 과정에 마이크로컴퓨터가 관여하기 때문에 자세히 동작을 설명하는 것입니다.

3.6 온도 센서와 마이크로컴퓨터

이제는 온도 센서와 마이크로컴퓨터가 연결된 그림을 보겠습니다.

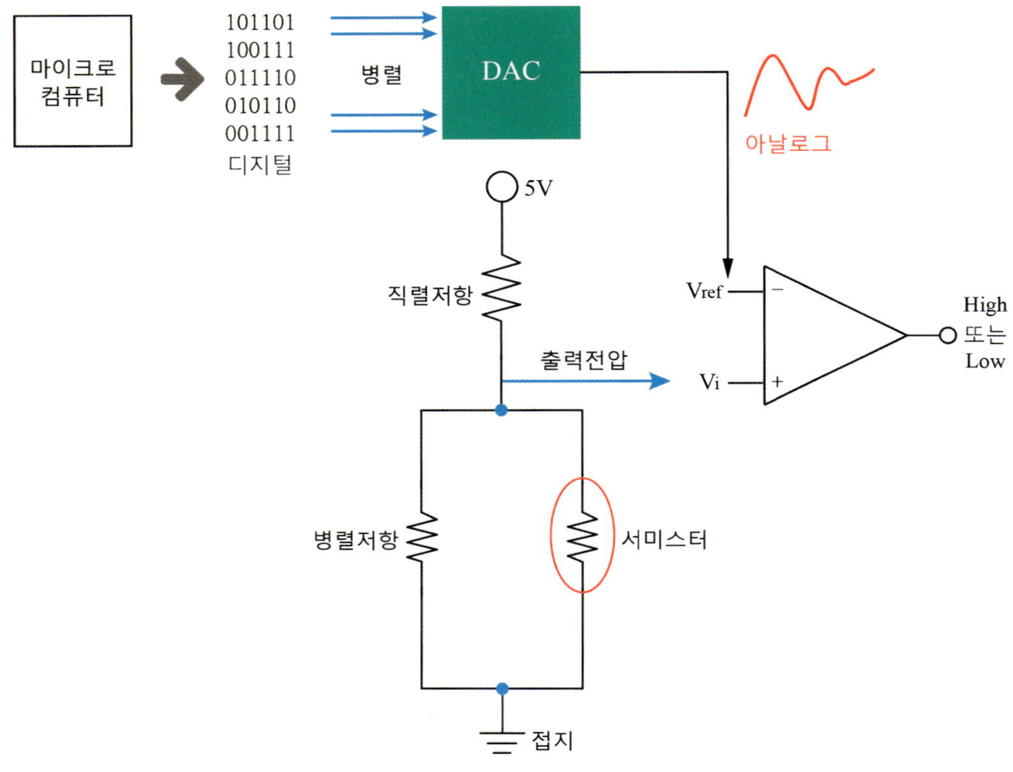

<그림 3-10> 온도 센서와 마이크로컴퓨터

<그림 3-10>에서 비교기에 입력되는 Vref 값은 마이크로 컴퓨터에서 나오는 것을 알 수 있고, 이 값은 DAC라는 장치로 입력되고 있는 것을 볼 수 있습니다. 여기서 DAC(Digital-to-Analog Converter)는 디지털 값을 아날로그 값으로 변환하는 장치입니다. 반대로 아날로그 값을 디지털 값으로 변환하는 장치인 ADC(Analog-to-Digital Converter)도 있습니다.

DAC를 사용하는 이유는 서미스터로부터 나오는 출력전압이 온도변화에 따라 연속적으로 변하는 아날로그 형태의 값이므로 Vref 값도 아날로그 값이어야 하기 때문입니다. 마이크로 컴퓨터에서 출력되는 값은 모두 디지털 인 것 은 잘 아시죠? 마이크로 컴퓨터가 디지털 데이터를 처리하는 디지털 컴퓨터니까 출력되는 모든 값은 디지털 형태가 될 수밖에 없지요.

아날로그는 뭐고, 또 디지털은 무엇이냐 구요? 아날로그는 서미스터의 출력전압처럼 연속적으로 변화하는 물리량을 뜻하고, 디지털은 높고 낮음 만 있는 것처럼 불연속적으로 변화하는 물리량을 뜻합니다. 아날로그와 디지털에 대해서는 나중에 데이터 통신에서 다시 설명하도록 하겠습니다. 다음 <그림 3-11>을 참고하여 개략적인 것만 일단 이해하세요.

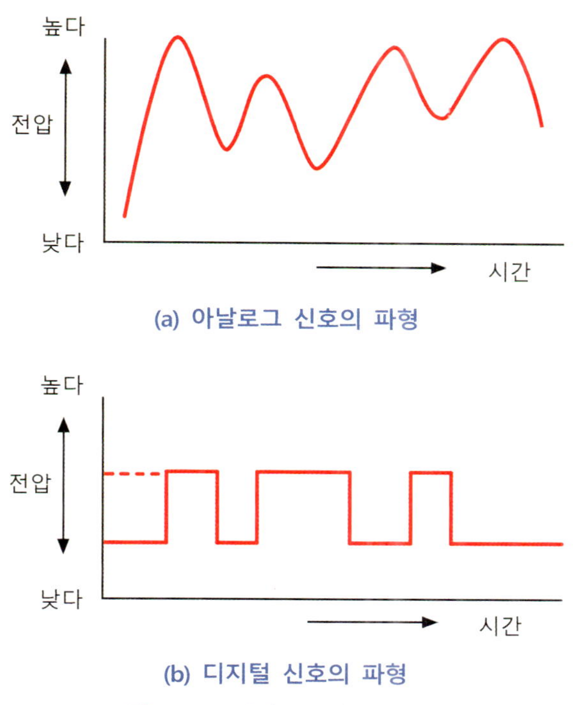

(a) 아날로그 신호의 파형

(b) 디지털 신호의 파형

<그림 3-11> 아날로그와 디지털 신호

마이크로컴퓨터에서 비교기에 입력되는 Vref 값에 대하여 다시 살펴봅시다.

아래 그림을 보세요.

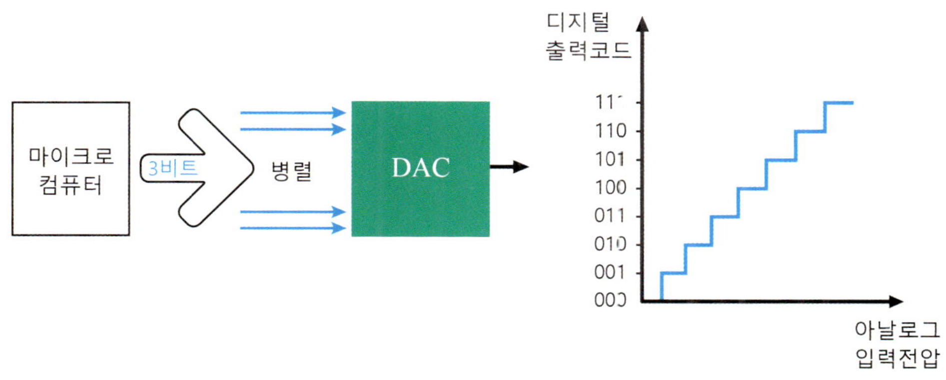

<그림 3-12> 마이크로 컴퓨터와 DAC

마이크로 컴퓨터에서 Vref 값으로 3비트의 출력을 내보내는 것을 가정한 거예요. 3비트로 이루

어져 있으므로 가능한 값은 총 8가지로서 '000, 001, 010, 011, 100, 101, 110, 111'입니다. 이 디지털 값이 DAC에 입력되면 아날로그 값이 출력되고, 이것이 Vref 값으로서 비교기에 입력되는 것입니다. 다음 <그림 3-13>을 참고하세요.

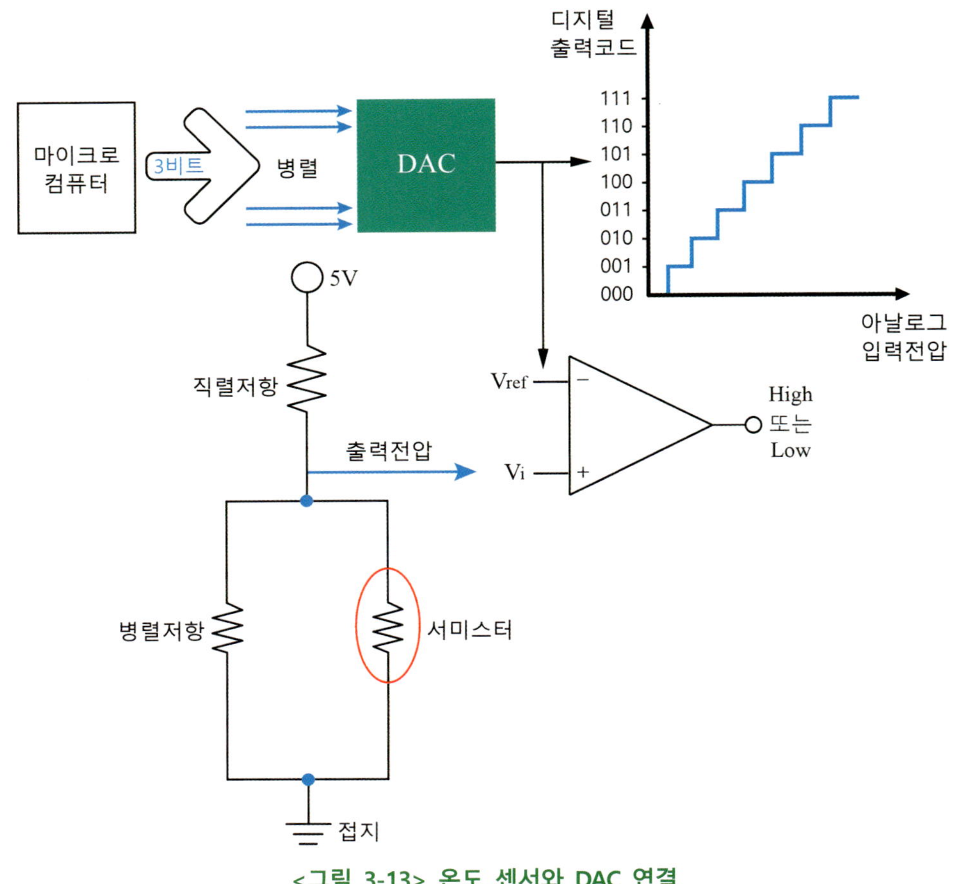

<그림 3-13> 온도 센서와 DAC 연결

앞의 그림에서 비교기에 Vref와 서미스터의 출력 Vi가 입력되고 있는데요, 언제 비교기의 출력이 High 또는 Low로 상태변화를 할까요? 상태변화가 일어나는 시점이 설정한 값에 이르는 순간이거든요. 다음 그림을 보면 알 수 있듯이 Vref 값과 Vi 값이 교차하는 지점이 바로 상태변화가 일어나는 순간이 됩니다.

그러면 교차점에서 온도는 얼마가 될까요? <그림 3-14>에서 교차점은 디지털 데이터 값으로 2진수 100과 101 사이에 있는 것을 알 수 있습니다. 2진수 100은 10진수로 바꾸면 4이고, 101은 5이므로 온도는 4도와 5도 사이에 있습니다. 마이크로 컴퓨터의 Vref 값을 3비트로 하니 표시할 수 있는 온도의 범위가 0~7 밖에 안되는 것을 알 수 있지요? 만일 출력을 4비트로 변경하면 온도의 범위는 어떻게 되나요? 만일 8비트로 변경하면 온도의 범위는 어떻게 되나요? 비트 수가 많아지면 온도의 범위도 커진다는 것을 알 수 있을 것입니다.

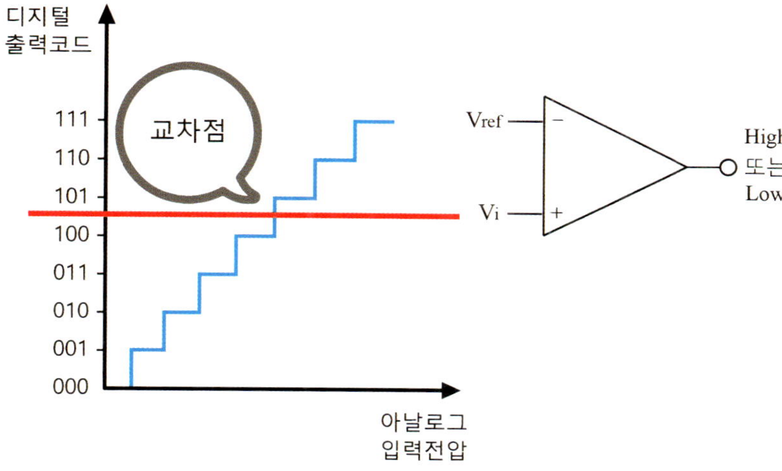

<그림 3-14> 온도 센서 출력 인식방법

이 시점에서 디지털 데이터와 여러 가지 진법에 대한 설명을 해야 하겠지만, 2진법, 8진법, 16진법, 10진법, 각종 진법의 상호변환 등을 모두 설명하려면 너무 지루할 것 같기도 해서 자세한 설명은 생략하고, 계산기를 사용하여 간단히 변환하는 방법만 살펴보겠습니다.

여러분이 사용하는 컴퓨터에는 <그림 3-15>와 같은 계산기가 들어 있어요. 일반용 계산기죠. 여기서는 10진수와 2진수의 변환을 사용할 수 없어요.

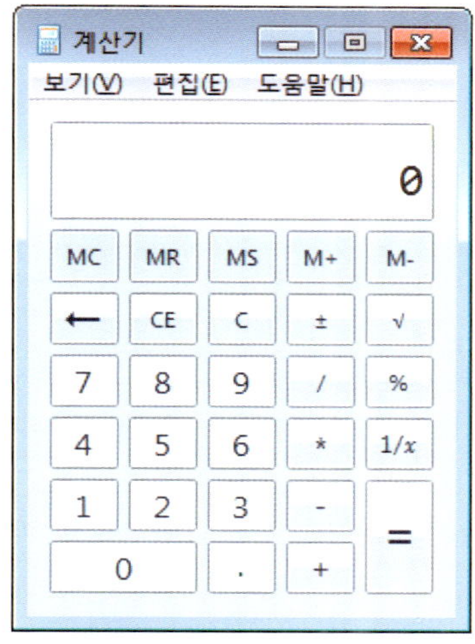

<그림 3-15> 일반 계산기

계산기의 '보기' 메뉴에서 다음 그림과 같이 '프로그래머용'을 선택해 보세요.

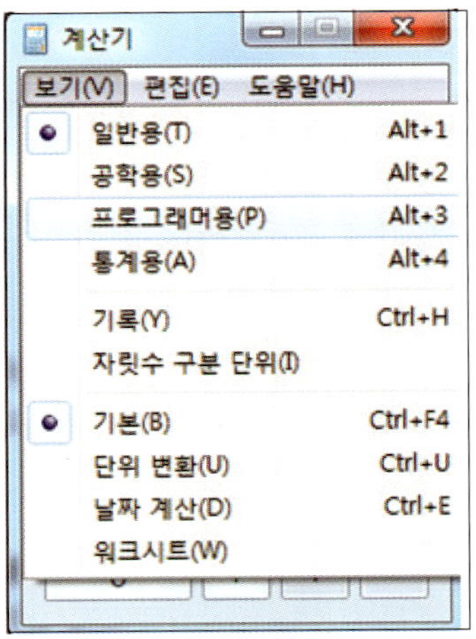

<그림 3-16> 계산기 선택

아래와 같은 '프로그래머용' 계산기에서는 진법 변환을 손쉽게 할 수 있습니다.

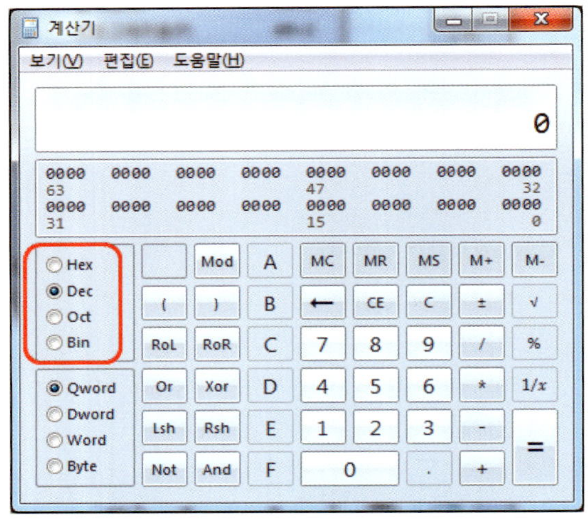

<그림 3-17> 프로그래머용 계산기

빨간색 박스에서 현재 10진수(Dec, Decimal)로 되어 있으므로 숫자 키를 이용하여 10진수를 입력한 후에 2진수(Bin, Binary)를 클릭하면 곧바로 10진수가 2진수로 변환됩니다. 8진수로 입력하거나 변환하기 위해서는 8진수(Oct, Octal)를 클릭하면 되고, 16진수로 입력하거나 변환하기 위해서는 16진수(Hex, Hexadecimal)를 클릭하면 됩니다. 참 쉽죠? 앞으로 진법에 대한 것은 계산기로 간단히 해결하세요.

3.7 온도 센서의 완성

온도 센서와 연결된 마이크로컴퓨터의 출력이 2진수로 되어 있는데, 왜 마이크로컴퓨터는 2진수로 출력하는 걸까요? 왜냐하면 컴퓨터는 '1'과 '0'만으로 이루어진 데이터를 처리할 수 있는 장치만 가지고 있는 디지털 컴퓨터이기 때문이지요. 물론 아날로그 데이터를 처리하는 아날로그 컴퓨터도 있지만 지금은 컴퓨터하면 디지털 컴퓨터만을 지칭합니다. 그리고 디지털 컴퓨터의 기본 구성 요소는 논리회로(Logic Circuit)이고, 2진 데이터 정보를 입력받아 논리연산을 하여 출력 정보를 생성합니다. 논리연산을 이해하려면 또 부울 대수를 알아야 하는데…. 산 넘어 또 산이네요.

부울 대수(Boolean Algebra)는 영국의 수학자 부울(G. Boole)에 의해서 창시된 논리수학입니다. 이것은 '1' 또는 '0'이라는 값에 참과 거짓의 논리 동작을 대응시켜 다루는 수학이고, AND(논리곱, 교집합), OR(논리합, 합집합), NOT(논리적 부정, 보집합) 등의 논리연산자를 사용하며, 이것을 응용하여 컴퓨터의 내부 회로가 설계되어 있습니다. 이제는 컴퓨터의 출력이 디지털이 되는 이유를 아시겠지요? 논리회로에 대한 추가적인 공부는 여러분들에게 맡기고 여기서는 이 정도로 넘어 가지요.

온도 센서 구성에 대한 설명으로 다시 돌아가기 위해 <그림 3-18>을 봅시다. 마이크로컴퓨터에서 최종적으로 현재 온도를 결정하는 과정을 보여 주는 그림입니다.

마이크로컴퓨터에서 3비트 데이터를 000부터 111까지 순서대로 내보내는 과정에서 100(10진수로는 4)과 101(10진수로는 5) 사이에서 교차점이 생기고, 교차점이 생긴다는 사실을 마이크로컴퓨터에 전달합니다. 그림에서는 비교기 출력에서 마이크로컴퓨터까지 연결된 선(데이터를 전달하는 길)이 전달하는 역할을 합니다. 마이크로컴퓨터가 교차점이 발생했다는 사실을 인지하면 그 시점에서 마이크로컴퓨터의 출력이 바로 현재 온도가 되니까 이 값을 디스플레이에 현재 온도로 표시하고, 보일러나 기타 장치를 동작시키게 됩니다.

전체적인 동작의 핵심은 마이크로컴퓨터입니다. Vref 값을 순서대로 출력하고, 교차점이 생기면 그것을 인지하고 온도를 계산하여 디스플레이에 표시하고, 인접한 장치를 동작시키기 위하여 제어신호를 내보내는 등 하는 일이 대단히 많습니다. 이런 일련의 동작은 컴퓨터 프로그램에 의해 이루어집니다. 이 컴퓨터 프로그램은 누가 만들어야 할까요? 당연히 바로 여러분이 프로그램을 만들어(코딩이라고도 표현합니다) 컴퓨터에 넣어 주어야 합니다. 결코 간단한 일이 아니지만, 여러분들이 이 책에서 아두이노를 실습하면서 경험할 것이기 때문에 너무 어려울 것이라고 겁먹지 마세요.

마이크로컴퓨터는 디지털 데이터를 처리하기 위한 중앙처리장치(CPU, Central Processing Unit), 데이터와 프로그램을 저장하기 위한 메모리, 외부장치와 데이터를 주고받기 위한 입출력 장치로 구성되어 있다고 생각하면 됩니다. 그리고 마이크로컴퓨터의 두뇌역할을 하는 중앙처리장치는 마이크로프로세서(Microprocessor)라고도 하고, 사칙연산을 수행하는 연산장치와 메모리에 저장되어 있는 프로그램을 해독하는 장치, 그리고 이런 작업들을 순서에 맞게 통제하는 제어장치 등으로 구성되어 있으며, 이 모든 것을 하나의 반도체 칩으로 만듭니다. 현재는 반도체 기술이 워낙 발달해서 마이크로프로세서, 메모리, 입출력장치 등을 하나의 반도체 칩으로 만들어 사용하기 때문에 원 칩 컴퓨터(One Chip Computer)라 부릅니다.

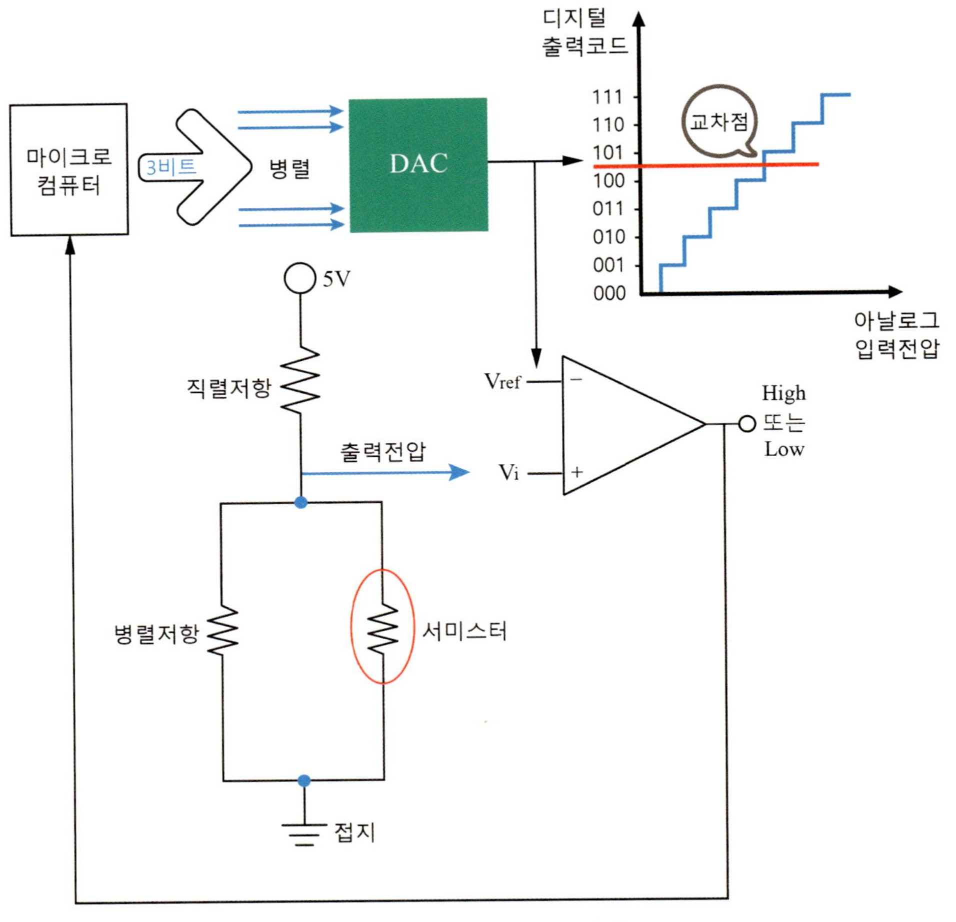

<그림 3-18> 온도 센서 완성도

마이크로컴퓨터의 내부 구성에 대하여 설명하였는데, 머리 아프시죠? 그냥 똑똑한 물건을 만드는데 핵심이 되는 장치들이 내부에 들어 있다고 생각하고요, 외부장치와 데이터를 주고 받기위해서 여러 개의 핀들이 나와 있는 반도체 부품이라고 생각하면 됩니다. 인텔에서 1971년에 세계 최초로 개발한 4비트 마이크로프로세서를 인터넷에서 검색해서 핀 배치만이라도 확인해 보세요.

센서를 만드는 사람은 마이크로프로세서 내부 구조는 몰라도 됩니다. 몇 번 핀이 어떤 용도로 사용되는지만 알면 되지요. 예를 들어 앞의 <그림 3-18>의 온도 센서에서 Vref 값은 마이크로프로세서의 여러 핀 중에 'Data Bus I/O(Input/Output)' 핀으로 출력되는 것입니다. 만약 8비트 프로세서라면 'Data Bus I/O(Input/Output)'는 8개의 핀으로 됩니다.

데이터를 출력 핀으로 내보내기 위해서는 컴퓨터 프로그램이 필요합니다. 이 프로그램은 마이크로프로세서 내부에서 실행되어 데이터 핀으로 필요한 데이터를 자동으로 내보냅니다. 컴퓨터 프로그램이 실행되는 과정에도 많은 것이 개입되는 데, 이 책의 아드이노 실습에서 데이터 출력을 위한 프로그램과 동작과정에 대하여 설명하기로 하겠습니다.

<그림 3-18>의 온도 센서 완성도를 보고, 여러분 중에 온도 센서 하나마다 마이크로컴퓨터가 하나씩 들어가는 것으로 생각할 수 있어 한 가지 더 설명하려고 합니다. 현재 온도 센서로 많이 사용하는 것으로 'LM35'라는 전자 부품이 있습니다. 이 부품은 3-핀으로 되어 있고, 온도 측정범위는 0℃~100℃이며, 가운데 핀에서 온도변화에 따라 아날로그 전압이 0V(볼트)~1V(온도 1℃ 올라갈 때마다 약 10mV 올라감)의 범위에서 출력됩니다. 따라서 마이크로컴퓨터 역할을 하는 아두이노에 있는 여러분이 코딩한 프로그램이 'LM35'로부터 아날로그 전압을 읽고, 현재 온도로 변환하여 출력하는 것입니다. 단순히 디스플레이에 출력하는 것으로 끝나지 않고, 일정한 온도 조건이 맞으면 냉방이나 난방 장치를 동작시키는 제어신호로 사용할 수도 있습니다.

제 4 장

사물인터넷과 데이터 통신

사물인터넷은 사물 사이의 데이터 통신이 가장 기본입니다. 사물인터넷에 연결된 센서 또는 다양한 장치에서 각종 데이터를 보내고 받는 과정이 필수적으로 일어나기 때문입니다. 따라서 여기서는 데이터 통신에 대하여 자세히 설명합니다. 조금 지루할 수도 있습니다만 통신에 대한 기본기를 익힌다고 생각하시고 끈기 있게 읽어 보시기 바랍니다.

4.1 통신이란?

사물인터넷을 떠나 가장 원천적인 이야기부터 하겠습니다. 이 책을 읽고 계시는 여러분들은 타인으로부터 "통신(Communication)이란 무엇입니까?"라는 질문을 받았을 때 어떠한 대답을 하시겠습니까? 분명히 일반적으로 아는 개념인데도 불구하고 막상 설명하자니 명확한 답을 하는 것이 쉽지 않으시죠? 실제로 설명하는 것이 쉽지 않은 것이 사실입니다. 왜냐하면 우리들이 매일 유용하게 사용하고 있지만 당연한 것으로 받아들이고, 의식조차 하지 않기 때문이지요. 공기의 경우도 마찬가지지요. 우리는 숨을 쉴 수 있는 공기가 없으면 하루도 생활할 수 없이 중요한 것이지만, 우리가 생활하기 위해 당연히 존재하는 것이므로 공기의 존재를 의식하지 않고 살고 있기 때문에 막상 "공기가 무엇입니까?"라는 질문을 접했을 때 쉽게 설명할 수가 없지요.

아무튼 "통신이란 무엇입니까?"라는 질문에 대한 해답을 찾아보기로 합시다. 한 가지 주의하실 것은 현재는 너무나 많은 최첨단 기술들이 통신에 적용되고 있으므로 처음부터 최첨단 기술만으로 이해하고자 노력한다면 쉽게 포기할 수밖에 없기 때문에 기초적인 통신 개념으로 접근해야 한다는 것입니다. 컴퓨터 통신이나 사물 간의 정보통신의 개념도 뿌리를 찾아가 보면 19세기 전신의 발명에 기초를 두고 있습니다.

전화가 발명되기 전에 사람들은 어떻게 통신하였을까요? 통신이란 용어보다는 대화라는 말이 더 적당한 시절이겠지만... 어떤 수단이나 방법을 이용하여 정보를 주고받기도 했고, 소식을 전하기도 했으며, 협상도 했을 것입니다. 가장 기본적인 통신 수단은 사람의 입을 통하여 나오는 음성이겠지요? 그런데 사람의 음성이라는 것은 100미터만 떨어져 있어도 제대로 전달이 되지 않기 때문에 가까운 거리에서 서로 대화를 나누기에는 음성이라는 수단이 통신수단으로 적당하지만 먼 거리인 경우에는 적당한 수단이 되지 못합니다. 물론 먼 거리까지 직접 찾아가서 대화를 나누고 돌아오는 경우도 있겠지만 시간적인 문제가 발생하겠지요. 따라서 음성대신에 전기적인 방법으로 통신하는 방법을 발명하게 됩니다.

1844년 미국의 발명가인 사무엘 모르스(Samuel Morse)는 전선을 통하여 워싱턴 D.C.에서 볼티모어까지 약 37마일(약60km)거리에 전신 메시지를 송신하는 데 성공하였습니다. 이것은 전기통신 역사에서 대단히 획기적인 사건이었으며, 전화를 발명하는 자극이 되었다고 생각합니다. 모르스가 만든 전신은 숫자와 알파벳의 모든 문자를 모르스 자신이 고안한 모르스 부호(Morse Code)로 표현하여 전송하는 것으로, 모르스 부호는 단점(•, 전기적으로 ON), 장점(—, 전기적으로 ON이고 단점 •의 3배의 길이), 단점과 같은 길이의 스페이스(Space, 전기적으로 OFF)로 구성되며, 모르스 부호의 예를 들면 다음 <그림 4-1>과 같습니다. 모르스 부호 송수신 장치 사이에 이 부호를 전기적인 신호로 전송하고 수신한 것입니다. 모르스 부호 송수신 장치는 사물에 해당하니까 세계 최초의 사물 간 통신이라 볼 수 있지요.

영숫자	모르스 부호
1	• — — — —
2	•• — — —
3	••• — —
A	• —
B	— •••
C	— • — •
D	— ••
E	•

<그림 4-1> 모르스 부호의 예

4.2 데이터 표현 방법

앞에서 메시지 전송을 위하여 모든 문자를 모르스 부호로 표현한 것을 설명했습니다만, 통신 기술이 발전한 현재는 긴급시에만 모르스 부호를 사용하고, 여러 가지 유용한 표현 방법이 개발되어 있습니다. 사물인터넷에 연결된 장치는 수없이 많은 종류가 있으므로 사물에서 발생하는 데이터의 종류도 다양하겠지만 크게 나누면 숫자를 포함한 문자 데이터, 음성 데이터, 영상 데이터 등 세 가지로 나눌 수 있을 것입니다.

4.2.1 문자와 숫자 데이터의 표현

사람끼리는 '현재 온도는 20도야'라고 말하면 알아듣죠. 그런데 사람이 아닌 사물(컴퓨터를 포함하는 모든 통신장치)에게는 어떻게 알려줘야 하나요? 당연히 사물끼리 이해할 수 있는 표현방법이 필요하겠지요? 이 표현방법을 코딩(Coding)이라고 부릅니다. 코딩하는 방법에는 여러 가지가 있을 수 있겠지요? 사물들이 서로 표현방법을 다르게 하면 호환에 문제가 발생할 수 있을 거예요. 그래서 표준화하여 공통으로 사용할 수 있는 표현방법을 고안하게 된 것이지요. 현재 데이터 통신에서 가장 대표적으로 사용하는 코딩이 아스키(ASCII, American Standard Code for Information Interchange) 코드를 사용하는 방법입니다.

아스키코드는 1963년 미국표준협회(ANSI, American National Standards Institute)가 제정한 데이터 처리 및 통신 시스템 상호 간의 정보 교환용 7비트(bit) 표준 코드입니다. 여기서 비트는 2

진법에서 '1' 또는 '0'을 나타내는 단위이고, 7비트로 숫자, 문자, 특수문자를 표현합니다.

아스키코드는 7비트로 되어 있으므로 총 128(=2^7)개의 문자조합을 갖습니다. <그림 4-2>에 제어 문자를 포함하면 128개의 문자 조합이 됩니다. 2진수 7비트로 표시하면 자릿수를 많이 차지하고, 복잡하니까 2진수를 10진수로 표시했습니다. 16진수로 표시하는 경우에는 앞에 '0x'를 추가하여 표시합니다.

10진수	부호	10진수	부호	10진수	부호	10진수	부호
32		56	8	80	P	104	h
33	!	57	9	81	Q	105	i
34	"	58	:	82	R	106	j
35	#	59	;	83	S	107	k
36	$	60	<	84	T	108	l
37	%	61	=	85	U	109	m
38	&	62	>	86	V	110	n
39	'	63	?	87	W	111	o
40	(	64	@	88	X	112	p
41	)	65	A	89	Y	113	q
42	*	66	B	90	Z	114	r
43	+	67	C	91	[	115	s
44	,	68	D	92	₩	116	t
45	-	69	E	93	]	117	u
46	.	70	F	94	^	118	v
47	/	71	G	95	_	119	w
48	0	72	H	96	`	120	x
49	1	73	I	97	a	121	y
50	2	74	J	98	b	122	z
51	3	75	K	99	c	123	{
52	4	76	L	100	d	124	|
53	5	77	M	101	e	125	}
54	6	78	N	102	f	126	~
55	7	79	O	103	g		

<그림 4-2> 아스키코드 표

이 문자조합을 가지고 현재 온도 20이라는 숫자를 아스키코드로 코딩하여 표현하면 다음과 같습니다. 아스키코드 표를 나타내는 그림에서 2와 0을 7비트의 이진수로 바꾸면 2는 '0110010'이고, 0은 '0110000'이 됩니다. 이런 것 계산할 때 손으로 하지 말고, 윈도우에서 제공하는 '프로그래머용 계산기'를 사용하면 됩니다. 7비트의 아스키코드를 순서대로 나열하는 개념을 설명하는 다음 <그림 4-3>을 참고하면 확실히 이해할 수 있을 거예요.

10진수	아스키코드	16진수	문자
0	0000000	0×00	NUL
1	0000001	0×01	SOH
2	0000010	0×02	STX
3	0000011	0×03	ETX
•	•	•	
•	•	•	
•	•	•	
48	0110000	0×30	0
49	0110001	0×31	1
50	0110010	0×32	2
•	•	•	
•	•	•	
•	•	•	
126	1111110	0×7E	~
127	1111111	0×7F	DEL

<그림 4-3> 아스키코드 표

이제는 우리들이 사용하는 숫자와 문자를 '1'과 '0'의 조합으로 표시하는 방법을 아시겠지요? 그런데 아스키코드 표에 한글이 보이나요? 미국사람이 자기네 언어를 표현하려고 만든 것이니 당연히 한글을 표현할 수 없지요. 그러면 한글은 어떻게 '1'과 '0'으로 표현하죠?

여기에도 특별한 코드가 필요하겠죠? 한글은 유니코드(Unicode)를 사용해서 표시합니다. 이 코드는 한글뿐만 아니라 세계의 각 나라별 언어를 모두 표현하기 위해서 만들어진 코드 체계입니다. 어느 나라의 언어든지 모든 문자를 16비트로 표현하므로 총 65,536(=2^{16})자를 표현할 수 있습니다.

유니코드의 첫 부분은 미국의 영문자를 표시하고, 한글은 16진수로 0xAC00부터 0xD7A3까지 11,172 글자입니다. 한글은 초성(자음) 19개, 중성(모음) 21개, 종성(받침) 28개로 구성되므로 초성 19×중성 21×종성 28 = 11,172 글자가 됩니다.

다음 그림과 같이 한글의 첫 번째 글자는 '가'이고, 마지막 글자는 '힣'입니다. 한글을 구성하는 초성, 중성, 종성의 첫 번째 자들을 조합한 글자가 '가'이고, 마지막 자들을 조합한 글자가 '힣'입니다. 물론 조합한 모든 글자를 실생활에서 사용하는 것은 아닙니다.

그런데 왜 실생활에서 사용하지도 않는 글자를 유니코드로 만들어 놓지요? 글쎄요? 언어는 계속 진화하는데, 먼 훗날 현재는 사용하지 않는 글자 중에 사용하게 될 글자도 있지 않을까요? 먼 미래를 위해서 미리 확보해 두는 것이 유리할 것 같네요. 미리 확보하지 않고 있다가 나중에 필요할 때 유니코드 더 달라고 하면 바로 줄 수는 없을 것 같아요.

10진수	유니코드	16진수	문자
0	0000000000000000	0×0000	NUL
1	0000000000000001	0×0001	SOH
2	0000000000000010	0×0002	STX
3	0000000000000011	0×0003	ETX
•	•	•	
•	•	•	
•	•	•	
48	0000000000110000	0×0030	0
49	0000000000110001	0×0031	1
50	0000000000110010	0×0032	2
•	•	•	
•	•	•	
•	•	•	
126	0000000001111110	0×007E	~
127	0000000001111111	0×007F	DEL
•	•	•	
•	•	•	
•	•	•	
44,032	1010110000000000	0×AC00	가
44,033	1010110000000001	0×AC01	각
•	•	•	
•	•	•	
•	•	•	
55,203	1101011110100011	0×D7A3	힣
•	•	•	
•	•	•	
•	•	•	

<그림 4-4> 한글 유니코드 표

여기서 한 가지 질문할게요. 한글에서 첫 번째 초성은 'ㄱ'이고, 두 번째 초성은 'ㄲ'이고, 'ㄴ'은 세 번째 초성이죠. 한글의 첫 번째 글자 '가'의 유니코드는 10진수로 44,032(16진수로는 0xAC00)가 되는데, '까'와 '나'의 유니코드는 무엇일까요?

벌써부터 짜증내는 소리가 들리네요. 계산하는 거 무진장 싫어하죠?

그러지 마시고, 조금만 생각해 보세요.

일단 한글의 첫 번째 글자의 유니코드가 10진수로는 44,032니까 여기에 어떤 수를 더하면 되겠죠? 얼마를 더하면 될까요?

한글은 초성(자음) 19개, 중성(모음) 21개, 종성(받침) 28개로 구성되므로 초성 19×중성 21×종성 28 = 11,172 글자가 됩니다. 초성 하나에 몇 글자가 있나요? 맞습니다. 중성 21×종성 28 = 588

글자입니다. 그러니까 588(16진수로는 0x24C)을 더하면 되지요. 그래서 '까'의 유니코드는 44,620(16진수로는 0xAE4C)이고 '나'의 유니코드는 45,208(16진수로는 0xB098)입니다. 간단하죠? 이 결과는 유니코드 사이트(http://www.unicode.org/charts/PDF/UAC00.pdf)에서 확인할 수 있어요.

데이터 표현 방법에 대하여 지루하고 길게 설명한 면이 있습니다만, 일단 '1'과 '0'으로 표현이 되어야만 통신장치를 이용하여 전송할 수 있으므로 대단히 중요하기 때문이라 이해해 주셨으면 좋겠습니다.

4.2.2 음성 데이터의 표현

음성 데이터는 완전한 아날로그 신호입니다. 이 아날로그 신호를 디지털 데이터의 형태로 변환하려면 어떤 방법을 사용해야 할까요? 아날로그 신호는 <그림 4-5> (b)와 같이 표본화(Sampling)를 한 후 각각의 샘플 신호를 정해진 비트의 2진수로 표시하면 됩니다. 표본화란 수시로 변화하는 변수의 값을 어떤 정해진 시간마다 기록하거나 측정하는 것을 말하는 것으로, 1시간마다 온도를 측정하는 것을 생각하면 이해할 수 있을 것입니다. 물론 데이터 통신에서 표본화는 수 밀리 초 혹은 수 마이크로 초 정도로 아주 짧은 시간동안에 일어납니다.

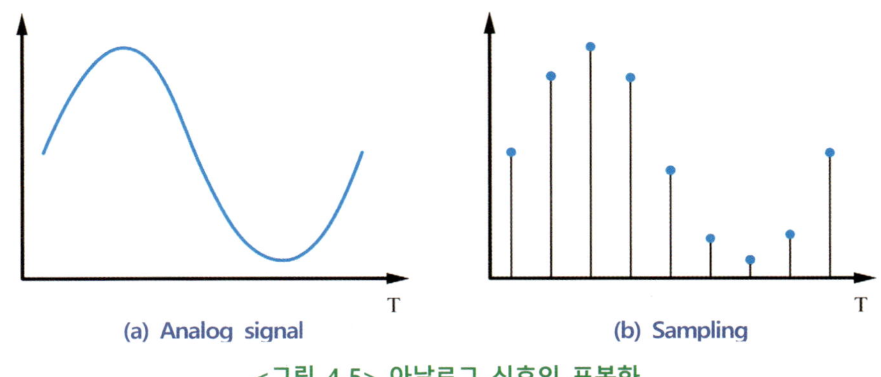

<그림 4-5> 아날로그 신호의 표본화

<그림 4-5> (b)에서 표본화를 통하여 얻어진 샘플들은 각각 크기 값을 가지고 있으므로 이 크기 값을 2진수로 나타냅니다. 이렇게 크기 값(일반적으로 소수점이 있는 실수로 표현됨)을 유한한 개수의 비트로 표현하는 것을 양자화(Quantization)라고 합니다.

실제로 양자화를 위해서 몇 비트로 표현할 것인가를 결정해야 합니다. 물론 2진수로 표시할 때 가능한 많은 비트의 2진수로 표시해야 원래의 신호와 같아지는 것은 당연하겠지요? 그러나 필요이상으로 많은 비트로 표현한다면 데이터 양이 기하급수적으로 커지게 됩니다. 양자화를 설명하는 다음 <그림 4-6>을 봅시다.

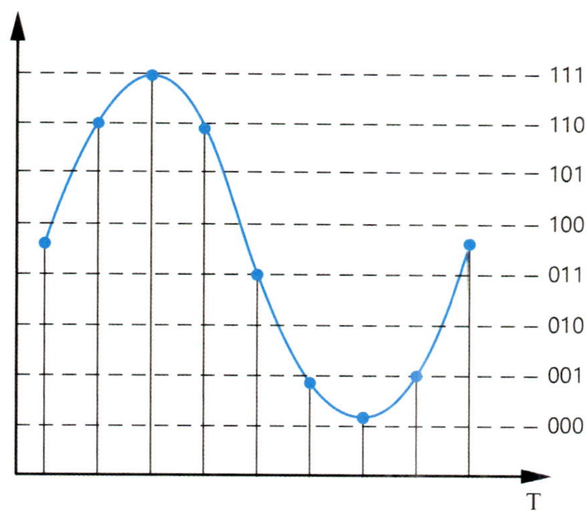

<그림 4-6> 양자화 개념

<그림 4-6>에서 표본화한 샘플의 최대값을 편의상 1로 하고 나머지를 상대적인 비율로 나타내고 이 비율을 3비트의 디지털 데이터로 표시하고 있습니다. 우연의 일치로 중간값이 되면 상위 값 혹은 하위 값 중 어떤 값으로 표시할 건지 약속하면 됩니다. 이때 중간값을 상위 혹은 하위 값으로 표시하게 되면 원래 값과의 차이인 양자화 노이즈가 커지므로 디지털 데이터의 오류가 발생하게 됩니다. 오류를 줄이기 위해서는 하나의 표본화 샘플을 더 많은 비트로 표시하면 됩니다. 예를 들어 4비트로 표시하면 2^4 = 16단계로 표시할 수 있으며 오류가 줄어듭니다.

이제 양자화할 때 하나의 표본화 샘플을 8비트(2^8 = 256단계)로 표시하여 오디오 신호를 디지털 데이터 파일로 만들면 파일의 크기는 얼마나 될 것인가 생각해 봅시다. 앞에서 표본화는 일정한 시간간격으로 변수를 측정하거나 읽어 내는 것이라고 설명하였으며, 실제 데이터 통신에서는 아주 짧은 시간에 표본화가 이루어진다고 설명하였습니다.

만약 1초에 1,000회 표본화를 시행하고, 8비트로 양자화하면, 1분 동안 녹음된 오디오 전체 데이터 파일의 크기는 다음과 같습니다.

```
1,000(회) * 8(bit) * 60(초) = 480,000(bit) = 60,000(byte) = 60(kbyte)
```

나이퀴스트와 섀넌이 정립한 표본화 이론에 의하면, 표본화를 시행하려는 오디오 신호의 가장 높은 주파수의 두 배로 표본화를 해야 하므로 실제로는 약 1초에 4만회 정도로 표본화해야 하고, 1분 동안의 파일 용량은 약 2,400(kbyte) 또는 2.4(Mbyte)가 됩니다.

4.2.3 영상 데이터의 표현

여기서 영상 데이터는 순수한 영화나 애니메이션 등 동영상을 포함할 수 있습니다만 디지털 데이터로 표현하는 입장에서는 동일한 것으로 생각할 수 있습니다. 왜냐하면 동영상은 여러 개의 정지영상으로 구성되어 있으므로 하나의 정지영상을 디지털 데이터로 표현하는 방법만 이해하면 되기 때문입니다. 그리고 정지영상은 하나의 그림으로 생각할 수 있으므로 그림을 친한 친구에게 디지털 형태로 변환하여 파일로 전송하는 방법을 설명하도록 하겠습니다. 그림이 잘 떠오르지 않으면 카메라로 찍은 사진을 디지털 파일로 변환하는 것을 생각해도 됩니다. 디지털 카메라로 찍은 사진은 당연히 디지털 파일이니 별도의 변환과정이 없습니다만 일반 카메라로 찍은 사진은 디지털 파일로 변환해야 하겠지요.

일반 카메라로 찍은 사진에는 흑백도 있고 칼라도 있는데 두 가지를 동일하게 디지털 데이터로 변환할 수 있을 까요? 당연히 디지털 데이터로 표현할 때 칼라와 관련한 데이터를 포함시키는 가 시키지 않는가의 차이로 인하여 동일한 방법은 아니겠지요? 그러나 이해하는 방법은 거의 같다고 볼 수 있습니다.

먼저 여러분이 카메라로 찍어 현상한 사진을 머리로 상상합니다. 그리고 그 사진을 가로와 세로의 같은 크기의 정사각형으로 잘게 자릅니다. 잘게 자른 일부분을 표시하면 <그림 4-7>과 같습니다. 이렇게 잘게 자르는 과정이 표본화과정입니다.

<그림 4-7> 픽셀로 이루어진 사진

<그림 4-7>로부터 2차원의 사진은 작은 점들의 집합이 되고 이 작은 점들을 각각 디지털 데이터로 표현하면 사진 전체를 디지털 파일로 만들 수 있을 것입니다. 작은 점들은 TV나 컴퓨터 모니터에서는 하나의 픽셀(Pixel, picture+element)에 대응하게 됩니다. 픽셀은 디지털 이미지를 구성하는 최소 단위로서 우리말로는 화소라고 부릅니다. 이제 전체 사진을 구성하는 작은 픽셀을 하나하나 디지털 데이터로 변환하는 방법을 생각해 봅시다.

흑백 사진의 경우 하나의 픽셀을 검은색과 흰색으로만 표시하는 경우 그림을 제대로 표시할 수

없으므로 흑백의 명암을 여러 단계로 지정하여 표시합니다. 이 단계를 명암 단계(Gray Scale)라고 하는데 8단계, 16단계, 256단계 등 여러 가지가 있습니다. 여기서는 256단계로 표현하는 경우를 가정하겠습니다. 하나의 픽셀이 256단계의 명암을 가지고 있다면 이것을 8자리의 이진수로 표시할 수 있습니다. 8자리의 2진수는 2^8, 즉 256가지의 경우의 수를 가지기 때문입니다. 실제로 명암을 표시할 때는 0(2진수로 00000000)부터 255(2진수로 11111111)까지 사용할 수 있습니다.

<그림 4-7>의 왼쪽 상단 5개의 픽셀(원문자 ①, ②, ③, ④, ⑤로 표시되어 있는 부분)을 256단계의 명암으로 표시하면 <그림 4-8>과 같습니다. <그림 4-8>에서 픽셀 ①의 명암은 2진수로 00011110 이므로 10진수로 고치면 30($0*2^7 + 0*2^6 + 0*2^5 + 1*2^4 + 1*2^3 + 1*2^2 + 1*2^1 + 0*2^0 = 0 + 0 + 0 + 16 + 8 + 4 + 2 + 0 = 30$)입니다. 나머지 픽셀도 같은 방법으로 명암의 크기를 알 수 있습니다. 여기서 명암의 크기는 설명을 위하여 임의의 값을 배정하였습니다.

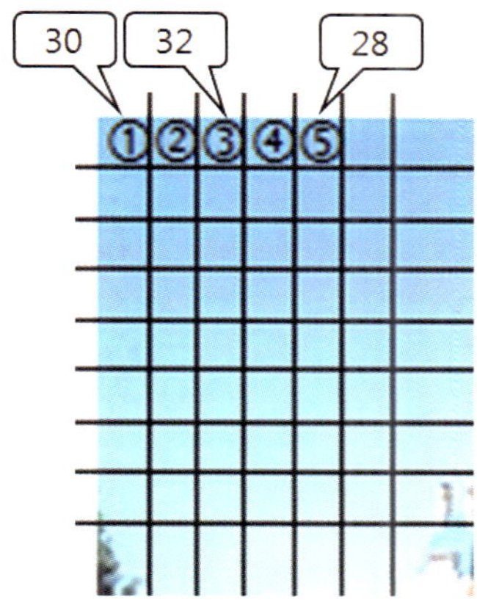

<그림 4-8> 픽셀의 명암 표시

<그림 4-7>의 사진은 픽셀의 집합이므로 <그림 4-8>에서 각 픽셀을 명암으로 표시하는 방법을 이용하여 하나의 디지털 데이터 파일로 만들 수 있습니다. 각 픽셀은 256단계의 명암을 가지고 있으므로 2진수 8자리로 표시되고, 각 픽셀은 8비트(1바이트)로 구성된 데이터를 가지고 있다고 볼 수 있습니다. 따라서 <그림 4-7>의 사진이 600*400의 픽셀로 구성된다면 총 1,920,000 비트의 데이터 파일이 만들어지고, 8비트는 1 바이트이므로 240,000 바이트(240키로 바이트)로 구성됩니다.

지금까지의 설명을 잘 이해하셨다면 어떻게 사진이나 그림이 디지털 데이터로 변환될 수 있는지 잘 알 수 있을 것입니다. 이제는 칼라 사진을 디지털 데이터로 변환하는 방법에 대하여 생각해 봅시다.

결론부터 말하면 칼라 사진은 명암을 갖는 픽셀에 색 정보를 추가하여 디지털 데이터로 변환할 수 있습니다. 하나의 픽셀이 가지고 있는 색 정보는 RGB(Red, Green, Blue)로 표시합니다. 컴퓨터에서 모든 색은 Red, Green, Blue 등 세 가지 색의 조합으로 표시할 수 있고, 세 가지 색을 어떻게 배합하는가에 따라 다양한 색을 만들 수 있습니다. 그리고 Red, Green, Blue 각각에 대하여 배합하는 양을 보통 256단계(0부터 255)로 표시합니다. 어떤 픽셀이 RGB(255,0,0)로 표시되어 있다면, Red만 255이고 나머지는 0이므로 빨간색을 표시하고, RGB(0,255,0)로 표시되어 있다면, 초록색을 표시하며, RGB(0,0,255)로 표시되어 있다면, 파란색을 나타냅니다. Red, Green, Blue 각각이 256단계의 값을 가질 수 있으므로 구현할 수 있는 색은 최대 16,777,216(256 * 256 * 256) 가지입니다. 보통 줄여서 약 1천 6백만 칼라라고 부릅니다.

흑백 사진의 경우 픽셀 1개가 명암으로만 표시되므로 8비트가 필요했지만, 칼라의 경우에는 픽셀 1개가 가지는 색이 Red, Green, Blue의 조합으로 이루어지고 각 색이 256단계의 배합을 가지고 있으므로 총 24비트(3바이트)가 필요합니다. 컴퓨터 모니터에 보면 여러 가지 칼라를 선택할 수 있는데 여기서는 24비트 칼라의 예를 들어 설명한 것입니다. 왜 24비트 칼라를 예를 들었을까요? 자연계의 색상 모두를 표현할 수는 없지만 사람이 볼 수 있는 색상을 표현하기에 24비트 칼라면 충분하다고 알려져 있기 때문입니다.

이제 한 가지 계산을 더 해 봅시다. 스마트 폰으로 촬영한 사진이 1,000만 픽셀로 구성되고 각 픽셀이 24비트 칼라를 가지고 있다면 디지털 데이터로 변환한 경우 이미지 파일의 크기는 얼마가 될까요?

```
10,000,000 * 24(bit) = 240,000,000(bit) = 30,000,000(byte) = 30(Mbyte)
```

사진 한 장이 30(Mbyte)라면 대단히 커다란 파일이지요. 물론 실제 사진 파일은 JPG 혹은 GIF로 압축하기 때문에 파일 사이즈는 작아집니다.

4.3 단방향 전송과 양방향 전송

문자, 음성, 영상 등의 데이터를 디지털 데이터로 변환하는 방법을 알았으므로 이제부터는 디지털 데이터를 목적지까지 전송하는 방법에 대하여 설명하도록 하겠습니다.

두 개의 사물 사이에 데이터를 전송하는 방식을 분석해 보면 단방향(Simplex)과 양방향(Duplex)으로 나눌 수 있으며, 양방향에는 반이중(Half-Duplex)과 전이중(Full-Duplex) 방식이 있습니다.

단방향 통신이란 정보의 흐름이 한 쪽 방향이라는 뜻으로 TV나 라디오 방송을 예로 들 수 있겠습니다. 방송국은 방송신호를 송출만 하고 여러분은 집에서 텔리비젼 세트나 소형 라디오로 수신만 하니까요. 여러분이 텔리비젼으로 드라마를 보다가 청소년에 유해한 장면이 나온다고 하여 텔리비젼 세트를 통하여 항의 내용을 방송국으로 보낼 수는 없는 노릇이지요. 이제 단방향 통신의 개념을 아시겠지요?

요새는 인터넷으로 연결된 IP TV를 이용하여 양방향 통신이 가능한 경우도 있습니다만 이것은 예외로 하겠습니다. 그리고 사물인터넷과 관련된 용어로 센서 네트워크(Sensor Network)가 있는데, 각종 센서에서 측정된 데이터들이 중앙의 서버로 전달되는 것도 단방향 통신에 해당된다고 할 수 있습니다.

반이중 통신은 어떤 것일까요? 예를 들어 설명하는 것이 가장 확실할 테니까, 무전기를 예로 들겠습니다. 군대에서 사용하는 무전기를 이야기하면 아직 군대에 다녀오지 않은 사람들이 뭐라고 할 것 같으니까, 집에서 여행 갈 때 사용하는 생활 무전기를 예로 들지요. 요즈음 여행을 다니는 사람들 중에 생활 무전기를 가지고 다니는 사람들이 있습니다. 여러 사람이 함께 움직이다 보면 차량이 여러 대가 필요하여 무전기를 가지고 서로 연락하면서 움직이는 풍경이 낯설지가 않습니다. 두 대의 무전기는 양방향 통신이 가능합니다.

그런데 서로 동시에 통신이 가능하지는 않지요. 전원이 켜진 상태에서 듣고 있으면 상대방이 말하는 소리가 수신되고, 내가 이야기를 하려면 송신 버튼을 누르고 있어야 합니다. 결국 양방향 통신이 가능하지만 서로 교대로 해야 하는 방식이 바로 반이중 통신입니다. 그리고 사물인터넷의 일종인 사물지능통신(M2M, Machine-to-Machine)에서는 각 장치가 측정한 데이터를 서버에 보내면, 서버는 그 데이터를 수집하여 분석한 후 각 장치에 필요한 제어 신호를 전송하므로 양방향이지만 반이중 통신에 해당한다고 볼 수 있습니다.

전이중 통신은 당연히 양방향 통신이 동시에 가능한 방식이겠지요? 이런 예에는 무엇이 있을까요? 네, 바로 전화입니다. 요즘 전화 사용하지 않는 사람은 없을 테니 아하, 그렇구나 동시에 통신이 가능한 전화가 바로 전이중 방식의 통신이구나 라고 곧바로 이해하셨을 것입니다. 요즘 누구나 한 대씩 소유하고 있는 스마트 폰도 마찬가지로 전이중 통신을 사용하는 거 아시죠?

4.4 아날로그 통신과 디지털 통신

'1'과 '0'으로 표현된 데이터는 아날로그 통신 또는 디지털 통신 방법으로 원격지에 있는 상대방에게 전송할 수 있습니다. 디지털 통신과 아날로그 통신에 대하여 이해하려면, 우선 아날로그(Analog)와 디지털(Digital)에 대하여 이해해야 하겠습니다.

어떤 통신 장치나 통신 시스템의 입력이나 출력 및 내부 상태는 숫자나 문자 형식으로 표현할 수 있는데, 그 표현 방법에는 아날로그와 디지털의 두 가지가 있습니다. 아날로그란 물의 흐름이나 온도의 변화와 같이 시간에 따라 연속적인 물리량을 이용하여 표현한 것이고, 디지털이란 연속적인 동작이나 상태변화를 단순화하여 두 가지 상태를 표시할 때는 '흐른다' 또는 '안 흐른다', '허가' 또는 '불가', '켜짐' 또는 '꺼짐'과 같이 표시하고, 여러 가지 상태를 표시할 때는 숫자를 사용하여 해당 상태를 불연속적인 물리량으로 표현하는 것입니다.

다음 <그림 4-9>를 보면 왼쪽은 시간에 따라 연속적으로 변하므로 아날로그이고, 오른 족은 시간에 따라 불연속적으로 변하므로 디지털입니다.

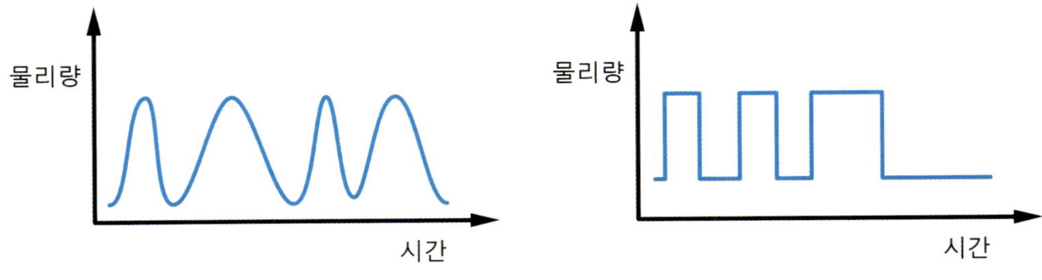

<그림 4-9> 아날로그와 디지털

그래도 아날로그와 디지털의 차이를 모르겠으면, 다음과 같은 <그림 4-10>의 아날로그 시계와 디지털 시계를 생각해 보세요.

<그림 4-10> 디지털 시계와 아날로그 시계

시계는 현재 시간을 보통 시, 분, 초 단위로 표시하는 장치인데, <그림 4-10> 왼쪽의 디지털 시계는 현재 시간을 숫자로 표시하고, 오른 쪽의 아날로그 시계는 연속적으로 위치가 변하는 바늘을 이용하여 현재 시간을 표시하고 있습니다.

아날로그와 디지털의 차이를 이해하셨으면, 이제는 아날로그 데이터와 디지털 데이터, 아날로그 신호와 디지털 신호에 대하여 설명하겠습니다.

데이터(Data)와 신호(Signal)의 차이는 무엇일까요? 또 머리가 복잡해지나요? 처음 통신에 입문하는 사람들에게는 데이터와 신호의 차이를 이해하는 것이 어렵겠지요? 데이터란 온도나 습도처럼 측정이나 관찰을 통하여 얻어진 값입니다. 이 데이터를 처리하거나 분석하여 얻은 값을 정보(Information)라고 합니다. 이 책에서는 통신의 관점에서 데이터나 정보를 구분하지 않고 데이터라고 표현하겠습니다. 그리고 신호란 데이터를 한 곳에서 다른 곳으로 전송하기 위하여 만들어진 전류(또는 전압)입니다. 유선 통신에서는 전류(또는 전압)입니다만, 무선 통신에서는 전자기파입니다. 유선 통신과 무선 통신에 대해서는 뒤에서 자세히 설명하겠습니다.

이제는 데이터와 신호의 차이를 이해하셨을 것입니다. 앞에서 아날로그는 연속적으로 변하는 물리량이고, 디지털은 불연속적으로 변하는 물리량이라고 설명했으니, 데이터와 신호에는 아날로그 형태와 디지털 형태의 두 가지가 있을 것이라는 것은 바로 아시겠지요? 그렇다면 통신하는 방법에는 총 몇 가지 조합이 나올까요? 바로 다음 <그림 4-11>과 같이 4가지 조합이 나옵니다. 데이터에는 디지털 데이터와 아날로그 데이터가 있고, 이 데이터를 전송하기 위한 신호에는 디지털 신호와 아날로그 신호가 있기 때문입니다.

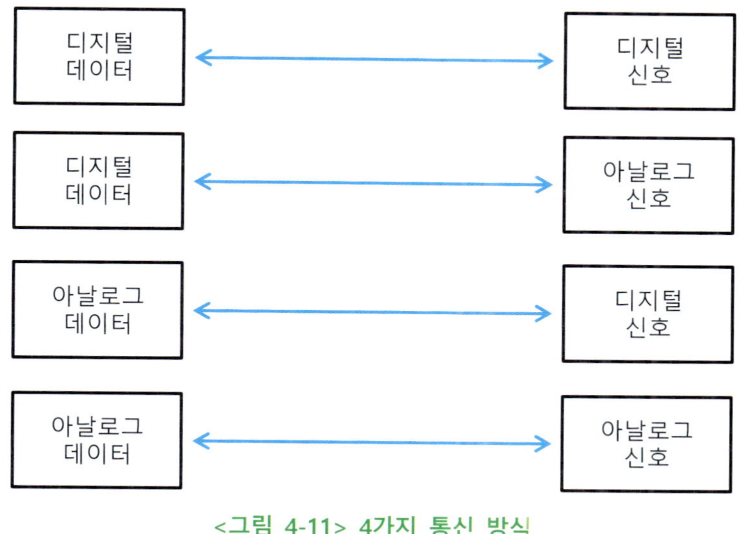

<그림 4-11> 4가지 통신 방식

각 조합을 이해하기가 결코 쉽지는 않지만, 예를 들어 설명하면 어느 정도 이해할 수 있을 것 같습니다.

첫 번째, 디지털 데이터를 디지털 신호로 보내는 경우는 랜에 연결된 컴퓨터에서 네트워크로 데이터를 보내는 경우를 생각하면 될 것입니다. 컴퓨터는 이진 데이터를 처리하는 장치이므로 여기서 만들어 지는 데이터는 모두 디지털 데이터이고, 랜 카드를 통해서 이 데이터를 네트워크로 전송할 때 디지털 신호로 변환하여 보내기 때문입니다. 디지털 데이터를 디지털 신호로 변환하는 것을 인코딩(Encoding)이라 하고, 디지털 신호를 수신한 후 원래의 데이터를 복원하는 것을 디코딩(Decoding)이라고 합니다. 대표적인 인코딩 방식에는 맨체스터 코드가 있는데, 나중에 이더넷에 대하여 설명할 때 함께 설명하도록 하겠습니다.

두 번째, 디지털 데이터를 아날로그 신호로 보내는 경우는 컴퓨터에서 전화망으로 데이터를 보내는 경우를 생각하면 됩니다. 첫 번째 방법에서 설명한 것과 무엇이 다른지 이해하기 어려운 부분이 있을 것입니다. 첫 번째 방법과 두 번째 방법을 구분하기 위하여 전송 거리를 생각하면 될 것 같습니다. 첫 번째 방법에서 언급한 랜이라는 네트워크는 일반적으로 전송거리가 짧습니다. 일반적으로 랜은 UTP(Unshielded Twisted Pair) 케이블을 사용하는데, 전송거리는 약 100미터 정도입니다. 그러나 전화망은 집에 있는 컴퓨터에서 전화국으로 연결하는 것이므로 보통 수 킬로 미터이상 떨어져 있습니다. 이렇게 멀리 떨어져 있는 곳으로 데이터를 보내기 위해서는 디지털 데이터를 아날로그 신호로 변환해서 보내야 합니다. 디지털 데이터를 아날로그 신호로 변환하는 것을 변조(Modulation)라 하고, 아날로그 신호를 수신한 후 원래의 디지털 데이터를 복원하는 것을 복조(Demodulation)라고 합니다. 변조하고 복조하는 장치를 모뎀(MODEM)이라고 부릅니다.

세 번째, 아날로그 데이터를 디지털 신호로 보내는 경우는 온도 센서에서 측정한 데이터를 랜에 연결된 컴퓨터에 전송하는 경우를 생각하면 될 것 같습니다. 온도 센서에서 측정하는 데이터는 시간에 따라 연속적으로 변하기 때문에 아날로그 데이터입니다. 이 아날로그 데이터를 디지털 신호로 변환하기 위해서는 중간에 아날로그 데이터를 디지털 데이터로 변환하는 아날로그-디지털 변환기(ADC, Analog-to-Digital Conversion)가 필요합니다. 이 변환기를 사용하여 온도 센서에서 측정한 아날로그 데이터를 디지털 데이터로 변환하면, 다음 절차는 첫 번째 설명한 디지털 데이터를 디지털 신호로 보내는 것과 동일합니다.

네 번째, 아날로그 데이터를 아날로그 신호로 보내는 경우는 집에서 사용하는 유선 전화를 생각하면 됩니다. 전화기에 대고 말하는 소리를 전류나 전압으로 표시해 보면 시간에 따라 연속적으로 변하는 아날로그 데이터입니다. 이 아날로그 데이터를 전화망을 통하여 전화국까지 전송하는 것이므로 아날로그 신호로 전송하기 때문입니다.

여러 가지를 설명하다보니 여기서 결론적으로 이야기 하려는 아날로그 통신과 디지털 통신의 차이점이 무엇인지 명확하지 않을 수도 있겠습니다. 아날로그 통신과 디지털 통신을 구분하기 위해서는 전송하려는 신호에 초점을 맞추면 될 것 같습니다. 즉, 전송하려는 데이터가 아날로그인지 디지털인지 상관없이 전송하기 위해 변환된 신호가 아날로그 형태면 아날로그 통신, 전송하기 위해 변환된 신호가 디지털 형태면 디지털 통신이라고 생각하면 이해가 될 것 같습니다.

4.5 동기식 전송과 비동기식 전송

동기식 전송이란 데이터를 전송하는 측과 수신하는 측이 서로 속도와 시작점을 맞추어 전송하는 것을 말하고, 비동기식 전송은 서로 타이밍을 맞추지 않고 전송하는 것입니다. 왠지 동기식 전송은 에러 발생없이 데이터 전송이 이루어질 것 같은데, 비동기 전송은 데이터 전송이 이루어지기 힘들 것으로 생각하시지요? 실제로 비동기 방식에서는 에러 발생 가능성이 높아지므로 특별한 조치를 취해 주어야 합니다. 우선 동기식 전송방식부터 설명하겠습니다.

동기식 전송이란 송신 측과 수신 측의 클락 속도를 맞추는 방식이라는 것을 알 수 있겠는데, 어떻게 맞출 수 있을까요? 가장 확실한 방법은 송신 측과 수신 측이 서로 클락 정보를 주고받거나, 서로 주고받을 필요 없이 송신 측이 수신 측에 자신의 클락 정보를 데이터에 포함시켜서 보내면 어떨까요? 이제 해답이 나온 것 같군요. 송신 측과 수신 측의 클락 속도를 맞추는 첫 번 째 방법은 송신 측과 수신 측 사이에 별도의 전송 매체를 두어 서로 클락 정보를 주고받을 수 있는 전용 채널로 이용하는 것입니다. 그런데 이 방법은 가장 확실하기는 한데 송신 측과 수신 측이 먼 거리에 위치할 경우 별도의 전송 선로를 설치하기 어려울 뿐만 아니라 클락 신호가 먼 거리를 진행하는 동안 여러 가지 잡음의 영향으로 손상될 수 있으므로 근거리에서만 제한적으로 사용할 수 있는 방법입니다.

아두이노와 자이로 센서를 연결하는 인터페이스로 I2C(Inter Integrated Circuit)를 이용하는데, 이때 사용하는 것이 동기식 데이터 통신 방법으로 I2C버스는 양방향의 선로인 SCL(Serial CLock)과 SDA(Serial DAta)를 사용합니다. SCL은 동기를 맞추기 위한 클락용 선로이고, SDA는 데이터 전송을 위한 선로입니다. 아두이노와 자이로 센서를 연결할 때 SPI(Serial Peripheral

Interface)를 사용할 수도 있습니다. 이 SPI는 모토로라에서 개발한 방식으로 I2C와 같이 동기식 데이터 전송 방식입니다.

동기를 맞추는 두 번째 방법은 송신 측의 클락 정보를 데이터의 앞 부분에 포함시켜 전송하는 방식으로 <그림 4-12>와 같이 문자 동기 방식이 있습니다.

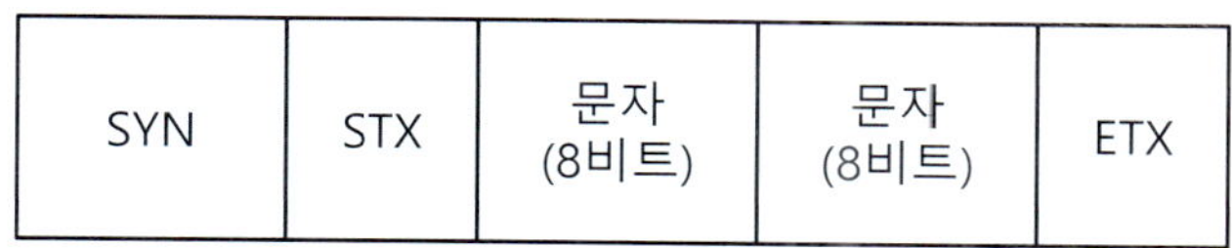

<그림 4-12> 동기식 전송 방식

<그림 4-12>로부터 동기식 전송은 한 문자가 아니라 여러 개의 문자열이나 비트 열(문자열과 비트 열의 크기는 미리 정할 수도 있고 가변 길이로 할 수도 있음)을 하나의 그룹으로 만들어 전송하는 방식이라는 것을 알 수 있을 것입니다. 이 데이터 그룹에 클락 정보를 포함시키는 것입니다. <그림 4-12>와 같이 동기 문자인 SYN(Synchronization)를 데이터의 시작을 알리는 STX(Start of TeXt) 문자 앞에 포함 시킨 것을 알 수 있으며, 이 동기 문자를 사용하여 수신 장치는 송신 측과 동기를 맞추게 됩니다.

비동기 전송은 송신 측과 수신 측이 정확히 타이밍을 맞추지 않는 방식입니다. 그러면 연속적으로 디지털 신호를 보낼 때 문제가 발생할 것입니다. 긴급한 상황이 발생하여 "SOS" 메시지를 디지털 신호로 바꾸어 보낼 때 하나의 문자를 8비트 ASCII 코드로 전송한다고 가정해 봅시다. 그러면 총 3(문자) * 8(비트) = 24비트를 송신하게 되는데 수신 측에서는 어디가 문자의 시작이고 끝인지 알 수 없는 문제가 생깁니다. 동기식 전송이라면 서로 타이밍을 맞추니까 문제가 없으나 비동기 전송에서는 문제가 발생하게 됩니다. 따라서 비동기 전송에서는 <그림 4-13>과 같이 하나의 문자를 보낼 때 시작과 끝을 표시하여 보내고 수신하는 측에서는 시작과 끝 표시를 보고 데이터를 수신하게 됩니다.

휴지상태	시작 비트	문자 (8비트)	정지 비트	휴지상태

<그림 4-13> 비동기식 전송

<그림 4-13>에서 하나의 문자를 전송할 때 문자의 시작과 끝을 나타내기 위하여 '시작비트'와 '정지비트'를 사용하는 것을 이해할 수 있을 것입니다. 그런데 하나의 문자를 전송하는데 2개의 비트가 추가가 되어 "SOS"라는 메시지를 보내기 위해서는 총 30비트를 전송해야 할 것입니다. 만약 전송해야할 메시지가 길면 길수록 더 많은 데이터 비트를 전송해야 하는 것은 당연하지요. 그런데 여러 개의 데이터 비트를 전송하는 경우 송신 측과 수신 측의 속도 차이에 의해 야기되는 다른 문제가 도사리고 있습니다. 이런 문제를 타이밍 에러라고 할 수 있는데, 이 문제를 해결하기 위하여 휴지상태가 필요합니다.

타이밍이란 속도를 결정하는 송신 혹은 수신 장치의 클락(Clock) 주파수라고 보면 되겠습니다. 예를 들어 클락 주파수가 10kHz라면 1초에 10,000비트를 송신하거나 수신할 수 있다고 이해하면 됩니다.

송신 측과 수신 측의 클락 주파수가 같은 경우에는 수신 측에서 에러가 발생하지 않을 것입니다. 만일 수신 측 클락이 송신 측 보다 빠른 경우 또는 수신 측 클락이 송신 측 보다 느린 경우에는 어떨 까요? 데이터의 중앙에서 정확히 수신하지 못하고, 왼쪽이나 오른쪽으로 이동하면서 이 현상이 누적되어 하나의 데이터를 두 번 읽거나, 데이터를 읽지 못하여 에러가 발생할 수 있을 것입니다.

이제 비동기 전송에서 송신 측과 수신 측의 타이밍이 맞지 않아 발생하는 문제에 대하여 이해하셨으리라 믿습니다. 그러면 이 문제를 어떻게 해결할 수 있을까요? 당연히 타이밍을 맞추면 된다구요? 타이밍을 맞춘다면 그것은 동기식 전송이 되지요. 그렇다면 어떤 해결책이 있을까요? 바로 데이터 전송을 잠깐 동안 쉬는 휴지 상태(Idle State)를 갖도록 하는 것입니다.

왜냐하면 처음에 수신을 시작할 때는 데이터의 정 중앙에서 시작하므로 에러가 없다가 타이밍 차이로 인해 조금씩 수신 시점이 이동되어 에러가 발생하기 때문에 하나의 문자를 보내고 나서는 잠깐 휴지 상태를 두고 새로운 문자를 송신하면 수신하는 쪽에서는 휴지상태에서 수신을 멈추고 있다가 새로운 문자에서 다시 시작하므로 하나의 데이터를 두 번 읽거나 하나의 데이터를 읽지 못하고 넘어 가는 에러를 피할 수 있습니다.

비동기 전송방식은 구조가 간단하지만 한 문자단위로 전송하고 중간에 휴지 상태를 두기 때문에 고속의 데이터 전송이 어렵다는 단점을 가지고 있습니다.

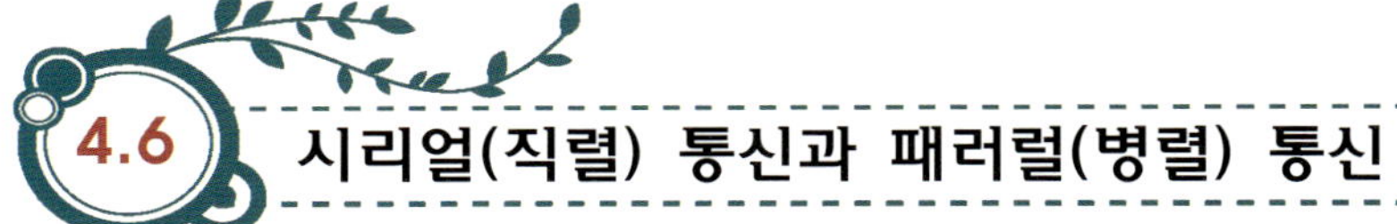

4.6 시리얼(직렬) 통신과 패러럴(병렬) 통신

PC에서 시리얼(Serial) 통신에 사용하는 시리얼 포트는 시리얼 방식으로 주변 장치와 연결할 때 사용하는 포트이고, 마우스나 키보드, 모뎀 등이 시리얼 포트로 연결해서 사용합니다. 시리얼 포트는 구조가 단순하여 사용하기 편리한 장점이 있는 반면, 다음 <그림 4-14>와 같이 한 선로에 1비트씩 보내기 때문에 전송 속도가 낮다는 단점이 있습니다.

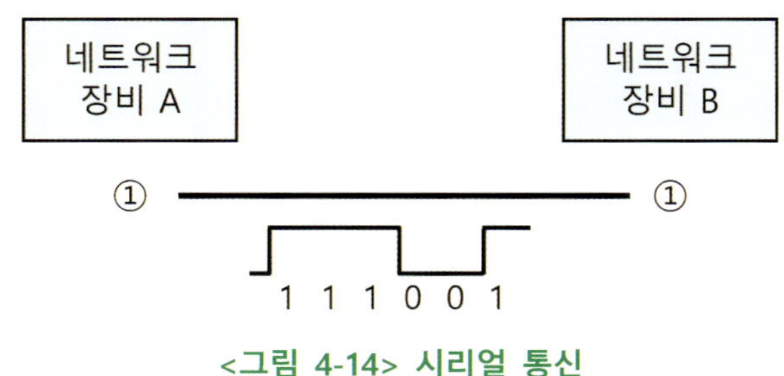

<그림 4-14> 시리얼 통신

시리얼 포트는 보통 RS-232C 포트라고 하는데, EIA(Electronic Industries Association)에서 제정한 표준 인터페이스 규격입니다. RS-232C 인터페이스는 이론상으로 115.2Kbps가 최고 속도인데, 실제로 전송 속도는 19.2Kbps에 불과하며 실질적으로 9600bps의 느린 속도로 대부분 사용하고 있습니다. 요즈음은 주변기기의 속도가 빨라져 UART 16550칩을 사용하여, 모뎀에서는 14400bps 이상의 고속 전송이 가능하게 되었습니다.

UART(범용 비동기화 송수신기, Universal Asynchronous Receiver/Transmitter)는 병렬 데이터를 직렬 방식으로 전환하여 데이터를 전송하는 컴퓨터 하드웨어(반도체 집적회로)의 일종이고, 일반적으로 EIA RS-232, RS-422, RS-485와 같은 통신 표준과 함께 사용합니다. 통신 데이터는 메모리 또는 레지스터에 들어 있어 이것을 차례대로 읽어 직렬로 만들어 전송하며, 최대 8비트가 기본 전송단위입니다.

UART는 비동기 통신이므로 동기 신호가 전달되지 않고, <그림 4-15>와 같이 수신 쪽에서 동기 신호를 찾아내어 데이터의 시작(START)과 끝(STOP)을 알아서 처리할 수 있도록 약속되어 있습니다. 그리고 <그림 4-15>에서 D0~D7은 전송 데이터를 뜻하고, PB는 에러 체크를 위한 패리티 비트(Parity Bit)를 뜻합니다.

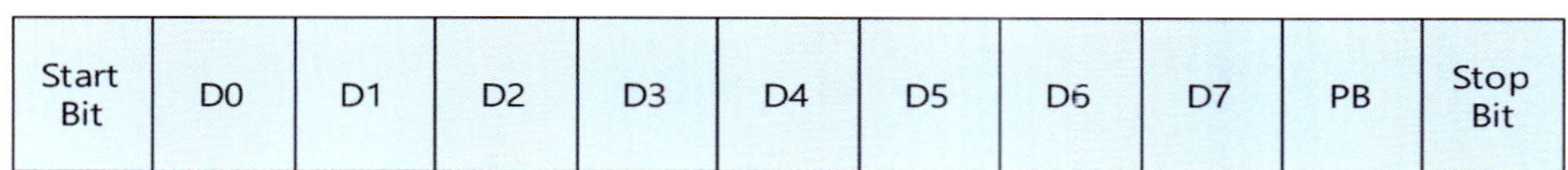

<그림 4-15> UART 송신과 수신 형태

패러럴(Parallel) 통신에 사용하는 병렬 포트는 시리얼 포트보다 빠른 속도를 가졌기 때문에 시리얼 포트보다는 좀 더 다양한 용도로 사용될 수 있습니다.

병렬 포트는 직렬 포트와는 달리 <그림 4-16>과 같이 한 번에 여러 비트의 자료를 여러 개의 선을 통해서 동시에 전송할 수 있으므로 직렬 포트보다 빠릅니다. 그러나 여러 개의 선을 동시에 사용하기 때문에 시리얼 통신 방식에 비하여 잡음에 영향을 많이 받고, 일반적으로 먼 거리를 전송하는 데는 맞지 않습니다.

병렬전송의 예로는 프린터를 들 수 있겠습니다. 프린터는 컴퓨터 뒤쪽에 있는 병렬포트와 연결되어 있습니다. 프린터 말고 외장형 하드 드라이브도 병렬포트에 연결하여 사용하므로 병렬전송의 예가 될 수 있습니다. 컴퓨터 내부에서는 직렬전송일까요, 병렬전송일까요? 두 가지 측면에서 병렬전송이 맞습니다.

첫째는 컴퓨터 내부는 워낙 가까운 거리이기 때문에 병렬전송이 가능합니다. 컴퓨터 내부에서 각 장치간을 연결하고 데이터와 주소 등을 실어 나르는 전송로를 버스(Bus)라고 하는데, 버스는 단일 선로가 아니고 여러 개의 선로가 한 묶음으로 되어 있으므로 병렬로 데이터를 전송하고 있는 것입니다.

둘째는 컴퓨터는 고속으로 동작을 해야 하기 때문에 병렬전송 방식을 사용합니다. 예를 들어, 중앙처리장치(CPU, Central Processing Unit)가 아무리 빠르다고 하더라도, 처리에 사용할 데이터가 메모리로부터 늦게 도착한다면 전체적인 속도는 떨어질 수밖에 없으므로 병렬전송 방식을 사용하여 고속으로 데이터를 전송해야 합니다.

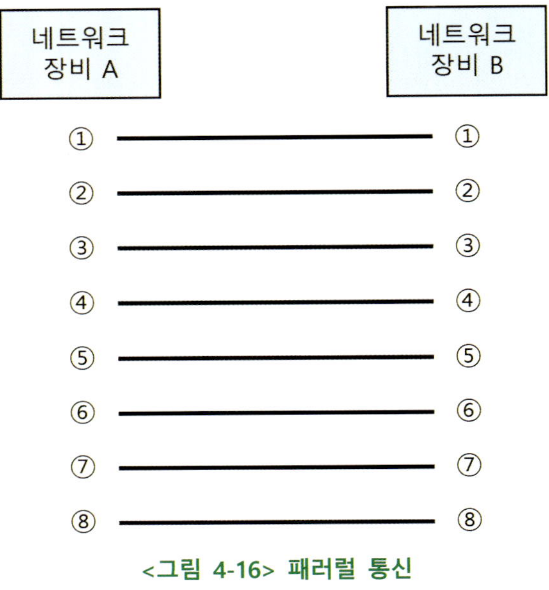

<그림 4-16> 패러럴 통신

요즈음의 PC에는 USB나 IEEE1394 포트를 이용하여 디지털카메라나 캠코더 또는 이동형 USB 저장장치 등 많은 종류의 장치들을 연결합니다. USB나 IEEE1394 포트는 모두 시리얼 통신 방식입니다만, 전송 속도 측면에서 병렬 통신 방식에 비하여 우수합니다.

먼저 USB포트는 범용직렬버스(Universal Serial Bus)라는 명칭에서 알 수 있듯이 어떤 용도로도 두루 쓰일 수 있는 포트입니다. 기존의 각 포트는 모양이 서로 달라 특정 용도의 주변기기만 연결할 수 있지만, USB는 어떤 주변기기도 연결할 수 있습니다.

따라서 USB 포트를 지원하는 마우스, 키보드, 외장하드, PC카메라 등은 물론 프린터 등도 연결할 수 있습니다. PC 사용 중에도 연결할 수 있고 데이터 전송속도도 12Mbps로 빠릅니다. USB 2.0(일반 USB보다 약 40배 빠른 전송속도)출시로 더욱더 빠른 전송속도를 사용할 수 있습니다.

IEEE1394는 미국 애플사에서 1986년부터 '파이어와이어(FireWire)'라는 코드명으로 개발하던 규격인데, 소니와 IBM 등의 업체들이 개발에 참여하게 되었고 1995년에 IEEE1394라는 표준 규격으로 정식 발표되었습니다. 1995년에 나온 첫 번째 규격인 IEEE1394-1995는 100Mbps, 200Mbps, 그리고 400Mbps의 데이터 전송 모드를 지원했습니다. 당시 가장 많이 사용하는 직렬 방식인 RS-232 규격의 속도 19.2kbps와 비교한다면, 초고속의 통신 속도를 실현했다고 볼 수 있습니다.

USB와 IEEE1394는 직렬 통신 시장에서 서로 경쟁관계에 있는데, 여러분들도 주로 USB 포트를 사용하고 있듯이 IEEE1394가 USB에 밀리고 있는 형국입니다. 시중에 IEEE1394 포트를 사용하는 기기들의 수가 적으니까, 아무래도 호환성 측면에서 불리한 것이 이유라고 할 수 있겠습니다.

4.7 유선 통신과 무선 통신

전송하고자 하는 데이터를 아스키코드를 사용하여 표현했으니 이제는 실제로 전송하는 과정을 알아보겠습니다.

데이터를 전달하는 방법은 크게 두 가지가 있습니다. 바로 유선과 무선입니다. 유선은 멀리 떨어져 있는 장비를 케이블로 연결한 후에 신호를 전송하는 것이고, 무선은 케이블 없이 제어신호를 전자파의 형태로 변환하여 전달하는 방법입니다. 현재 유선과 무선 방법을 모두 사용하고 있습니다. 어떤 방법을 채택하는 가는 설치환경에 따라 달라지겠지요. 우선 유선으로 전송하는 방법을 설명하겠습니다.

전송하려는 데이터를 '1'과 '0'으로 표현하였으니 이것을 목적지로 전달하는 방법은 바로 전기적인 신호를 이용하는 것입니다. 바로 '1'과 '0'을 서로 다른 형태의 전기 신호로 보내고, 상대방은 도착된 전기 신호로부터 '1' 또는 '0'을 확인하는 것입니다. 어려운가요? 다음 그림을 보고 다시 설명하지요.

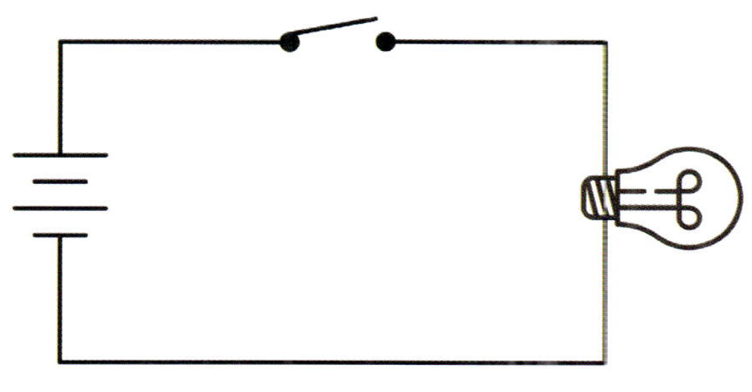

<그림 4-17> 전기신호 '1'과 '0'

<그림 4-17>에서 스위치를 열고 닫음으로써 오른 쪽에 있는 LED의 불을 끄거나 켤 수 있습니다. 불이 켜지는 것을 전송 데이터 '1(높은 전압)'이라 하고, 불이 꺼지는 것을 전송 데이터 '0(낮은 전압)'이라고 약속하면 스위치를 열고 닫는 동작을 이용하여 정보전송이 가능함을 이해할 수 있겠지요. 그리고 도착된 전기 신호가 '1' 인지 '0'인지 알려면 불이 켜지는지 꺼지는지 확인해야 하는데, 사람이 할 수 있을까요? 물론 불이 천천히 점멸하면 사람의 눈으로 확인할 수 있으니까 가능하겠지요.

여기서 한 가지 질문하겠습니다. 16초에 유니코드로 표현한 한글 '가'를 상대방에게 전송하고, 점멸결과를 눈으로 확인하여 '가'라는 글자를 수신할 수 있을까요?

답은 '가능하다'입니다.

우선 한글 '가'를 유니코드로 표현하면, '1010110000000000'입니다. 유니코드가 16비트로 표현되어 있으니까 1초에 한 번 씩 '1'과 '0'에 맞추어 스위치를 'On/Off' 하면 송신이 가능할 것이고,

상대방은 불이 점멸되는 것을 1초에 한 번씩 확인하여 유니코드로 표현된 '가'를 수신할 수 있습니다. 물론 데이터를 보내고 받는 과정에서 여러 가지 고려해야 할 것이 있는데, 여기서는 상식 수준에서 전송 속도와 전송 거리에 대해서만 살펴보겠습니다.

16초에 한글 한 자를 보낸다면 너무너무 느리겠지요? 좀 더 빠르게 데이터를 보내려면 어떻게 해야 하나요?

데이터를 빠르게 전송하기 위해서는 스위치를 빠르게 'On/Off' 해야 하는 것은 당연하겠지요? 1초에 한글 한 글자를 보내려면 1초에 16번 스위치를 'On/Off' 할 수 있으면 되고, 1초에 한글 10 글자를 보내려면 1초에 160번 스위치를 'On/Off' 할 수 있으면 되겠지요. 그런데 얼마나 빠르게 스위치를 'On/Off' 시킬 수 있을까요?

다음 <그림 4-18>과 같은 푸쉬 버튼 스위치(Push Button Switch)를 사람 손으로 얼마나 빠르게 'On/Off' 할 수 있을까요? 컴퓨터 키보드는 아래 그림과 같은 푸쉬 버튼 스위치로 되어 있으니까, 타자 속도를 가지고 생각해 보겠습니다.

<그림 4-18> 푸쉬 버튼 스위치

여러분들의 한글 타자 속도는 어느 정도 되나요? 예를 들어 분당 600타 정도라고 하면, 컴퓨터 키보드는 분당 몇 번 정도 누른 건가요? 한글 한 글자는 초성, 중성, 종성이 모아져 만들어 지기 때문에 분당 최소 1,200번 이상 키보드를 누른 것이 되고, 스위치를 분당 1,200번 이상 'On/Off' 할 수 있는 것으로 볼 수 있습니다. 그러면 1초에 20번 이상 스위치를 'On/Off' 할 수 있는 것입니다. 그런데 사람 손으로 이렇게 빨리 스위치를 'On/Off' 해도 1초에 유니코드로 표현된 한글 한 글자 정도만 보낼 수 있습니다. 데이터 전송속도가 너무 느리지요?

스위치의 'On/Off' 속도를 빠르게 하려면 기계적으로는 한계가 있으므로 전자적인 방법인 전자 스위치를 사용해야 합니다. 전자 스위치는 반도체를 사용하여 만들어 집니다. 도체는 금속과 같이 전류가 잘 통하는 물질이고, 부도체는 나무와 같이 전류가 흐르지 않는 물질입니다. 그렇다면 반도체란 무엇일까요? 반도체란 반은 도체이고 반은 부도체라고 이해하면 될 것입니다. 즉, 도체와 부도체의 성질을 모두 가지고 있는 것을 말하며, 어떤 조건에 따라 도체가 되거나 부도체가 됩니다. 여기서 조건이란, 전기적인 조건으로 일정한 전압을 인가하면 도체가 되고, 그렇지 않으면 부도체가 되는 것입니다.

전자 스위치에는 빛에 반응하는 스위치와 전압에 반응하는 스위치가 있습니다. 빛에 반응하는 스위치라고 하더라도 빛이 전기 신호로 바뀌어 동작하기 때문에 데이터 전송원리는 같다고 보면 됩니다. 여기서는 전자 스위치의 자세한 동작원리에 대한 설명은 생략하기로 하겠습니다. 단지 전자 스위치는 인가전압을 변화시킴으로써 스위치를 'On/Off' 시킬 수 있는 스위치라고 생각하면 되며, 인가전압을 빠르게 변화시키면 그 만큼 빨리 스위치를 'On/Off' 시킬 수 있습니다.

예를 들어 인가전압을 1GHz(1기가 헤르츠) 주파수로 변화시키면 전자 스위치는 1초에 10억번(1기가는 1,000,000,000을 뜻함) 'On/Off'되는 것입니다. 이런 스위치를 사용하면 초고속으로 데이터를 전송할 수 있을 것입니다.

이제 전송거리에 대하여 생각해 보겠습니다. 우선 데이터를 멀리 전송하려면 전송을 위한 전송 케이블을 멀리까지 연결하면 되겠지요? 실제로 컴퓨터 사이에 한 비트 정보를 전송하는 과정은 다음과 같습니다. <그림 4-19>에서 파란색 선으로 표현한 것이 전송 케이블입니다.

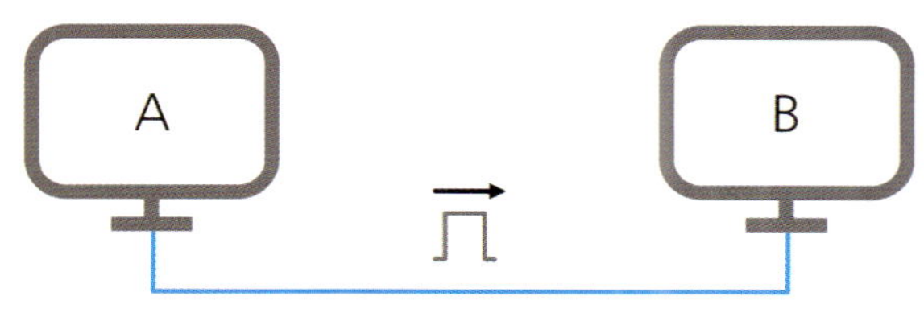

<그림 4-19> 한 비트 전송

어떤 전송 케이블을 사용하는 가에 따라 전송거리는 달라집니다. 통신에 가장 많이 사용하는 케이블은 구리를 주 재료로 만들어진 동선입니다. 구리와는 다른 재료로 만들어진 전송 케이블은 전송 품질이 다를 것이기 때문에 전송거리도 달라질 것입니다. 이왕이면 전송 품질을 우수하게 만들어 멀리까지 전송할 수 있으면 좋겠지요? 하지만 전송 품질을 우수하게 하려면 상대적으로 단가가 비싼 재료를 사용해야 하기 때문에 전송 품질과 가격 사이에 절충점을 찾아야 합니다. 은과 구리를 비교해 보면 은에서 전기가 더 잘 흐르기 때문에 전송 품질은 더 우수합니다만, 구리는 은보다 매장량이 많아 값싸고 구하기도 쉽기 때문에 구리로 만든 동선을 전송 케이블로 사용하는 것입니다. 그렇다고 구리로 만든 동선의 품질이 너무 떨어지면 사용할 수 없겠지만, 품질도 제조기술이 좋기 때문에 데이터 전송에 문제가 없습니다.

그런데 케이블의 품질이 아무리 우수해도 전기신호가 멀리 전송되는 과정에서 신호가 감쇄하기 때문에 전송거리에는 한계가 있습니다. 따라서 감쇄하여 작아진 신호를 크게 만들어 주는 증폭장치를 일정한 거리마다 설치해 주어야 합니다. 근거리 통신망 구축에 많이 사용하는 UTP 케이블(Unshielded Twisted Pair Cable, 비차폐 쌍 케이블)의 전송거리는 대략 100미터 정도이므로 100미터이상의 거리까지 데이터를 보내기 위해서는 중간에 중계기(Repeater, 증폭기역할을 함)를 설치해야 합니다.

전송속도와 전송거리는 디지털 신호로 전송하는 경우와 아날로그 신호로 전송하는 경우에 따라 다릅니다. 아날로그 신호로 전송하는 것은 다음 <그림 4-20>의 상단과 같이 디지털 데이터 '1' 또는 '0'을 시간에 따라 연속적으로 변하는 신호로 전송하는 것을 말하고, 디지털 신호로 전송하는 것은 <그림 4-20>의 하단과 같이 미리 약속된 이산적인 값(예를 들어 높은 전압과 낮은 전압)으로 전송하는 것을 말합니다. 전송속도와 전송거리는 서로 반비례 관계에 있습니다. 즉, 동일한 환경에서 전송속도를 높이면 전송거리는 짧아집니다. 짧은 거리를 고속으로 전송하기 위한 네트워크에서는 디지털 신호로 전송하고, 먼 거리를 저속으로 전송하기 위한 네트워크에서는 아날로그 신호로 전송하는 것이 일반적입니다.

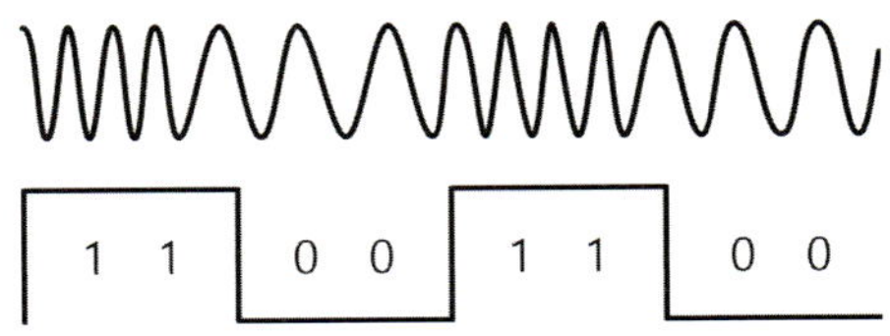

<그림 4-20> 아날로그 신호와 디지털 신호

앞에서 스위치를 이용한 데이터 전송을 설명하였는데 이것은 디지털 신호로 전송하는 것입니다. 그러면 아날로그 신호로 전송하는 것은 어떤 것일까요? 이것은 교류를 이용하는 것입니다. 교류와 직류에 대해서는 '제2장 전기전자의 기초'에서 설명했으므로 참고하시기 바랍니다.

이제부터는 무선으로 데이터를 전송하는 방법을 설명하겠습니다.

우리들은 음성으로 서로 대화를 나누면서 정보를 송신하고 수신합니다. 이것은 무선일까요, 유선일까요? 당연히 무선이지요. 그러면 아날로그 신호로 전송하는 것일까요, 디지털 신호로 전송하는 것일까요? 사람의 음성을 분석해 보면 시간에 따라 크기와 모양이 변하는 음파이므로 아날로그 신호로 전송하는 것입니다. 사람의 음성은 얼마나 멀리까지 전송할 수 있을까요? 물론 목소리가 큰 사람의 음성은 상대적으로 먼 거리까지 전송될 수 있겠지만, 그렇게 큰 소리를 내면 주변에 있는 사람들에게 얼마나 큰 소음이 되겠습니까? 따라서 사람의 음성으로 정보를 송신하고 수신하기는 어려울 것입니다.

먼 거리까지 무선으로 데이터를 전송하기 위해서는 전자기파(전기장과 자기장이 반복하면서 파도처럼 퍼져나가기 때문에 전자기파로 부름)를 이용합니다. 그리고 전자기파를 발생시키려면 전류의 변화를 만들어 내야하기 때문에 교류를 사용합니다.

우선 전기장에 대하여 알아봅시다. 양전하와 음전하에 대해서는 제2장에서 설명했던 부분이지만 다시 설명하겠습니다. 어떤 공간에 전기적인 현상을 발생시키는 전하가 존재하면 그 주위에 전기장이 만들어 집니다. 전하에는 다음 그림과 같이 양전하(양전기)와 음전하(음전기)가 있습니다.

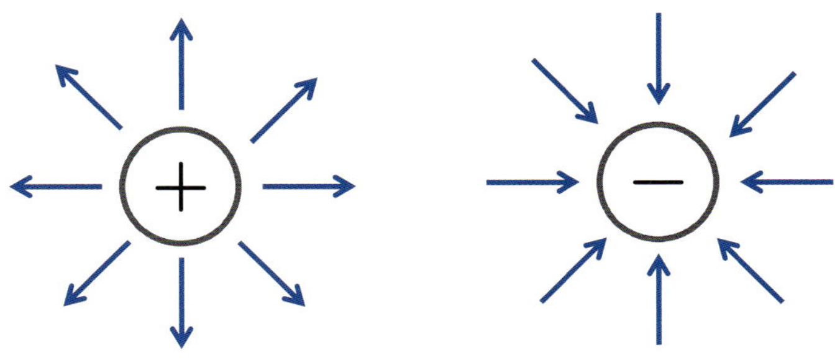

<그림 4-21> 양전하와 음전하

양전하가 만들어 내는 전기장은 바깥쪽으로 향하고, 음전하가 만들어 내는 전기장은 안쪽으로 향합니다. 만약 양전하가 만들어 내는 전기장이 형성된 공간에 음전하를 가지고 있는 입자(전자)를 두면 어떤 방향으로 힘을 받을까요? 다음 그림에 해답이 있습니다.

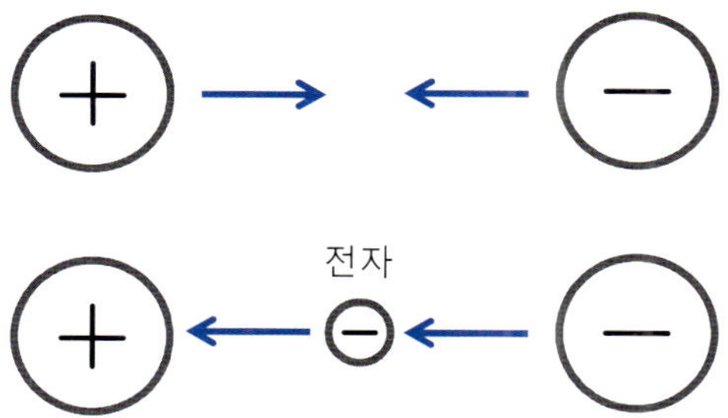

<그림 4-22> 전하 사이의 인력과 척력

같은 전기를 가지고 있는 입자는 척력(서로 반발하는 힘)이 작용하고, 다른 전기를 가지고 있는 입자는 인력(서로 잡아당기는 힘)이 작용하므로 양전하가 만들어 내는 전기장이 형성된 공간에 전자를 두면 인력이 작용하는 방향으로 힘을 받아 전자는 그 방향으로 움직이게 됩니다. 우리가 전류라고 부르는 것은 바로 이 전자가 이동하는 것을 말하며, 전류의 방향은 전자가 이동하는 방향의 반대 방향입니다. 전자의 이동이 바로 전류이므로 전류의 방향과 크기를 변화시키면 전기장의 방향과 크기도 함께 변하게 될 것입니다.

다음으로 자기장에 대하여 살펴보겠습니다. 전기가 흐를 수 있는 도선에 전류가 흐르면 도선 주변에 자기장이 발생합니다. 자기장은 눈에 보이지 않지만 도선 주위에 있는 나침반이나 자석에 영향을 주기 때문에 눈으로 확인할 수 있습니다. 도선에 흐르는 전류의 방향과 크기가 변하면 자기장의 방향과 크기도 변하게 됩니다.

지금까지 설명한 전류의 방향, 전자의 이동 방향, 전기장의 방향, 자기장의 방향을 함께 표현하면 다음 <그림 4-23>과 같습니다. 그림에서 전기장의 방향과 자기장의 방향이 서로 수직이라는 사실을 이해할 수 있을 것입니다.

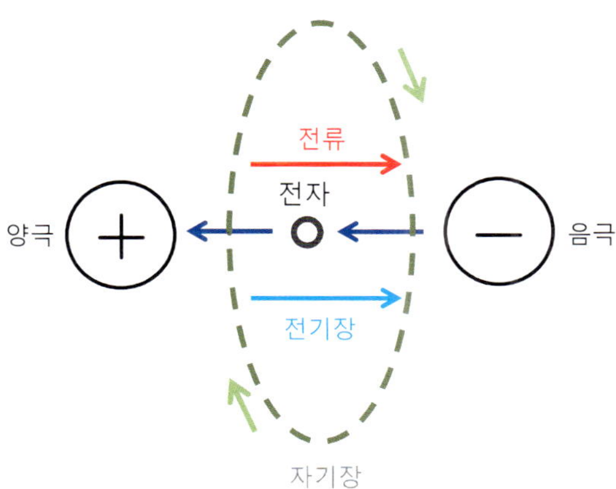

<그림 4-23> 전선 주위의 자기장 방향

먼 거리까지 무선으로 데이터를 전송하기 위해서는 전기장과 자기장이 서로를 유도하면서 파도처럼 퍼져나가는 전자기파를 이용한다고 설명했습니다. 세기가 일정한 전기장은 자기장을 만들 수

없지만 변하는 전기장은 주변에 변하는 자기장을 만들고, 이 자기장은 다시 변하는 전기장을 만들고, 전기장은 다시 변하는 자기장을 만듭니다.

이와 같이 변하는 전기장과 자기장은 서로를 유도하면서 공간으로 퍼져 나가는 데, 이것이 바로 전자기파입니다. 전자기파는 전기장의 진동 방향, 자기장의 진동 방향, 전자기파의 진행 방향은 다음 <그림 4-24>와 같이 항상 서로 수직이 됩니다.

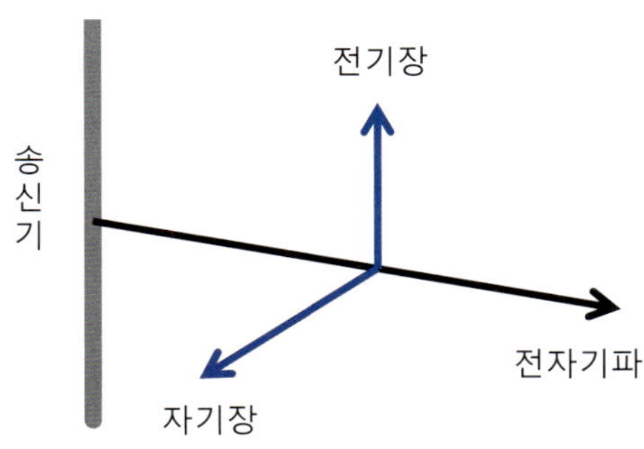

<그림 4-24> 파동의 진행방향

결과적으로 무선으로 데이터를 전송하기 위해서는 전기장과 자기장을 계속 변화시켜야 하고, 따라서 전류의 방향과 크기를 변화시켜야 합니다. 전류가 흐르는 방향과 크기를 변화시키려면 제2장에서 설명했던 교류를 사용하면 됩니다. 전류의 방향이 바뀌면 전기장과 자기장의 방향이 180도 달라지고, 전류의 크기가 변화하면 그 변화에 대응하여 전기장과 자기장의 세기도 변화합니다. 이러한 변화가 전자기파를 진행하게 하여 무선으로 데이터를 전송할 수 있게 만들어 줍니다.

전류의 방향을 얼마나 빠르게 바꾸는 가를 결정하는 것을 주파수라고 합니다. 주파수란 전류의 방향이 바뀌는 주기적인 현상이 단위시간 동안 몇 번 발생하였는지를 뜻하는 말로 단위는 헤르츠(Hz)를 사용합니다. 1헤르츠는 1초에 한번 방향을 바꾸는 것으로 이해하면 되고, 일반 가정에 들어오는 전기의 주파수는 60헤르츠이므로 1초에 60번 전류의 방향을 바꾼다고 생각하면 됩니다. 그리고 무선 통신에 사용하는 주파수는 매우 다양합니다.

와이파이라고 잘 알려진 무선 랜에서는 어떤 주파수를 사용하고 있을까요? 2.4GHz 대역(2.4 ~ 2.4835GHz)과 5GHz 대역(5.15 ~ 5.825GHz)을 사용합니다. GHz에서 G(기가)는 10^9(10억)이므로 사용하는 주파수가 5GHz라면, 전류의 방향이 1초에 50억번 바뀌는 것을 의미합니다. 이렇게 빠르게 변하는 전류를 무선 통신 기기의 안테나에 인가하면 전자기파가 발생되고 이것이 먼 거리까지 전달되게 되는데 이것이 바로 무선통신의 원리입니다.

무선 통신에 사용하는 안테나는 전자기파의 송신과 수신을 담당하는 장치이고, 여러분이 집에서 사용하는 무선공유기에 다음 <그림 4-25>와 같이 달려 있습니다.

이 안테나에 크기와 방향이 빠르게 변화하는 전류(예를 들어 1초에 50억번 방향이 바뀌는 전류)를 인가하면 안테나에서 전자기파가 나가며, 전자기파의 형태는 전송하려는 데이터 '1'과 '0'에 따라 다릅니다. 먼 거리에 있는 수신 장치의 안테나에 이 무선 전자기파가 도달하면, 안테나에 유도 전류가 발생하고, 수신된 데이터 '1'과 '0'에 따라 유도 전류의 형태가 다르므로 수신 장치에서 데이터를 수신할 수 있게 되는 것입니다. 매우 어렵게 설명이 된 것 같은데 실제로는 무선 모뎀(MODEM, MOdulator and DEModulator)이란 장치에 의하여 송신과 수신이 이루어집니다.

모뎀은 정보 전달을 위해 신호를 변조(Modulation)하여 송신하고 수신측에서 원래의 신호로 복구하기 위해 복조(Demodulation)하는 장치를 말합니다. 여러분들이 집에서 무선 랜, 즉 와이파이를 이용하여 인터넷을 사용할 수 있는 것도 이 무선 모뎀이 있기 때문입니다.

<그림 4-25> 공유기의 무선안테나

4.8 적외선 통신

4.8.1 적외선과 광 무선 통신

먼저 적외선(IR, Infrared)은 무엇일까요? 빛의 종류에는 <그림 4-26>과 같이 가시광선, 적외선(IR, Infrared), 자외선(UV, Ultraviolet)이 있습니다. 모든 파장의 빛이 혼합되어 있는 백색광을 프리즘을 이용하면 세 가지 빛을 분리시킬 수 있습니다. 가시광선은 우리 눈에 보이는 빛으로 흔히 7색깔 무지개 색을 생각하면 됩니다.

적외선과 자외선은 우리 눈에 보이지 않습니다. 적외선은 빨강색의 바깥쪽에 있으므로 적외선이라 부르고, 자외선은 보라색 바깥쪽에 있으므로 자외선이라 부릅니다.

<그림 4-26> 가시광선, 적외선, 자외선

전자파를 이용한 무선 통신에 대해서는 앞에서 자세히 설명했으므로 어느 정도 이해하고 계실 것이라 생각합니다. 무선 통신은 통신 장치를 연결하는 케이블이 없이 전자파를 이용하여 통신하는 것과 유사하게, 광 무선 통신은 전자파 대신에 빛을 이용하여 통신하는 것입니다. 물리학에서는 빛도 전자파의 일종이라고 설명합니다만, 이 책에서는 전자파를 이용한 무선 통신과 빛을 이용한 무선 통신을 구분하겠습니다. 적외선 통신은 적외선이라는 빛을 이용한 무선 통신이므로 광 무선 통신이라 부릅니다. 물론 적외선 외에도 가시광선을 사용하기도 합니다. 자외선을 사용한 통신은 가능할 까요? 자외선은 에너지가 강하여, 자외선에 노출될 경우 피부가 화상을 입거나 변색될 수 있어서, 광 무선 통신에는 적합하지 않습니다.

4.8.2 적외선 통신

적외선 통신을 이용하는 장치 중에 대표적인 것이 가전기기에서 사용하는 원격조종용 리모컨입니다. 따라서 TV를 예를 들어 적외선 송신기와 수신기에 대하여 설명하겠습니다.

제2장의 전기전자의 기초에서 LED라는 발광 다이오드에 대하여 설명하였습니다. 전압을 인가할 때, 전압이 낮은 동안은 전압을 올려도 거의 전류가 흐르지 않고, 발광도 하지 않는데, 일정 전압 이상이 되면 전압 상승에 대하여 전류가 흘러 전류량에 비례해서 빛이 발생하는 소자였지요.

다음 <그림 4-27>을 보면 기억이 날 것입니다. 물론 적외선 통신에서는 우리 눈에 보이지 않는 적외선을 발생시키는 소자이므로 무색의 LED를 사용하고, 적외선을 발생시키는 소자이므로 IRED (Infra-Red Emitting Diode)라고 부릅니다. 일정한 전압을 인가해야 적외선을 발생시키는 원리는 마찬가지입니다. 우리 눈에 보이지 않지만 적외선은 발생됩니다.

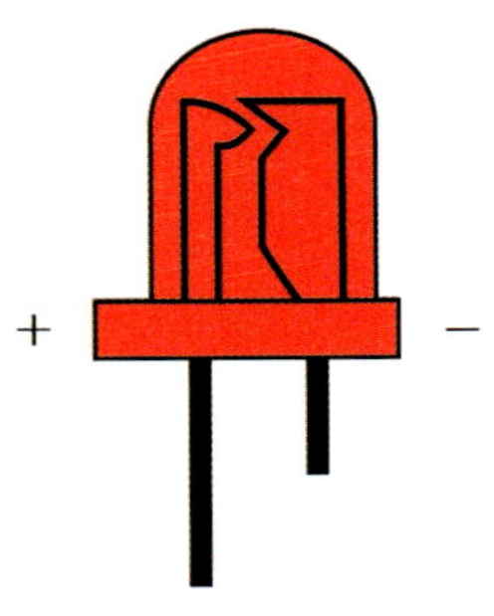

<그림 4-27> 적색 LED

적외선을 이용하여 데이터를 전송하는 원리를 알기 위해 <그림 4-28>의 LED에 불을 켜기 위한 회로를 봅시다. 이 그림도 제2장에서 제시했던 그림입니다. <그림 4-28>에서 건전지(V 부분)로 표시되어 있는 부분에 스위치를 추가하여 '1' 또는 '0'의 디지털 데이터를 인가하면 그 데이터에 맞추어 LED가 점등하며 적외선으로 데이터를 송신하게 될 것이고, 상대방의 수신기로 이 적외선이 점멸되는 신호를 전기적인 신호로 수신하면 적외선을 이용한 광 무선 통신이 이루어 질 것입니다. 통신이 이루어지려면 적외선 송신기와 적외선 수신기가 모두 필요한 것은 당연하겠지요.

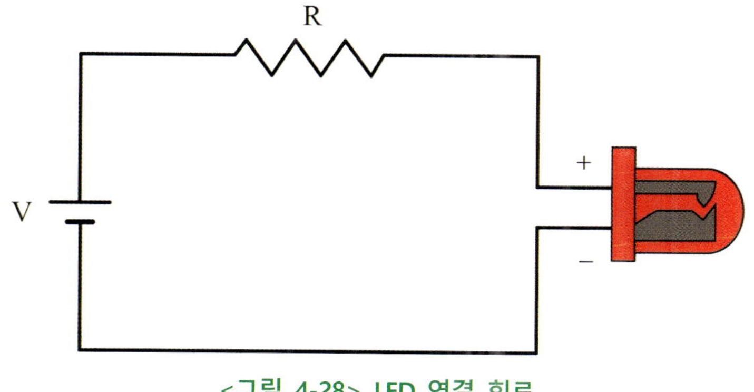

<<그림 4-28> LED 연결 회로

실제로 데이터를 송신하기 위한 회로는 <그림 4-29>와 같습니다. 그림에서는 스위치 대신에 입력포트로 표시되어 있습니다. 입력포트에는 '1' 또는 '0'의 디지털 데이터를 발생시키는 여러 종류의 장치가 연결될 수 있을 것입니다. 예를 들어 마이크로 컴퓨터가 연결되어 있으면, 중앙처리장치의 처리결과가 적외선으로 전송될 것입니다. 이 처리결과는 '1' 또는 '0'의 디지털데이터이므로 이것이 바로 스위치 역할을 하기 때문입니다. 만약 TV리모컨이 연결된다면 리모컨 스위치에 대응하는 디지털 데이터를 발생시키는 회로의 출력이 전송될 것입니다.

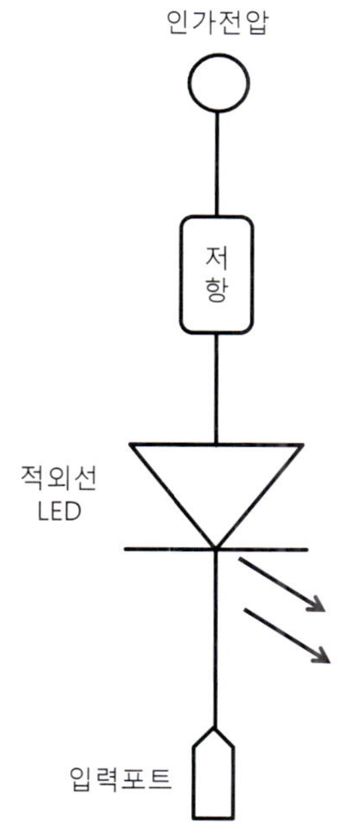

<그림 4-29> 적외선 송신기

수신기로는 <그림 4-30>과 같은 포토트랜지스터(Phototransistor)를 사용합니다. 포토트랜지스터는 가시광선보다 적외선에 민감하게 반응하는 소자이므로 적외선을 수신하는 용도로 사용하는 것입니다. 포토트랜지스터에 수신되는 빛의 양에 따라 흐르는 전류의 크기가 다르고, 옴의 법칙에

의해 출력전압이 달라지므로 '1' 또는 '0' 데이터를 수신할 수 있습니다.

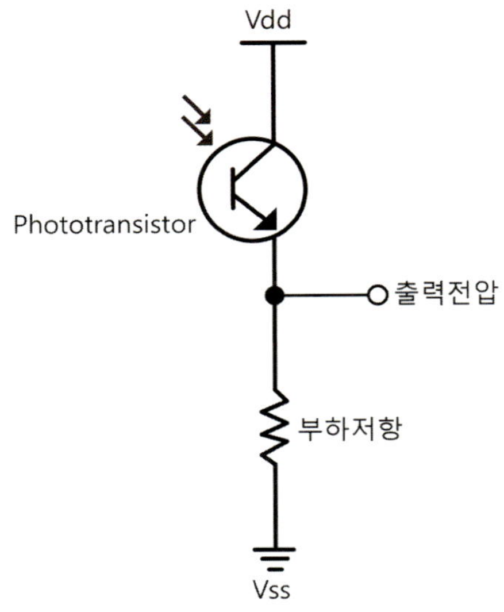

<그림 4-30> 적외선 수신기

4.8.3 국제적외선통신데이터협회(IrDA)

여러분들은 표준화의 필요성을 알고 계시겠지요? 국제표준이 정해져 있지 않으면 여러 회사에서 만드는 제품 간에 호환성이 없어 사용에 어려움이 있습니다. IrDA(Infrared Data Association)는 데스크 탑 PC, 노트북 PC, 개인 휴대 정보 단말기(PDA), 휴대폰 간에, 적외선을 이용하여 데이터를 전송하는데 필요한 하드웨어와 소프트웨어의 지원 및 협력을 위하여 1993년 설립된 민간 표준화 단체로 미국 캘리포니아 주에 소재하고 있으며, 세계의 PC 메이커와 통신기기 회사들이 참여하고 있습니다.

IrDA는 다른 기종간의 호환성을 해결하기 위하여 다양한 범위의 전송속도를 가지는 저비용, 근거리, 일대일 통신을 위해 최적화된 통신 표준을 제정하였습니다. 따라서 적외선 통신기능이 포함된 노트북 PC와 휴대폰 사이에서 데이터 송신과 수신이 가능합니다. 서로 다른 종류의 기기라 하더라도 IrDA의 표준을 따라 제작되어 있으므로, 기기에 내장되어 있는 적외선 포트를 서로 마주보게 하고 송신 버튼을 클릭하여 데이터를 전송할 수 있습니다.

4.9 사물 간 통신

사물인터넷에 연결되는 사물은 내부에 마이크로 컴퓨터와 센서를 내장하고 있는 매우 똑똑한 장치입니다. 이제부터는 이 똑똑한 장치 사이에 어떻게 통신이 이루어지는지 설명하겠습니다. 우선 똑똑한 장치를 SO(Smart Object)라고 부르겠습니다. 이 이름은 표준화되어 IT용어사전에 나오는 것은 아니고 저희가 처음으로 이름 지은 것입니다.

SO내부는 어떻게 생겼을까요? 일단 마이크로컴퓨터와 센서는 기본적으로 있어야 하니까, 다음 <그림 4-31>과 같이 마이크로컴퓨터, 온도 센서, 통신모듈을 내장한 장치라고 생각하겠습니다. 사물을 설계하면서 설명했던 내용입니다. 사물인터넷에 연결되는 장치는 종류가 수없이 많겠지만 단순하게 생각해야 머리도 편하겠지요.

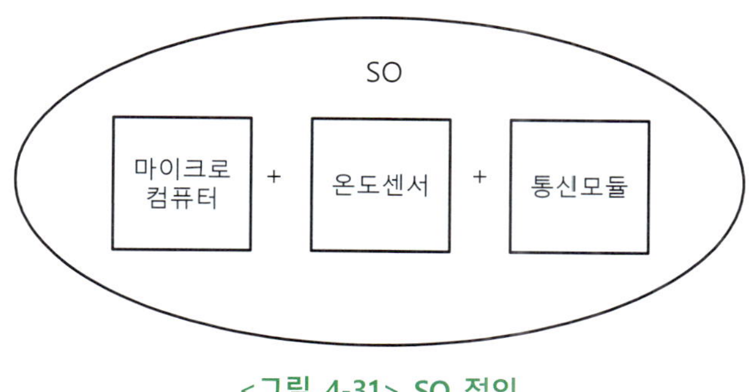

<그림 4-31> SO 정의

SO는 센서에 의해 외부환경의 변화를 인지하고, 미리 입력한 조건에 따라 소리, 빛, 진동 등으로 상황을 알리거나 다른 가전제품을 동작시킬 수 있으며, 필요에 따라 원격지에 위치해 있는 관리자에게 유무선 통신을 이용하여 알릴 수 있습니다. 그리고 유무선 통신으로 연결되어 있으면 원격으로 제어하는 것도 가능하겠지요?

사물 간에 통신을 하려면 사물에는 네트워크와 연결하기 위한 장치가 필요하며 이 장치를 NIC (Network Interface Card)라고 합니다. 집에서 인터넷을 연결하기 위해 사용하는 랜 카드가 바로 대표적인 NIC의 예입니다. NIC에는 유선 네트워크에 연결하느냐 무선 네트워크에 연결하느냐에 따라 종류가 달라 질 것이고, 또한 유선 네트워크에서도 UTP(Unshielded Twisted Pair) 케이블에 연결하느냐, 광 케이블에 연결하느냐, 유선 방송을 시청할 때 사용하는 동축 케이블에 연결하느냐에 따라 종류가 달라집니다. NIC에도 많은 종류가 있다는 뜻입니다. 다음 그림은 유선 네트워크에서 가장 많이 사용하는 UTP 케이블입니다. 여러분 집에서 사용하는 공유기에 연결할 때 사용하고 있으니까 본 적이 있을 겁니다.

<그림 4-32> UTP 케이블

그리고 다음 <그림 4-33>은 유선용 NIC와 무선용 NIC를 보여 주고 있습니다. 왼쪽의 랜 카드가 여러분 컴퓨터에 연결되어 있습니다. 물론 컴퓨터 케이스 안에 연결되어 있으니까 겉에서 보면 케이블을 연결하는 커넥터만 보이죠. 그리고 오른쪽에 있는 랜 카드는 무선용입니다. USB 포트에 연결하여 사용합니다. 무선용이면 데이터를 무선으로 송수신해야하기 때문에 안테나가 필요한데 여러분 눈에 안테나가 안보이죠? 당연히 안테나가 내장되어 있기 때문에 보이지 않아요. 제조기술이 대단하죠? 이 정도로 소형으로 만들 수 있다는 게. 이 무선 랜 카드를 여러분 컴퓨터의 USB 포트에 연결하고 무선 랜 카드 드라이버만 설치하면 바로 무선으로 공유기에 연결하여 인터넷을 사용할 수 있어요. 유선 랜 카드로 컴퓨터의 메인 보드에 내장되어 있는 것도 많아요. 노트북 컴퓨터나 테블릿 컴퓨터의 경우 이동성이 중요하니까 랜 카드를 내장하는 형태가 편리하겠지요.

<그림 4-33> 유선용 NIC와 무선용 NIC

사물인테넷에 연결되는 사물에는 어떤 형태의 NIC가 사용될까요? 외부 연결형 또는 내장형? 맞아요, 당연히 내장형이겠지요. 이렇게 내장되어 사용되는 NIC를 이제부터는 설명의 편의를 위해서 간단히 유선과 무선 통신이 모두 가능한 '통신모듈'이라 부를게요.

이제부터 사물 사이의 통신에 대하여 설명하겠습니다. 먼저 똑똑한 사물 SO 사이의 통신을 표시한 다음 <그림 4-34>를 보시죠. 그림에서 SOCP는 SO 사이에 통신을 하기 위한 프로토콜로서 Smart Object Communication Protocol의 약자입니다. 이 용어도 저희가 특별히 만들었습니다. 똑똑한 사물이 서로 통신하기 위한 약속을 이렇게 이름 지은 것입니다.

<그림 4-34> SOCP 정의

사물은 외부환경의 변화를 인지하고, 다른 사물과 정보를 공유하면서 협력할 수 있어야만 합니다. 두 대 이상의 사물들이 정보를 공유하기 위해서는 유선 또는 무선으로 데이터를 송수신 할 수

있어야 하고, 이를 위해서는 서로 간의 통신 프로토콜이 있어야 하는데 이 통신 프로토콜의 이름을 SOCP하고 한 것이지요.

사물 두 개가 유선으로 연결된다면 다음과 같은 유선용 통신모듈로 연결될 것입니다.

<그림 4-35> 유선용 통신모듈로 연결

사물 두 개가 무선으로 연결된다면 다음과 같은 무선용 통신모듈로 연결될 것입니다.

<그림 4-36> 무선용 통신모듈로 연결

그리고 사물 세 개가 연결된다면 다음 그림과 같을 것입니다. <그림 4-37>에서는 특별히 무선과 유선을 구분하지 않았으므로, 상황에 따라 유선과 무선으로 연결할 수 있고, 유선과 유선을 결합하여 연결할 수도 있다고 이해하면 될 것 같습니다. 실제로 최종 구현된 사물인터넷은 다양한 사물들이 유선 네트워크와 무선 네트워크가 결합된 통합망으로 되어 있습니다.

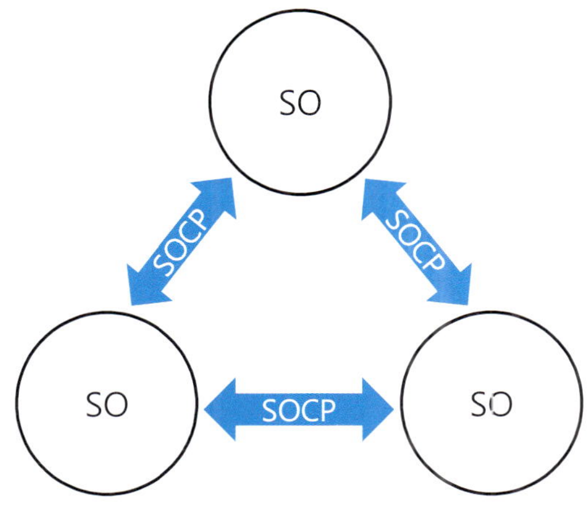

<그림 4-37> 사물 세 개의 연결

[제 5 장]

사물인터넷과 통신 프로토콜

5.1 통신 프로토콜이란?

통신 프로토콜(Communication Protocol)은 어렵게 생각하면 한없이 어려운 개념이고, 쉽게 접근하면 쉬운 개념입니다. 물론 한없이 쉬울 수는 없지만 말이죠. 그런데 어떤 개념이든 쉽게 접근하는 것이 이해하기 편하기 때문에 다음과 같은 상황 설정을 통하여 통신 프로토콜을 편안하게 이해하도록 해봅시다. 서로 상대방의 언어를 이해할 수 없는 사람들 사이에 필요한 통신 프로토콜입니다.

Tip

세계를 상대로 국제 무역을 하는 한국 사람이 미국인과 중국인 사이의 수출입 건을 성사시키기 위하여 서로 의견을 나눌 수 있는 자리를 마련하였습니다. 그런데 미국인은 중국어를 할 줄 모르고 중국인은 영어를 할 줄 모르는 상황입니다. 그러나 다행히 국제 무역을 하는 한국인은 영어와 중국어를 모두 할 줄 아는 사람입니다.

앞의 상황에서 수출입 상대자인 미국인과 중국인이 직접 의견을 교환하는 것은 서로 상대방의 언어를 이해할 수 없기 때문에 불가능합니다. 두 사람 사이에 의사소통이 제대로 이루어지기 위해서는 약속이 필요합니다. 즉, 통신 프로토콜이 필요합니다. 어떤 프로토콜일 까요? 미국인이 영어와 중국어를 모두 할 줄 하는 한국인에게 영어로 뜻을 전달하면 한국인은 중국어로 번역하여 중국인에게 전달하고, 중국인이 중국어로 이야기를 하면 영어로 번역하여 미국인에게 전달한다는 통신 프로토콜이 필요한 것입니다.

통신 프로토콜을 이해하기 위하여 여러분들이 현재 사용하고 있는 웹 브라우저를 예를 들어 다시 설명하겠습니다.

여러분들이 인터넷에 접속하기 위하여 웹 브라우저를 실행시키고, 주소창에

라고 입력하여 네이버에 접속을 합니다. 여기서 알기 쉽게 주소창이라고 했지만 실제로는 URL(Uniform Resource Locator)을 입력합니다. URL은 웹사이트 주소를 포함한 네트워크 상에 존재하는 다양한 자원의 위치를 표시합니다.

URL에서 앞 쪽에 있는 'http(Hyper Text Transfer Protocol)'가 바로 프로토콜입니다. 'http' 프로토콜은 여러분들의 컴퓨터가 원격지에 있는 웹 서버에 접속하기 위한 약속을 정해 놓은 프로토콜입니다. 만약 여러분들의 컴퓨터가 원격지에 있는 파일 서버에 접속하여 파일을 주고받기 위해서는 어떤 프로토콜이 필요할까요? 바로 'ftp(File Transfer Protocol)' 프로토콜이 필요하고, 웹 브라우저의 주소창에 'ftp://ftp서버 주소/'를 입력해야 합니다.

5.2 통신 프로토콜의 기능

통신 프로토콜의 기능이란 송신기와 수신기 사이에 데이터 에러 없이 원활하게 통신이 이루어지도록 하기 위한 것으로 단편화/재합성, 캡슐화, 연결 제어, 흐름 제어, 송신과 수신 간의 동기화, 주소 지정, 서비스 우선순위 정하기 등이 있으며 중요한 기능을 요약하면 다음과 같습니다.

5.2.1 단편화/재합성

단편화(Fragmentation 또는 Segmentation)란 작은 조각으로 나누는 것을 뜻하는 것으로 전송하고자 하는 메시지를 작은 단위 또는 블록으로 나누는 것을 말합니다. 단편화가 필요한 이유는 여러 가지가 있겠지만 당연한 이야기로서 전송의 편의를 위한 것입니다.

예를 들어 어떤 수신 장치가 한 번에 수신할 수 있는 데이터 비트 수가 정해져 있다면, 그 비트 수보다 큰 데이터를 한 번에 수신할 수 없는 것이 당연하겠지요. 따라서 전송하고자 하는 메시지는 한 번에 수신할 수 있는 비트 수에 맞추어 <그림 5-1>과 같이 단편화를 해야 하는 것입니다.

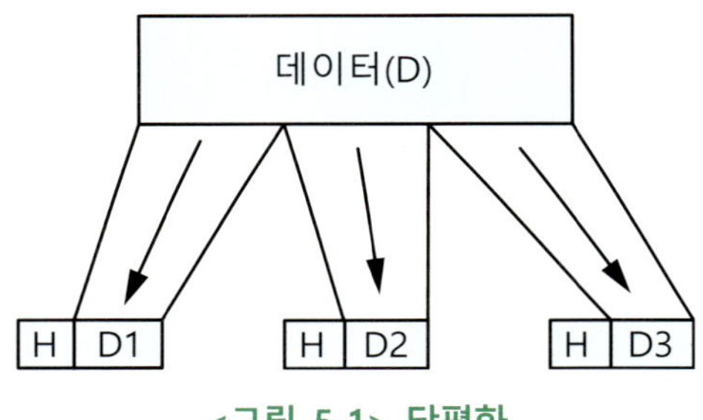

<그림 5-1> 단편화

<그림 5-1>에서 전송 메시지를 3개의 작은 크기의 데이터 블록으로 나눈 것을 쉽게 이해할 수 있을 것입니다. 그런데 단편화한 결과 데이터 블록 각각에 헤더(H, Header)라는 제어정보가 추가된 것을 볼 수 있는데, 제어정보가 추가되는 이유를 아시겠습니까?

제어정보에 어떤 데이터가 포함되는지 알면 그 이유를 당연히 알 수 있겠지요. 제어정보에는 누가 보낸 정보인지 알기 위한 송신자 주소, 송신된 정보가 목적지에 정확히 도착하도록 하기 위한 수신자 주소, 여러 경로를 통하여 목적지에 도착한 데이터 블록 각각을 재합성(Reassembly)하기 위한 블록의 순서 번호 등이 포함됩니다.

송신할 때 단편화된 데이터를 원래대로 복원하기 위하여 <그림 5-2>와 같은 재합성이 이루어집니다.

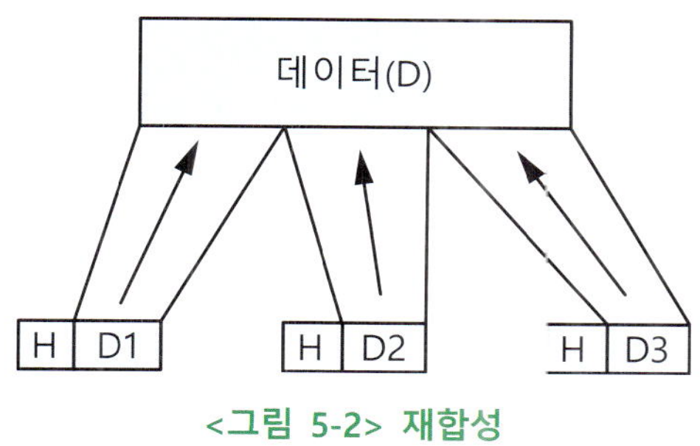

<그림 5-2> 재합성

단편화 과정을 통하여 얻어진 데이터 블록을 PDU(Protocol Data Unit)라고 부르는데 PDU의 크기는 어느 정도로 해야 하는 것일까요? 대단히 어려운 질문입니다만 PDU 크기에 따른 장단점이 모두 존재하기 때문에 통신 상황에 맞추어 크기를 조정하는 것이 정답입니다. 다음과 같은 몇 가지 예를 들어보겠습니다.

① 여러 사용자가 네트워크를 공유하고 있는 경우에 PDU의 크기가 크다면, 어떤 수신기가 PDU를 모두 수신하여 처리할 때까지 통신매체를 독점하는 상황이 되므로 다른 사용자는 대기시간이 길어지는 문제가 발생합니다. 그리고 수신기는 크기가 큰 PDU를 처리하기에 충분한 버퍼 메모리를 확보하고 있어야만 합니다.

② 여러 사용자가 네트워크를 공유하고 있는 경우에 PDU의 크기가 작다면, 모든 사용자의 네트워크 사용 기회는 균등하게 주어지므로 통신을 위한 대기시간은 작아지지만, 모든 PDU에는 일정한 크기의 헤더(제어정보)가 들어가야 하기 때문에 오버헤드(Overhead)가 증가하여 네트워크의 전송효율이 떨어지고 PDU의 처리시간이 커지는 문제가 발생하게 됩니다.

③ 네트워크의 규모가 커서 도시 간 혹은 국가 간 통신의 경우에 PDU의 크기가 크다면 PDU가 먼 거리를 이동하는 동안 에러가 발생할 가능성이 커지고, 일단 에러가 발생하는 경우 크기가 큰 PDU를 다시 전송해야 하므로 손해가 클 것입니다.

앞의 3가지 예를 통하여 통신 상황에 맞추어 PDU 크기를 정해야 한다는 것을 이해하셨을 것으로 생각합니다. 개략적으로 정리하면 여러 사용자가 규모가 큰 네트워크를 공유하고 있는 경우에는 PDU 크기를 작게 하여 어떤 한 사람이 네트워크를 독점하는 것을 막는 것이 올바른 것이고, 먼 거리까지 데이터를 전송하는 경우 에러 발생 가능성이 커지므로 PDU 크기를 작게 하는 것이 유리할 것입니다. 그런데 먼 거리라 하더라도 대량의 데이터를 전송할 필요가 있는 경우에는 어떻게 해야 하겠습니까? 이런 경우에는 PDU 크기를 가변으로 하거나 연결지향의 전송회선을 확보하여 안정적으로 통신하는 방법이 있습니다. 연결지향은 연결제어에서 다시 설명하겠습니다.

5.2.2 캡슐화

캡슐화(Encapsulation)란 앞에서 설명한 <그림 5-1>의 단편화라고 이해하면 됩니다. 즉, 전송하고자 하는 데이터에 송신자와 수신자의 주소, PDU 번호, 에러를 감지하기 위한 코드 등의 제어정보, 즉 헤더를 추가하여 PDU를 만드는 과정을 말합니다. 그런데 캡슐(Capsule)은 라틴어의 '작은 상자'란 뜻에서 출발하였고, 우주 · 항공 분야에서는 비상시에 승무원이 항공기나 로켓에서 분리되어 탈출할 수 있는 부분을 말하는데 PDU와 연결하는 것이 쉽지는 않은 것 같습니다.

PDU는 실제로 캡슐과 같은 모양을 하고 있지는 않습니다. 디지털 데이터가 전송 매체를 따라 직렬로 차례대로 흐르는 모양이 캡슐과 똑같은 모양을 가질 수는 없겠지요. 그러나 흐르는 디지털 데이터를 자세히 살펴보면 제어정보에 의하여 PDU는 서로 구분이 되고 서로 섞이지 않는다는 사실을 알 수 있습니다. 마치 캡슐 안에 데이터를 집어넣어 전송하는 것처럼 말입니다. 그래서 캡슐이라는 단어를 사용하는 것입니다.

5.2.3 연결 제어

연결 제어(Connection Control)란 송신자와 수신자 사이에 데이터를 전송하기 전에 연결을 확립하고, 데이터 전송을 완료하면 연결을 해제하는 과정을 말합니다. 데이터를 전송할 때 항상 연결을 확립하는 것은 아닙니다. 보통 전송할 데이터의 양이 많은 경우 안정적으로 데이터를 전송하기 위하여 연결을 확립한 후에 데이터를 전송하는데, 이런 방식을 TCP(Transmission Control Protocol) 또는 연결 지향의 데이터 전송이라고 합니다. 연결 제어는 연결 확립(Connection Establishment), 데이터 전송(Data Transfer), 연결 해제(Connection Termination)의 순서로 이루어집니다.

반대로 전송할 데이터의 양이 작고, 빈번하게 송신과 수신이 이루어지는 경우에는 연결을 확립하지 않고 수시로 데이터를 전송합니다. 송신기와 수신기 사이에 연결을 확립하는데 시간이 걸리기 때문에 빈번하게 데이터를 주고받을 필요가 있을 때는 연결을 확립하지 않고 데이터를 주고받습니다. 이러한 전송방식을 UDP(User Datagram Protocol) 또는 비 연결형 데이터 전송이라 부릅니다.

5.2.4 흐름 제어

흐름 제어(Flow Control)는 데이터의 흐름을 조절하는 기능으로 송신기와 수신기 사이에 속도 차이가 있는 경우에 필요합니다. 예를 들어 송신기의 데이터 전송 속도 보다 수신기의 데이터 수신 속도가 느린 경우, 흐름 제어가 없다면 수신기에서 데이터를 잃어 버려 에러가 발생하겠지요. 그리고 송신 속도와 수신 속도가 같다고 하더라도 데이터 송신이나 수신 중에 에러가 발생하면 에러가 발생한 데이터를 다시 수신해야 하기 때문에 흐름 제어가 필요한 것입니다. 수신 장치에서 에러를 탐지하고, 복구하는 방법에 대해서는 데이터 통신과 관련한 서적을 참고하세요.

그런데 송신기와 수신기의 속도가 정확하게 같을 수가 있을까요? 송신기와 수신기의 속도를 결정하는 것은 송신기와 수신기 안에 들어 있는 클록의 주파수입니다. 그런데 이 클록을 아무리 정밀하게 만들어도 주변의 온도에 따라 약간의 속도차이가 날 수 밖에 없는 것이 자연현상이고, 아주 먼 거리에 떨어져 있는 송신기와 수신기의 클록을 정확하게 맞추는 것은 어렵습니다.

5.3 통신 프로토콜의 분류

앞에서 프로토콜은 '통신을 하기 위한 약속'이라고 정의하였습니다만 약속이라는 것은 통신 상황에 따라 수천 혹은 수만 가지가 있을 것이기 때문에 프로토콜을 몇 가지로 분류해 보도록 하겠습니다.

5.3.1 직접/간접 연결 프로토콜

직접(Direct) 연결이란 <그림 5-3>과 같이 통신의 주체가 되는 단말기(주로 컴퓨터)가 직접적으로 연결되어 서로 정보를 송수신하는 상황을 의미합니다. 두 대의 컴퓨터 사이에 허브나 스위치와 같은 네트워크 연결 장치가 없이 직접 연결된 상황에서는 외부의 간섭이나 도움 없이 통신이 가능하므로 직접 연결 프로토콜은 간단해 질 것입니다. 직접 연결이라고 해도 통신을 위한 프로토콜은 필요하지만, 간단한 프로토콜이면 충분하다는 뜻입니다.

<그림 5-3> 직접 연결 프로토콜

간접(Indirect) 연결이란 <그림 5-4>와 같이 단말기 A와 B가 정보를 송수신하기 위해서는 ①, ②, ③ 등과 같은 교환 노드(Switching Node)의 도움을 받아야만 하는 것을 말합니다. 즉, <그림 5-3>에서와 같이 직접연결에서는 자신이 가지고 있는 프로토콜만으로 통신이 가능하지만, 간접 연결에서는 다른 외부 프로토콜의 도움이 필요한 것을 의미합니다. 멀리 떨어져 있는 단말기를 연결하기 위하여 필요한 교환 노드라는 용어가 어렵게 느껴질 것입니다만, 네트워크를 연결하기 위한 허브, 스위치, 라우터 등을 생각하면 됩니다.

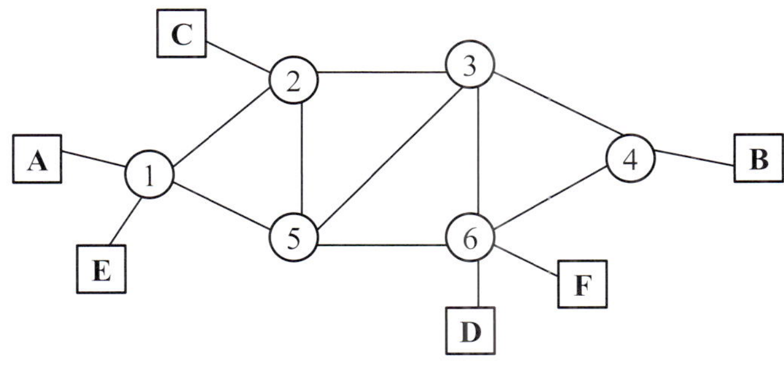

<그림 5-4> 간접 연결 프로토콜

5.3.2 단일체/구조적 프로토콜

단일체(Monolithic)를 말하는 'Monolithic'은 '한 덩어리로 뭉쳐있다'는 뜻으로 단일체 프로토콜이란 통신에 필요한 여러 가지 약속이 하나로 되어 있는 프로토콜을 말합니다. 하나로 되어 있다는 것은 프로토콜의 여러 가지 기능이 한 덩어리로 프로그램 되어 있다는 의미입니다. 이해하기가 조금 까다로운 면이 있으므로 예를 들어 보겠습니다.

프로토콜의 기능 중에서 단편화/재조립, 캡슐화, 연결 제어, 흐름 제어 등에 대하여 설명하였습니다. 이러한 기능을 수행할 수 있는 프로그램이 하나의 단일체로 되어 있다면 데이터 전송을 위하여 송신기와 수신기 간에 연결 설정을 위하여 전체의 프로토콜 프로그램이 실행되어야 하고, 연결 설정이 완료된 후 메시지를 보내려고 하는데 메시지가 너무 커서 단편화가 필요할 때도 전체의 프로토콜 프로그램이 실행되어야 하며, 데이터 전송 중에 에러가 발생하는 경우 이를 해결하기 위해서도 전체 프로토콜 프로그램이 실행되어야만 합니다. 그런데 프로토콜 프로그램은 모든 기능을 하나로 통합하여 만들어지는 경우 용량이 커지므로 프로토콜이 동작하는데 많은 시간이 걸리게 될 것입니다. 요즘 컴퓨터의 성능이 좋아져서 동작속도에 문제가 없어 보이지만, 멀티미디어 데이터를 초고속으로 전송하는 환경에서는 통신 속도를 저하시켜 문제를 발생시킬 수도 있습니다. 그리고 지금까지 사용하던 프로토콜에 일부 수정이 필요한 경우에는 전체 프로토콜 프로그램을 다시 작성해야 하는 경우가 발생합니다.

이러한 단일체 프로토콜의 단점을 개선한 것이 구조적(Structured) 프로토콜입니다. 구조적 프로토콜은 통신에 필요한 여러 가지 기능을 작은 단위로 구분하고, 계층(Layer)으로 나누어 높은 계층은 사용자에게 가까운 고급 기능을 수행하고 낮은 계층은 전송 데이터 수준의 원시적인 기능을 수행하도록 역할을 나눈 것입니다. 구조적 프로토콜이 반드시 계층을 이룰 필요는 없습니다만, 현재 구조적 프로토콜이라 함은 기능을 계층화한 계층적 프로토콜이라 보아도 무리가 없습니다. 구조적 프로토콜은 기능을 수행하는 프로그램이 모듈로 나누어져 있으므로, 어떤 기능을 수행할 때는 해당하는 모듈만 실행되기 때문에 동작시간이 빠르고, 기능에 변화가 있을 때에도 해당하는 모듈만 다시 프로그램하면 되기 때문에 단일체 프로토콜에 비하여 프로그램 수정을 신속하게 할 수 있습니다.

다음 <그림 5-5>는 캡슐화, 연결 제어, 흐름 제어 등 3가지 기능을 이해를 돕기 위하여 단일체와 구조적 프로토콜로 표현한 것입니다. 단일체 프로토콜은 기능별로 구분하지 않기 때문에 한 덩어리로 표현하였고, 구조적 프로토콜은 기능을 계층화하여 표현하였으며, 하나의 계층은 하나의 기능을 가지고 있는 프로토콜 모듈이라 볼 수 있습니다.

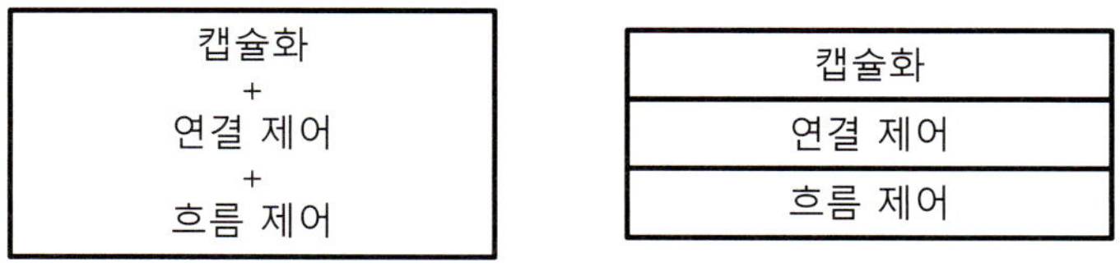

캡슐화 + 연결 제어 + 흐름 제어

(a) 단일체 프로토콜

캡슐화
연결 제어
흐름 제어

(b) 구조적 프로토콜

<그림 5-5> 프로토콜

5.3.3 대칭/비대칭 프로토콜

대칭(Symmetric)과 비대칭(Asymmetric)이란 단어는 많이 들어 봐서 쉽게 이해할 수 있을 것 같습니다. 대칭은 어떤 물체를 반으로 나누었을 때 양쪽이 똑같은 모양일 때를 말하고, 비대칭은 양쪽이 다른 모양일 때를 말하지요. 마찬가지로 대칭 프로트콜이란 <그림 5-6>과 같이 통신의 대상이 되는 두 장치가 가지고 있는 통신 프로토콜이 동일한 기능을 가지고, 동일한 계층 구조를 가지고 있음을 뜻합니다. 따라서 프로토콜 기능을 수행하는 프로그램이 양쪽 통신 장치에서 동일하다는 것을 의미합니다.

<그림 5-6> 대칭 프로토콜

비대칭 프로토콜은 <그림 5-7>과 같이 양쪽 통신 장치에서 다른 모양을 가지고 있는 것을 의미합니다.

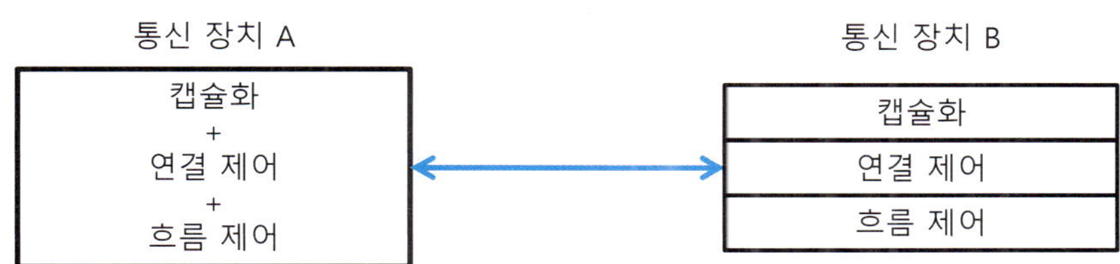

<그림 5-7> 비대칭 프로토콜

비대칭 프로토콜이라 하더라도 통신을 하기 위해서는 <그림 5-7>에서 알 수 있듯이 통신 장치 A와 B는 동일한 프로토콜 기능을 가지고 있습니다. 동일한 기능을 가지고 있지만 프로토콜을 구현한 프로그램은 통신 장치 A와 B에서 다른 모양을 가지고 있다고 이해하면 됩니다.

5.3.4 표준/비표준 프로토콜

표준(Standard) 프로토콜은 일반적으로 모든 장치에서 동작하는 프로토콜이고, 비표준(Non-standard) 프로토콜은 특정한 통신 장치에서 동작하는 프로토콜을 말합니다. 현재는 특별히 사용자를 제한하기 위한 경우가 아니면 표준화된 프로토콜을 사용합니다. 그렇다면 표준화가 필요한 이유는 무엇일까요?

1980년대 초반부터 세계적으로 기업의 네트워크화가 폭발적으로 증가하였고 지속적으로 네트워크의 확장이 일어났습니다. 그런데 각 기업별로 독립적으로 네트워크를 구축하다 보니 서로 네트워크 구축 사양(Specification)이 맞지 않고, 서로 다른 통신 프로토콜을 사용하였으므로 네트워크

확장에 어려움이 생긴 것입니다.

이때부터 회사에 독립적이지 않는 표준화된 프로토콜을 구상하게 되었고 국제표준기구인 ISO (International Organization for Standardization)에서 표준화를 주도하여 1984년에 다양한 네트워크 사이에서 상호동작이 가능한 OSI(Open System Interconnection) 참조 모델(Reference Model)을 발표하였습니다.

OSI(Open System Interconnection)란 개방형 시스템 간 상호 접속을 뜻하는 말로서, 서로 다른 특성을 가지고 있는 컴퓨터간의 통신이나 서로 다른 장치들 간의 통신이 가능하도록 하는 것을 의미합니다. 여기서 개방형이라는 것은 어느 한 회사 제품에 국한되어 상호 접속이 가능한 것이 아니라 다른 회사 제품과도 상호 접속이 가능하다는 것을 뜻합니다.

OSI 참조 모델은 프로토콜 분류 방법에 따르면 구조적이고, 대칭적이고, 계층적인 프로토콜에 해당하고, 데이터 통신에 필요한 여러 가지 기능을 수직적 계층으로 분할하여 하위 계층은 바로 위 계층에 통신 서비스를 제공하는 구조로 되어 있습니다. 그리고 각 계층은 기능별로 독립되어 구현되어 있으므로 다른 계층의 변화에 영향을 받지 않도록 되어 있습니다. OSI 참조 모델은 7계층으로 구성되어 있으며, 통신 장치 A와 통신 장치 B는 <그림 5-8>과 같이 연결되어 통신이 이루어진다고 이해하면 됩니다.

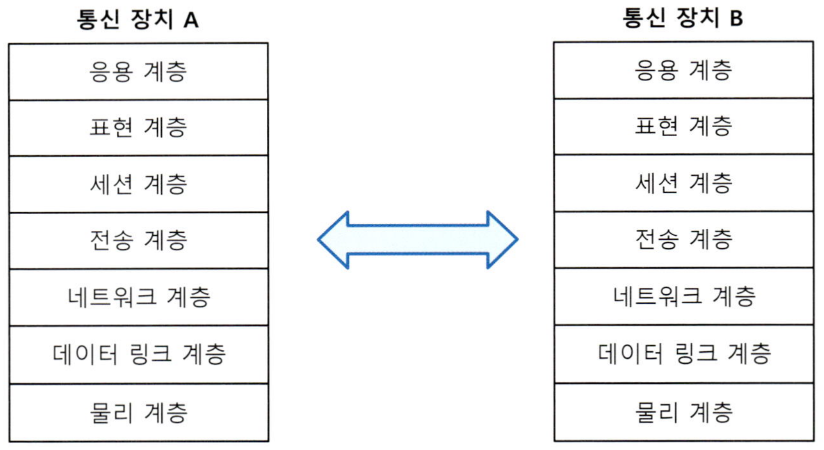

<그림 5-8> OSI 참조 모델

OSI 참조 모델의 각 계층별 역할(통신을 위한 기능)에 대한 자세한 설명은 컴퓨터 네트워크와 통신 이론에 치우치는 내용이며, 아주 지루한 설명이 되므로 여기서는 생략하겠습니다. 혹시 더 깊은 내용을 원하시는 분들은 인터넷 검색을 통하여 지식에 대한 갈증을 해소하시기 바랍니다.

5.4 사물 간 통신 프로토콜 설계

앞에서 사물인터넷을 구성하는 사물을 지능이 있는 SO(Smart Object)라고 정의를 했습니다. 이 SO 사이에 통신을 하려면 당연히 새로운 통신 프로토콜이 필요할 것입니다. 이 통신 프로토콜을 SOCP(Smart Object Communication Protocol)라고 했었지요. 이제 이 프로토콜을 만들어 보면서 통신을 위한 약속에 대하여 확실하게 이해하도록 합시다. 프로토콜을 만든다는 것은 송신하는 데이터 프레임을 목적에 맞게 만드는 것입니다. 데이터 프레임이란 '1'과 '0'의 데이터를 목적에 맞게 여러 개를 모아 놓은 것입니다. 여기서 여러 개라 표현했는데 통신을 하기 위한 약속에 따라 수십에서 수 천 개의 '1'과 '0'의 데이터를 모아서 데이터 프레임을 만듭니다.

일반적인 프레임 포맷(Generic Frame Format)은 다음 <그림 5-9>와 같이 여러 가지 필드(Field)로 구성됩니다. 데이터를 보내는 기본 단위가 되는 프레임의 처음과 마지막을 표시하는 'Start/Stop Frame Field', 전송대상을 구분하기 위한 'Address Field', 프레임의 형태와 데이터의 크기를 정의하기 위한 'Type/Length Field', 전송 데이터를 표시하는 'Data Field' 등이 있습니다. SOCP를 만들기 위한 각 필드의 구성과 각 필드에 담을 전송 데이터 비트 수는 프로토콜을 만드는 사람이 목적에 맞추어 새롭게 정의할 수 있습니다.

Start Frame Field	Address Field	Type/ Length Field	Data Field	FCS Field	Stop Frame Field

<그림 5-9> 프레임의 기본형태

각 필드에 대하여 좀 더 자세하게 설명하겠습니다. 잘 알아 두면 통신을 이해하는데 아주 유용합니다.

5.4.1 Start Frame Field

'Start Frame Field'는 전송하는 프레임의 시작을 표시하는 부분입니다. 다음 <그림 5-10>은 'Start Frame Field'의 예를 보여 주고 있습니다. 일정한 데이터가 반복되는 프리엠블(56비트)은 수신처에서 타이밍을 맞추기 위한 것입니다. 송신하는 데이터 프레임과 수신하는 데이터 프레임의 타이밍이 정확히 맞아야 데이터를 오류없이 수신할 수 있어요. 디지털 데이터의 정 중앙에서 수신해야 하기 때문에 이것을 맞추기 위한 것이라고 이해하면 됩니다.

그리고 스타트 프레임 딜리미터(8비트)는 <그림 5-10>의 빨간색 원 부분처럼 맨 마지막에서 파형의 변화('High'에서 'Low')를 만들어 프레임의 시작을 알려주는 부분입니다.

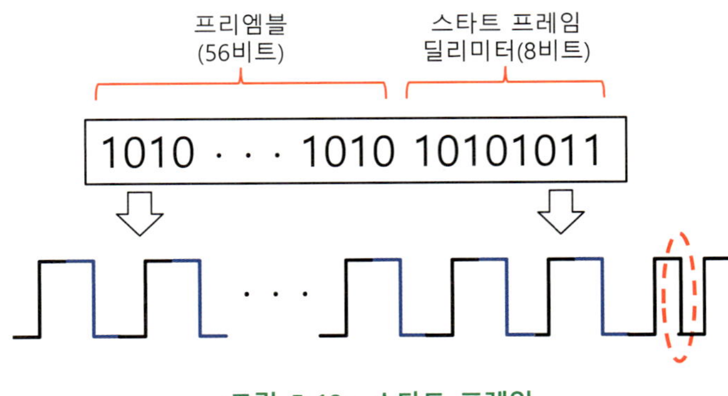

<그림 5-10> 스타트 프레임

5.4.2 Address Field

'Address Field'는 전송 대상을 구분하기 위한 것으로 수신처(목적지)와 송신처(출발지) 주소를 모두 적어 주어야 합니다. 여기서 주소는 사물인터넷에 연결되어 있는 수많은 사물을 구분하기 위한 식별자 역할을 합니다. 물론 식별자로 사용할 수 있는 것이 주소만 있는 것은 아닙니다만 주소로 설명하는 것이 가장 이해하기 쉽기 때문에 여기서는 주소를 언급하는 것입니다.

수신처 주소는 당연히 들어가야 하고, 송신처 주소는 왜 적어 주어야 하지요? 데이터를 수신해서 확인해 보니 오류가 발생했을 때, 송신처를 알아야 오류가 발생한 사실을 통보하고, 다시 보내라는 신호를 보낼 수 있기 때문이지요.

사물인터넷에서 각 사물들은 수없이 많은 사물이 네트워크로 연결되어 있기 때문에 사물을 구분하기 위하여 주소를 지정합니다. 우편물을 정확하게 보내고 받기 위해서 집주소가 필요하듯 데이터를 정확하게 보내고 받기 위해 사물들에게 주소를 지정해야 합니다. 주소를 지정하는 방법에도 여러 가지가 있겠지요?

여러 가지 주소 지정 방법 중에서도 네트워크에서 가장 많이 사용하는 것이 맥 어드레스(MAC Address)입니다. 통신을 하기 위한 매체 접근 제어를 뜻하는 MAC은 'Media Access Control'의 약자이고, 사물 사이의 네트워크 연결을 제어하는 부분으로 네트워크 인터페이스 카드(NIC, Network Interface Card)에 부여하는 주소입니다. 네트워크에 접속하는 모든 장치에는 이 주소가 있어야 합니다.

여러분들이 스마트 폰으로 무선 인터넷을 많이 이용하지요? 스마트 폰에도 맥 어드레스가 부여되어 있어요. 맥 어드레스는 통신 장치에 부여하는 고유한 주소이므로 임의로 변경할 수 없습니다.

MAC을 좀 더 알아보기 위하여 다음 <그림 5-11>을 봅시다. 네트워크 구성의 한 가지 방법으로 버스형 토폴로지입니다. 버스형 토폴로지는 사물들이 중심의 전송 매체를 공유하는 형태입니다.

이 그림에서 사물 사이에 데이터 통신을 위해서 왜 매체 접근 제어가 필요할까요?

상식적으로 생각해 보세요. 통신 매체를 여러 개의 사물이 공유하고 있는 상태에서 여러 사물이 동시에 데이터를 송신하면 어떤 일이 발생하나요?

네, 맞아요. 데이터의 충돌이 발생하여 오류가 발생하기 때문에 통신이 불가능한 상태가 됩니다. 그러니 여러 개의 사물이 통신 매체를 공동으로 사용하면서도 충돌이 발생하지 않도록 제어하는 방법이 필요하겠지요? 그리고 하나의 사물이 다른 사물에 데이터를 보내면, 통신 매체를 공유하는 다른 모든 사물에게도 전달이 됩니다. 이 과정에서 무엇이 필요하겠습니까? 당연히 자신에게 전달된 데이터가 맞으면 수신하지만, 아니면 수신된 데이터를 폐기해야 하겠지요? 이런 일련의 과정을 실행하는 것을 매체 접근 제어, MAC이라 합니다. 여기서 필요한 것이 맥 어드레스입니다.

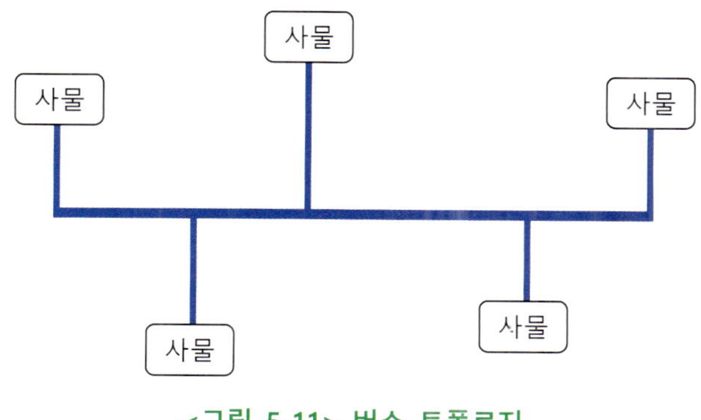

<그림 5-11> 버스 토폴로지

5.4.3 주소배정 방법

주소배정을 위하여 몇 비트의 2진수를 사용하면 될까요? 2진수 1비트면 '0'과 '1' 두 개(2^1)의 주소가 만들어지고, 2진수 2비트면 '00', '01', '10', '11' 네 개(2^2)의 주소가 만들어 집니다. 같은 방법으로 2진수 8비트면 256개(2^8)의 주소가 만들어 집니다. 그렇다면 우선 몇 개의 사물을 네트워크로 연결할 것인가를 결정해야 합니다.

예를 들어 여러분이 만들고 있는 사물 네트워크에 200개 정도의 사물을 연결한다면 2진수 8비트가 필요할 것이고, 주소는 다음 <그림 5-12>와 같이 배정하면 될 것입니다. 배정할 수 있는 주소는 가장 작은 수 '00000000(10진수로 0)'부터 가장 큰 수 '11111111(10진수로 255)'까지입니다.

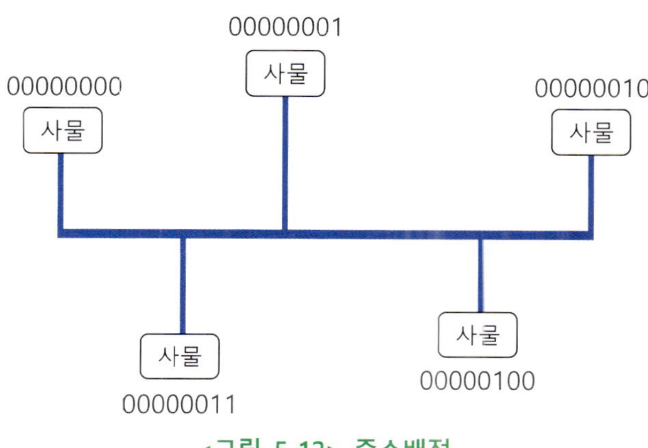

<그림 5-12> 주소배정

그림에서는 8비트 이진수 중에서 가장 작은 수 '00000000'부터 순서대로 배정하였으나, 여러분이 만드는 네트워크니까 여러분이 임의대로 배정할 수 도 있습니다. 주소지정이 의외로 간단하지요? 그런데 실제로는 간단하지가 않아요. 나 혼자만의 사물 네트워크를 구성할 때는 주소 지정이 간단하지만 다른 사물 네트워크와 연결하려고 할 때는 간단한 문제가 아닙니다.

내가 만든 사물 네트워크는 공동 주택관리 목적으로 온도 센서를 연결하여 200대의 냉난방 장치를 원격 조정하는 사물 네트워크이고, 다른 사람이 만든 사물 네트워크는 동일한 공동 주택을 관리하는 목적이지만 200대의 가전제품을 원격으로 제어하여 에너지를 절약하기 위한 네트워크라고 가정해 보겠습니다. 가전제품 200대에도 서로 구분하기 위해 8비트의 이진수로 주소가 배정되어 있습니다.

각 사물 네트워크가 독립적으로 동작할 때는 아무런 문제가 없습니다. 냉난방 장치 네트워크와 가전제품 네트워크 사이에 데이터 통신이 이루어지지 않으니까요. 그런데 이 두 개의 사물 네트워크를 통합하려고 한다면 문제가 발생하겠지요? 서로 다른 사물을 구분하기 위해서 배정된 주소가 겹치기 때문에 문제가 발생합니다. 데이터를 보냈는데 같은 주소를 갖는 수신 장치가 두 개 있다면 제대로 수신되지 않을 것이고, 발신지 주소가 두 개면 어디서 출발한 것인지 구분할 수 없으므로 통신은 불가능해 집니다. 이해가 되지요?

두 개의 사물 네트워크를 통합하여 주소를 다시 배정해 보겠습니다. 냉난방 장치가 200대, 가전제품이 200대, 총 400대의 사물에 주소를 배정해야 합니다. 몇 비트의 2진수를 사용해야 할까요? 2진수 8비트면 256개(2^8)의 주소가 만들어 지니 400대에 배정하기에는 주소가 부족하니, 1비트를 더해서 9비트 하겠습니다. 2진수 9비트면 배정할 수 있는 주소는 총 512개(2^9)이니 충분하겠네요. 결론적으로 2진수 9비트로 통합된 사물 네트워크에 주소를 배정하면 됩니다.

여기서 주의할 점이 있어요. 주소 지정을 위해 1비트를 추가한다고 모든 문제가 해결되나요? 아닙니다. 사물 간에 데이터를 송수신하기 위한 통신 프로토콜을 모두 바꾸어야 합니다. 단순히 주소 1비트만 늘어났지만 데이터를 송수신하기 위한 프레임의 주소 필드내용이 바뀌면 전체 프레임에 변화가 생기는 것이고, 이 프레임을 처리하는 통신 프로그램도 수정해야 합니다.

주소 문제를 떠나서 일반적으로 서로 다른 통신 네트워크는 서로 다른 통신 프로토콜을 사용합니다. 냉난방 장치를 연결하는 사물 네트워크와 가전제품을 연결하는 사물 네트워크는 당연히 다른 통신 프로토콜을 사용하겠지요. 서로 다른 네트워크를 하드웨어적으로 연결하는 것은 간단합니다. 케이블과 랜 카드와 같은 인터페이스 카드만 있으면 되니까요. 하드웨어적으로 연결만 한다고 통신이 되는 것은 아닙니다. 다음 <그림 5-13>을 보세요.

같은 종류의 SO(Smart Object) 사이에서는 통신이 이루어지지만, 다른 종류의 SO(Other SO)와는 통신이 불가능하다는 것을 표시하고 있어요. 주소 1비트만 달라져도 마찬가지로 통신이 불가능해 집니다. 결국, 냉난방 장치를 연결한 사물 네트워크와 가전제품을 연결한 사물 네트워크를 통합하려면 근본적으로 통신 프로토콜을 통합해야 하는 것입니다. 냉난방 장치를 연결하는 사물 네트워크에 사용하던 통신 프로토콜을 변형하거나 확장하여 가전제품을 연결하는 네트워크에 사용할 수 있고요, 그 반대의 경우도 가능하고요, 지금까지 사용하던 통신 프로토콜을 모두 버리고 완전히 새로운 통신 프로토콜을 만들어 사용할 수도 있겠지요.

<그림 5-13> 이기종간 통신

이왕 완전히 새로운 프로토콜을 만들려면 먼 미래를 내다보면서 만드는 것이 좋을 것 같아요. 10년 후 사물에 배정해야할 주소는 몇 비트로 해야 할까요, 얼마나 많은 종류의 사물을 고려하여 통신 프로토콜을 만들어야 할까요, 드론이나 자율 주행 차와 같이 이동하는 사물과의 네트워크 구축을 위해 어떤 프로토콜이 필요할까요, 등등 말입니다. 매우 복잡하죠? 맞아요. 간단한 문제가 아니지요. 그런데 여러분은 거기까지 고민할 필요는 없어요. 여러분들이 직접 통신 프로토콜을 만들 거는 아니니까요. 통신 프로토콜을 직접 만들고 싶다고요? 그러면 이 책에서 설명하는 내용을 좀 더 잘 이해하고, 컴퓨터 프로그래밍 기법까지 공부하면 가능합니다. 아무래도 시간이 많이 걸리겠지요?

맥 어드레스에 대하여 좀 더 알아보겠습니다. 맥 어드레스는 통신을 하기 위해 랜 카드, 모뎀, 스마트 폰 등 네트워크에 사용되는 모든 장비에 부여하는 고유 번호로 2진수 48비트로 되어 있습니다. 2진수 48비트로 되어 있으면 서로 다른 주소는 몇 개나 가능할까요? 앞에서 계산하는 방법을 설명했었지요? 바로 2^{48}, 즉 281,474,976,710,656(281조 4749억 7671만 656)개입니다. 정말 어마어마한 수지요? 그런데 앞으로 사물인터넷에 연결되는 사물은 기하급수적으로 늘어 날 것이기 때문에 이 정도의 주소 수로도 부족한 상황이 될 수 있어요. 지금 지구상 어디에 있는 누군가 그 대책을 고민하고, 해결책을 연구하고 있겠지요?

5.4.4 Type/Length Field

프레임의 형태와 데이터의 크기를 정의하기 위한 'Type/Length Field'에 대하여 살펴보겠습니다. 먼저 전송하는 데이터의 형태를 뜻하는 'Type'은 비트 단위로 '0' 또는 '1'로 표시하여, 예를 들어서 '0'은 온도제어장치가 정상적인 동작상태에 있으므로 현재 온도는 유효한 값이라는 것을 확인하기 위한 데이터 프레임이고, '1'은 온도제어장치에 문제가 생겼다는 것을 알리는 데이터 프레임으로 표시하는 것입니다. 그리고 '0'인 경우는 섭씨온도를 표시하고 '1'인 경우는 화씨온도를 표시하는 것으로 약속할 수도 있겠지요.

'Length'는 전송하는 데이터의 크기를 표시하는 부분이니 쉽게 이해하실 겁니다. 예를 들어 4비트를 사용하여 표시하기로 하고, 이 부분이 2진수로 '0111'으로 표시되어있다면, 10진수로 7이니까 송신하는 데이터는 7바이트를 표시하기로 약속하는 것이지요. 바이트는 8비트를 의미하므로 7

바이트는 총 56비트를 의미합니다.

5.4.5 Data Field

프레임에서 전송하고자 하는 데이터를 표시하는 'Data Field'는 실제로 전송할 데이터를 표시하는 영역입니다. 온도 데이터가 들어 갈 수도 있고, 습도 데이터가 들어 갈 수도 있겠지요. 온도나 습도 데이터를 어떤 형태로 표시할 것인가를 결정하는 것을 데이터 포맷이라고 하는데, 여기에도 몇 가지 종류가 있습니다. 인터넷에서 가장 많이 사용하는 데이터 포맷은 'XML'입니다. 예를 들어 온도 센서에서 감지한 현재 온도가 25도인 경우 다음과 같이 'XML' 데이터 포맷으로 표현할 수 있습니다.

```
<xml>
 <data>
  <temperature>25</temperature>
 </data>
</xml>
```

'XML' 데이터 포맷은 내용이 눈에 바로 들어 와서 가독성(Readability)이 좋지만 25도 라는 현재 온도를 전송하기 위하여 너무 많은 텍스트 데이터가 추가됩니다. 수많은 센서가 유선과 무선으로 복잡하게 연결된 사물인터넷 환경에서는 데이터 트래픽을 줄일 필요가 있으므로 수치 데이터나 2진 데이터 형식으로 표시하는 방법들을 사용해야 합니다. 그러나 어떤 데이터 포맷이 가장 적절하다는 정답은 없습니다. 사물인터넷 환경에 따라 적절한 데이터 포맷을 결정하면 되는 것이기 때문입니다.

MQTT(Message Queuing Telemetry Transport)는 사물인터넷에서 센서와 같은 소형 장치 간에 데이터 통신을 위해 사용되는 메시징 프로토콜(Messaging Protocol)입니다. 가장 작은 데이터의 크기는 2바이트(16비트)까지 가능합니다. 따라서 짧은 시간동안에 많은 장치 간에 메시지 송신과 수신이 가능하기 때문에 사물인터넷에 적합한 데이터 포맷이라 할 수 있습니다. 앞에서 주소지정에 대하여 설명했는데, 프로토콜이 달라지면 주소지정방식도 달라질 수 있습니다. MQTT에서는 토픽(Topic)이라는 태그(Tag)를 이용하여 목적지까지 메시지를 전달합니다. 태그는 일종의 이름표 개념으로 그 토픽을 필요로 하는 장치가 태그를 지정하여 원하는 메시지를 받아 오는 것이라 이해하면 쉬울 것 같습니다.

5.4.6 FCS Field

데이터 통신에서 수신한 프레임에 오류가 있는지 아는 것은 매우 중요합니다. 특히 전송한 데이터에 오류가 발생하면 심각한 상황이 발생할 수 있기 때문입니다. 인터넷 뱅킹으로 큰돈을 송금했는데 송신 데이터에 오류가 발생하여 송금한 액수가 달라진다면 어떻게 되겠습니까? 인터넷으로 주식거래를 하면서 주식의 매수 또는 매도 금액에 오류가 발생하면 어떻게 되겠습니까? 군의 미사일 통제 명령에 오류가 발생하여 미사일이 발사된다면 핵전쟁이나 3차 대전이 발발할 수도 있지 않겠어요? 데이터의 송수신에서 오류 발생여부를 아는 것은 대단히 중요합니다.

프레임을 수신한 후 오류가 있는지 확인하기 위해 추가되는 부분이 바로 'FCS Field'입니다. FCS는 'Frame Check Sequence'의 약자이고, 수신한 프레임에 오류가 발생했는지 점검하기 위한 일련의 비트 열을 의미합니다. 이 비트 열은 프레임을 송신할 때 정해진 법칙에 따라 계산되어 프레임에 추가하여 송신하고, 수신 장치는 수신한 프레임으로부터 비트 열을 다시 계산하여 송신할 때 추가된 비트 열과 비교하여 동일한 경우에는 오류가 없는 것으로 판단하여 프레임을 수신하지만, 다른 경우에는 오류가 발생한 것이므로 수신된 프레임을 폐기합니다.

5.4.7 Stop Frame Field

프레임의 마지막 부분은 프레임의 마지막을 표시하기 위한 'Stop Frame Field'입니다. 프레임의 끝을 표시하여 다른 프레임과 구분하기 위한 목적으로 사용합니다. 프레임의 끝을 표시하기 위해 어떤 데이터를 사용할 것인지는 프로토콜을 만드는 사람이 결정하면 되겠지요. 여러분이 새로운 통신 프로토콜을 만든다면 바로 여러분이 결정하면 됩니다.

5.5 SO간 통신 프로토콜

프레임의 각 필드를 통신 목적에 맞게 만들었으면 다음 <그림 5-14>와 같이 똑똑한 사물(SO) 사이에 통신이 이루어집니다. SO는 제4장의 사물 간 통신에서 설명하면서 정의했던 똑똑한 사물입니다. 편의상 각 필드를 몇 비트로 정의했는지는 표시하지 않았습니다.

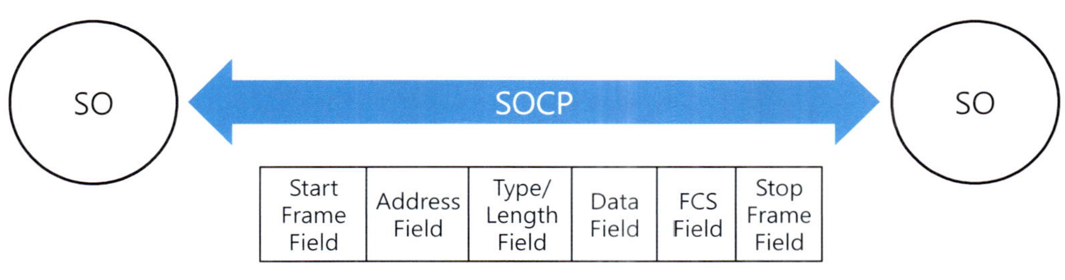

<그림 5-14> SO간 통신 원리

그런데 새로운 프로토콜의 프레임을 만들어 통신하기 보다는 기존에 사용하던 프로토콜 프레임을 통신용으로 사용하면 구현하기도 쉽고, 다른 개체와의 호환성도 보장될 것입니다. 예를 들어 웹페이지를 만들어 TCP/IP로 통신한다면 기존의 인터넷 망을 이용하여 SO 사이에 데이터를 송수신할 수 있습니다. 랜(LAN, Local Area Network)이라는 근거리 통신망에서는 이더넷(Ethernet) 프로토콜을 가장 많이 사용하므로, 만약 사물을 연결하기 위해 이더넷 프로토콜을 사용한다면 다음

<그림 5-15>와 같이 이더넷 프레임을 이용하여 사물 사이에 통신을 하게 될 것입니다.

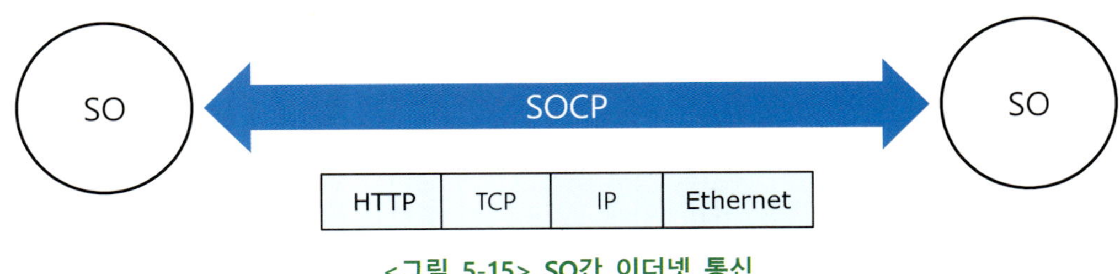

<그림 5-15> SO간 이더넷 통신

이 경우에는 각 SO가 HTTP 프로토콜을 처리할 수 있는 프로토콜 스텍(프로토콜을 구현한 프로그램)과 웹 응용 프로그램을 가지고 있어야 하므로 컴퓨팅 성능이 우수한 더 똑똑한 사물이 되어야 합니다. 그래서 센서와 같은 소형 장치에서는 구현하기 어려울 것입니다.

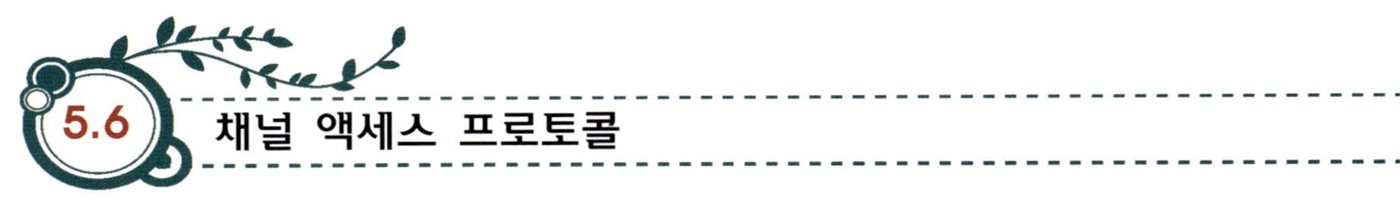

5.6 채널 액세스 프로토콜

사물인터넷에서는 수없이 많은 장치들이 유선과 무선으로 연결되어 서로 데이터를 주고받습니다. 이때 두 개 이상의 장치들이 동시에 데이터를 보내면 데이터의 충돌이 발생하여 수신데이터에 에러가 발생합니다. 이제부터는 이런 데이터 충돌에 의해 발생하는 에러를 어떻게 해결할 수 있는지 설명하겠습니다.

5.6.1 채널과 다중화의 이해

채널(Channel)이란 통신 장치 사이에 서로 정보 혹은 데이터를 주고받기 위한 통로를 말하는데, 대화하려는 상대가 하나의 채널을 독점하는 경우에는 다른 사람에 의해 방해 받지 않고 통신할 수 있습니다. 그러나 여러 사람이 하나의 통신 채널을 공유하고 있다면 다른 사람에 의해 방해 받지 않고 통신을 하는 것이 간단하지 않습니다.

예를 들어, 밀폐된 작은 공간에 두 사람이 서로 대화를 나누고 있다고 생각해 봅시다. 이 경우에 두 사람이 작은 소리로 속삭이든, 큰 소리로 대화를 나누든 서로 의사소통이 가능한 것은 분명할 것입니다. 그런데 그 공간에 두 명이 더 들어와 대화를 나눈다고 가정해 봅시다. 편의상 4 사람을 A, B, C, D라고 구분하고 A가 B와 대화하고, C가 D와 대화하며, 또한 동시에 대화를 나눈다면 제대로 대화가 진행될 까요? 당연히 대화가 제대로 진행되지 않을 것입니다.

왜냐하면, 밀폐된 공간에 있는 4 사람은 통신하기 위한 한 개의 채널(이 경우에는 공기 매체)을 공유하고 있고, 동시에 대화를 나누는 경우 여러 사람이 이야기 한 신호가 통신 채널을 통하여 전달되기는 하지만 목적지가 서로 구분이 되지 않기 때문입니다. 조금 더 자세히 알아봅시다. 앞에서

A가 B와 대화하고, C가 D와 대화한다고 가정하였지요? 밀폐된 공간에서 A는 B에게 "만나서 반가워."라고 인사를 했습니다. 이 인사말은 B에게만 전달되는 것이 아니지요? A가 B에게 "만나서 반가워."라고 인사를 하는 그 순간에 채무 관계로 원수지간이 되어 있는 C가 D에게 "야 인마, 돈 언제 갚을 거야?"라고 물었습니다. 물론 이 말도 D에게만 전달되는 것이 아니지요? 이 상황에서 B의 입장에서 C가 D에게 말한 "야 인마, 돈 언제 갚을 거야?"라는 말을 잘 못 알아듣고, D의 입장에서 A가 B에게 "만나서 반가워."라고 인사한 말을 들었다면 어떤 일이 벌어지겠습니까? 생각만 해도 어처구니가 없는 상황이 벌어지겠지요. B의 입장에서는 속으로 '오랜만에 만나 가지고 별 희한한 말을 듣는 구만.'이라고 생각할 수도 있을 것이고, D의 입장에서는 '부드럽게 인사를 하는 것을 보니 오늘은 돈 달라고 괴롭히진 않겠구나.' 하고 생각할 수도 있겠지요.

지금 이 상황이 제대로 의사소통이 되고 있는 상황입니까? 물론 아니지요. 그렇다면 어떻게 해결해야만 의사소통을 제대로 할 수 있을까요? 이 문제를 해결하는 것이 바로 다중화(Multiplexing)입니다. 다중화란 하나의 통신 매체에 다수의 통신 장치가 서로 간섭없이 통신할 수 있도록 만들어 주는 채널 액세스 프로토콜(Channel Access Protocol)입니다. 프로토콜이란 통신하기 위한 약속이고, 액세스란 접근이라는 의미를 가지고 있으므로 하나의 통신 매체를 여러 사람 또는 여러 장치(단말기)가 공유하고 있다고 하더라도 일정한 약속을 통하여 다른 사람 또는 다른 장치에 의해 방해받지 않고 통신 채널에 접근하여 대화를 나눌 수 있도록 하는 방법입니다. 여기서 통신 채널은 논리적인 채널이므로 하나의 통신 매체에 여러 개의 논리적인 통신 채널을 만들어 여러 장치가 통신할 수 있도록 만드는 수단이 되는 것입니다.

5.6.2 시분할 다중화

시분할 다중화(TDM, Time Division Multiplexing) 방식이란 문자 그대로 통신하고자 하는 모든 사람 또는 장치에게 통신할 수 있는 시간을 동등하게(때로는 더 많은 시간을 할당할 수도 있음) 분배하여 하나의 통신 매체를 공유하는 방식입니다. 통신에 대하여 전혀 모르는 사람 입장에서는 어렵게 느껴질지 모르지만, 앞의 개요에서 예를 들었던 상황에 적용하여 생각하면 쉽게 이해할 수 있습니다.

A, B, C, D 등 4사람이 밀폐된 방에서 A가 B와 대화하고, C가 D와 대화하고 있는 상황입니다. 이때 A는 B에게 "만나서 반가워."라고 인사를 했고, 채무 관계로 원수지간이 되어 있는 C가 D에게 "야 인마, 돈 언제 갚을 거야?"라고 물었습니다. 여기서 혼란이 일어나는 이유는 동시에 말을 한 것이라는 것을 알겠지요? 그렇다면 대화를 시작하기 전에 A와 C가 서로 약속하여 누가 먼저 이야기하고, 이야기하는 시간을 10초로 제한하기로 하고, 대화 상대는 A와 B, C와 D로 정하며, 다른 사람이 말하는 동안에는 조용히 있기로 약속한 후, 이 약속을 A, B, C, D 등 4사람이 반드시 지키고 있다면 어떨까요? 물론 B와 D 사이에도 누가 먼저 이야기하는 지 순서를 정해야 합니다. 여기서 A, B, C, D를 통신 장치라고 생각하면, 각 통신 장치에 정해진 순서에 따라 통신 채널을 할당한다고 생각할 수 있습니다.

대화를 시작하기 전에 미리 A가 먼저 말하는 것으로 약속하였고, B와 대화를 나눈다는 것을 4사람 모두 알고 있으므로 처음 10초간 말한 것은 당연히 B가 듣게 되겠지요? 물론 C와 D도 B가 말하는 것을 듣게 되겠지만 처음에 한 약속을 알 고 있는 상황이므로 B가 말한 내용을 무시하게 됩니다. 그 다음 10초간에는 C가 이야기하게 되고, 이 말은 D만 알아듣고 나머지 A와 B는 귀로 들을 수 있지만 무시하게 됩니다. 이렇게 되면 밀폐된 공간이라도 서로 대화를 나눌 때 앞에서 언급한 의사소통의 혼란 문제가 해결된다는 것을 알 것입니다.

시분할 다중화 방식을 일반화하여 그림으로 표시하면 <그림 5-16>과 같습니다. 그림에서도 알 수 있듯이 여러 개의 통신 장치가 가로 축의 시간을 분할하여 하나의 통신매체를 공유하여 통신할 수 있습니다. 시간을 분할하는 방법에서는 세로축의 주파수는 고려하지 않습니다. 각각의 통신 장치에 할당된 짧은 시간을 시간폭(Timeslot 또는 Timeslice)이라고 부릅니다.

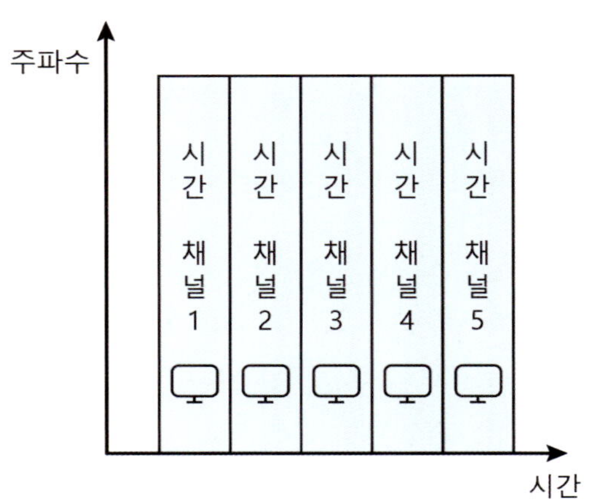

<그림 5-16> 시간 분할 송신 방식

이러한 시분할 다중화 방법을 사용한다면 많은 사람이나 장치가 통신 매체를 공유한다고 하더라도 통신을 하는 데 문제가 없을 것입니다. 그러나 통신하는 장치가 계속 증가한다면 어떠한 문제가 발생하게 되겠습니까? 모든 장치에 동등한 시간을 할당하여야 하므로 통신할 수 있는 시간이 계속 감소하게 될 것이고, 어느 순간이 되면 통신에 답답함을 느끼게 될 것입니다. 이러한 문제는 여러분이 사용하고 있는 컴퓨터에서도 나타나고 있지요? 현재의 컴퓨터는 다중작업(Multitasking, 하나의 컴퓨터가 두 가지 이상의 작업을 처리하는 개념)을 지원하고 있는데, 컴퓨터가 한 가지 작업을 수행할 때 보다는 두 가지 이상의 작업을 수행할 때 더 느려지는 것을 경험하셨을 것입니다. 물론 이 문제는 컴퓨터에 내장된 중앙처리장치의 속도를 획기적으로 높여서 해결할 수 있는데, 통신 시스템에서도 시간 분할을 처리해 주는 장치를 고속화하여 해결할 수 있습니다.

통신에 참여하는 장치가 증가할 때의 속도 문제는 처리장치의 속도를 고속화하여 해결할 수 있습니다만, 순서대로 고정된 시간을 할당하는 방식에서는 전송할 데이터가 없는 통신 장치에도 시간을 할당하는 문제가 도사리고 있습니다. 송신하고자 하는 장치에 동일한 시간폭을 할당해 주는 것은 당연한 것인데, 실제로 항상 송신장치가 전송하고자 하는 데이터가 있는 것이 아니기 때문에 송신할 데이터가 없을 때는 자신에게 할당된 시간을 그냥 허비하게 되는 것이지요. 데이터를 송신하지도 않으면서 통신 채널을 사용하는 예로서 여러분들 누구나 하나씩 가지고 있는 휴대폰을 생각해 봅시다. 휴대폰으로 친구에게 전화를 걸어 연결이 되었습니다. 물론 할 이야기가 많아서 전화를 걸었는데, 이런 저런 이야기를 하다 보니까 무슨 일인지 모르지만 말문이 갑자기 막혔습니다. 할 말이 생각이 나지 않아 말은 하지 않고 가만히 있지만 친구와의 전화를 끊기는 싫은 것입니다. 그런데 말을 하지 않고 있다고 휴대폰 요금이 부과가 안됩니까? 아니지요. 통신 이용료는 계속 부과되고 있는 것이지요. 이런 것이 통신 채널을 그냥 낭비하고 있는 것 아닙니까?

따라서 시분할 다중화 방식은 동기식 시분할(Synchronous Time Division) 방식과 비동기식 시분할(Asynchronous Time Division) 또는 통계적 시분할(Statistical Time Division)방식으로 나누어집니다. 전송하고자 하는 데이터가 없다고 하더라도 일정한 시간을 동등하게 할당하는 방식이 동기식 시분할 방식이고, 전송할 데이터가 있는 송신장치에게만 시간을 할당하여 낭비되는 시간폭을 제거하여 통신 채널의 사용 효율을 증가시키는 방법이 비동기식 시분할 방식입니다.

비동기식 시분할 방식은 통신 채널의 사용 효율을 획기적으로 개선한 방식이지만 무조건 좋은 것이라고는 말할 수 없습니다. 왜냐하면 비동기식으로 처리하기 위해서는 더욱 복잡한 처리 시스템이 필요하게 되므로 비용이 많이 들게 되기 때문입니다. 생각해 보세요. 송신장치가 전송할 데이터가 있는지 없는 지 어떻게 알겠습니까? 어떻게든 알아내야 하겠지요? 비동기식 시스템이 각각의 송신장치에게 전송할 데이터가 있는지 돌아가면서 물어 보든지, 송신장치가 전송할 데이터가 있을 때는 전송할 데이터가 있다고 신고하든지 해야 하지 않겠어요? 결국 별도의 처리장치가 추가되어야 하는 것이고, 이런 것을 오버헤드(Overhead)가 증가한다고 합니다. 결론적으로 동기식 시분할 시스템보다는 비동기식 시분할 시스템이 보다 복잡하고 비용이 많이 든다는 뜻입니다. 물론 어떤 시스템을 결정하느냐는 통신 시스템의 목적에 부합하도록 만들기 위해 시스템 설계자가 결정할 문제입니다.

5.6.3 주파수 분할 다중화

주파수 분할 다중화(FDM, Frequency Division Multiplexing) 방식은 시분할 다중화 방식에서 시간폭을 나누어 통신하는 대신에 송신장치에 일정한 주파수를 할당하여 통신하는 방식입니다. 시간을 나누는 것은 이해가 가는 데, 주파수를 나누는 것은 쉽게 이해가 안되지요?

앞에서 언급했던 A, B, C, D 등 4사람이 밀폐된 방에서 A가 B와 대화하고, C가 D와 대화하고 있는 상황을 다시 한 번 생각해 봅시다. 대화할 때 혼란이 일어나는 이유는 동시에 말을 한 것이라는 것을 기억하고 있지요? 이 상황에서 말하는 시간을 분할하여 할당하지 않고 해결하는 방법은 없을까요? 잘 생각이 나지 않는다고요?

방법은 있습니다. A와 B는 저음(예를 들어 베이스 음)으로 대화를 나누기로 하고, C와 D는 고음(예를 들어 테너 음)으로 대화를 나누기로 약속하면 어떨까요? 해결의 실마리가 보이지요? 맞습니다. 사람의 고음과 저음은 동시에 발생한다고 하더라도 구분할 수가 있습니다. 고음이라고 하는 것은 주파수가 높은 곳에 음성 에너지가 많다는 것을 의미하고, 저음이라고 하는 것은 주파수가 낮은 곳에 음성 에너지가 많다는 것을 의미하므로 주파수를 분할하여 전송을 하게 되면 시간적으로 중복이 된다 하더라도 여러 개의 장치가 동시에 통신이 가능해 지는 것입니다.

주파수 분할이란 주파수 대역을 나누는 방식으로 시간을 나누지 않고 동시에 전송하는 방식이므로 <그림 5-17>과 같이 표시할 수 있습니다.

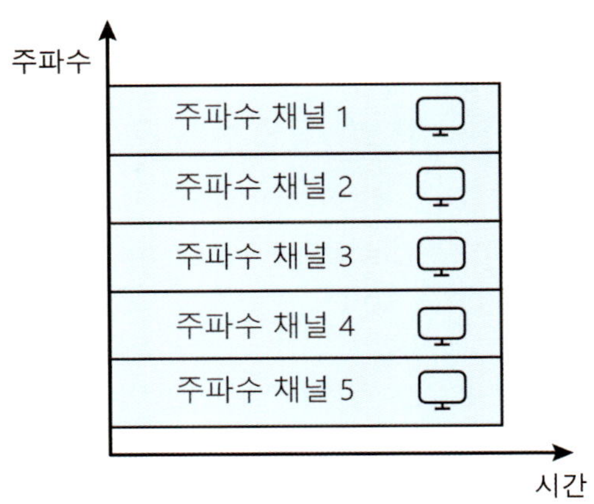

<그림 5-17> 주파수 분할 다중화 방식

시간 축 상에서 통신하는 시간을 나누는 방식보다는 이해하기가 어려울 것으로 생각이 됩니다만, 반송파 주파수(Carrier Frequency)를 고려하면 이해할 수 있을 것입니다. 반송파란 전송하는 신호를 실어 나르는 신호로서 주파수를 분할하여 전송할 때 각 전송장치는 서로 다른 반송 주파수를 갖게 됩니다. 즉, 서로 다른 반송파에 실려서 전송되므로 서로 겹치지 않게 되는 것이지요. 여기서 이해를 돕기 위하여 텔레비전 방송을 생각해 보도록 하지요. 여러분들도 아시다시피 공중파 텔레비전 방송은 KBS1, KBS2, MBC, SBS, EBS(교육방송) 등이 있지요. 이러한 방송 채널들은 각각 반송파 주파수를 달리하여 송신합니다. 이러한 방송은 시간을 나누어 처음 몇 초간은 KBS, 그 다음 몇 초간은 MBC 등 번갈아 가면서 방송하는 것이 아니고 동시에 방송이 됩니다. 그런데 왜 섞이지 않고 집에서 제대로 수신이 될까요? 그것은 각 방송 채널이 사용하는 반송파 주파수가 다르기 때문입니다. 즉, 시간 축 상에서는 겹치더라도 주파수 축에서 보면 서로 분리된 신호가 되는 것입니다.

방송채널에서만 주파수 분할 다중화 방식을 사용하는 것은 아닙니다. 사물인터넷에서 무선랜으로 연결하기 위해 공유기 또는 무선 접속장치(AP, Access Point)를 사용하는 것은 아시죠? 서로 다른 공유기가 같은 주파수 채널을 사용하면 신호의 간섭이 일어날 것입니다. 이 신호의 간섭을 피하기 위하여 주파수 분할 다중화 방식을 사용합니다. 참고로 2.4GHz 와이파이의 경우 13개의 주파수 채널 중에서 자유롭게 선택하여 사용할 수 있습니다.

이렇게 하나의 전송매체에 주파수가 다른 여러 개의 신호를 동시에 전송할 수 있다는 것은 알렉산더 그레이엄 벨이 실험을 통하여 확인을 하였으며, 1888년에 이르러 주파수 분할 다중화 방식을 이용하여 하나의 전송선로에 전신과 음성 신호를 동시에 전송할 수 있게 되었습니다. 주파수 분할 방식은 대단히 오래된 개념입니다.

이제 여러분들은 시간 분할 방식과 주파수 분할 방식에서 어떤 방법이 유리한 방식인가에 대한 의문이 생길 것입니다. 우선 속도 문제 또는 실시간(Real Time)이 가능한 것인가를 생각하면, 시간 분할 방식 보다는 주파수 분할 방식이 유리하다는 것을 곧바로 알 수 있겠지요? 왜냐하면 시간 분할의 경우 송신장치가 많을 경우 각 장치에 동등한 시간을 할당해야 하고, 각 장치에 할당된 시간은 송신장치가 증가하면 할수록 작아지기 때문에 실시간으로 통신을 한다는 것은 어려워지기 때문이지요. 그러나 주파수 분할은 각 장치가 갖는 송신 주파수를 다르게 하여 동시에 통신하는 방식이므로 실시간이 가능한 방식이 됩니다.

그렇다고 주파수 분할방식의 경우 단점이 없을 까요? 세상이치든 자연현상이든 좋은 점(장점)이 있으면 상대적으로 나쁜 점(단점)을 갖게 되어 있습니다. 주파수 분할 방식에서는 반송파 주파수를 다르게 해야 하므로 송신장치에 주파수를 바꾸어 주는 장치가 별도로 필요하게 됩니다. 그리고 송신장치마다 주파수가 겹치면 채널간 신호의 간섭이 생기기 때문에 주파수 채널을 분리하기 위해서 사용하는 정밀한 주파수 대역 필터(Filter)도 내장한 장치가 필요하게 됩니다. 어떤 장치가 추가된다는 것은 비용이 증가한다는 것을 의미하게 되지요.

그리고 주파수 분할 방식에서는 더 심각한 문제가 있습니다. 무엇이겠습니까? 사용 주파수의 한계에 의한 주파수의 고갈 문제입니다. 여러분들도 아시겠지만 주파수는 무한정 사용할 수 있는 자원이 아닙니다. 즉, 국가마다 통신 분야별로 사용할 수 있는 주파수 대역(Frequency Bandwidth)을 정해 놓았기 때문에 마음대로 반송파 주파수를 사용할 수 있는 것이 아닙니다. 다시 말하면 텔레비전 송신용 주파수를 FM 라디오 방송용으로 사용할 수가 없다는 뜻이지요. 따라서 한정된 주파수 대역에서 송신 장치마다 주파수를 나누어 사용해야 하므로 주파수를 분할하여 통신할 수 있는 장치의 수는 한계가 있게 됩니다.

요즈음 휴대폰이 없으면 원시인 취급을 받을 정도로 거의 모든 사람들이 가지고 있는데, 만일 주파수를 분할하여 통신하는 방식이라면 각각의 휴대폰마다 주파수를 다르게 할당해야하므로 오늘과 같은 상황에서 가입자를 모두 수용하는 것이 가능했을까요? 불가능하겠지요? 이러한 한계를 극복하기 위한 방법들을 고민해 봐야 하겠습니다.

그러면 시간 분할 방식과 주파수 분할 방식을 결합하는 방식은 가능할 까요? 물론 가능합니다. 먼저 몇 개의 장치에 같은 주파수를 할당하고, 그 장치들 간에 시간을 할당하는 방식으로 가입자의 수를 증가시킬 수 있는 방식입니다. 시간 분할 방식과 주파수 분할 방식을 동시에 사용하여, 통신할 수 있는 장치의 수를 증가시키는 것은 다음 <그림 5-18>을 통하여 이해할 수 있습니다. 오른쪽의 시간 분할로 만들어진 5개의 시간 채널이 왼쪽의 주파수 분할로 만들어진 5개의 주파수 채널에 겹쳐지는 상황을 상상하면 됩니다.

<그림 5-18>에서 보면 시간 분할의 경우 5개의 시간 폭(시간 채널 t_1, t_2, t_3, t_4, t_5)을 할당하여 5개의 통신 장치가 통신이 가능하고, 주파수 분할의 경우에드 5개의 주파수 채널(f_1, f_2, f_3, f_4, f_5)을 할당하여 5개의 통신 장치가 통신이 가능하며, 이 두 방식을 결합하면 통신 채널(Channel)을 영문 약자 Ch로 표현하여 Ch(f_1, t_1)부터 Ch(f_5, t_5)까지 총 5*5=25개의 독립된 통신 채널을 확보할 수 있으므로 25개의 통신 장치의 통신이 가능하므로 가입자를 대폭 증가시킬 수 있다는 것을 이해할 수 있을 것입니다. 그러나 이 방식도 주파수의 고갈문제가 있기 때문에 한계는 있습니다. 그렇다면 가입자를 이론적으로 무한하게 할 수 있는 방법은 있을까요? 그 방법이 바로 코드를 분할하는 CDM(Code Division Multiplexing) 방식입니다.

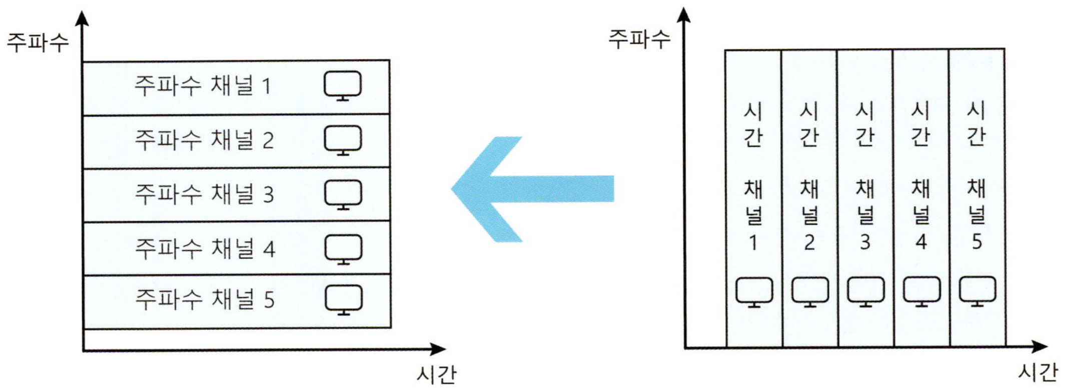

<그림 5-18> 주파수 분할과 시간 분할 방식의 결합

5.6.4 코드 분할 다중화

코드 분할 방식은 통신장치 간에 약속된 코드를 할당하여 통신하는 방식입니다. 여기서 코드란 우리나라 사람 모두를 구분하기 위하여 할당한 주민등록 번호와 같이 장치와 장치를 구분하기 위한 코드가 됩니다. 즉, 송신장치가 같은 시간에 같은 주파수를 갖는 신호를 전송하더라도 전송하는 신호의 코드가 다르므로 수신장치는 자신에게 할당된 코드가 맞는지 확인한 다음에 수신하게 되고, 코드가 다르면 수신할 수 없도록 되어 있습니다. 시간을 나누는 시간 분할이나 주파수를 나누는 주파수 할당 방식보다는 더 이해하기가 어렵나요?

앞에서 언급했던 A, B, C, D 등 4사람이 밀폐된 방에서 A가 B와 대화하고, C가 D와 대화하고 있는 상황을 또 한번 생각해 봅시다. A는 B에게 "만나서 반가워."라고 인사를 했고, 채무 관계로 원수지간이 되어 있는 C가 D에게 "야 인마, 돈 언제 갚을 거야?"라고 물었습니다. 여기서 혼란이 일어나는 이유는 동시에 말을 한 것이라는 것을 기억하고 있지요? 시간 분할 방식에서는 말하는 시간을 할당하여 신호의 충돌을 회피하였고, 주파수 분할 방식에서는 고음과 저음, 즉, 주파수를 서로 달리 할당하여 통신함으로써 해결하였지요?

코드 분할 방식은 음색을 달리하거나 언어의 특징이 다른 두 가지 이상의 언어를 사용하여 통신하는 방식이라고 이해하면 좋을 것 같습니다. 하나의 예로서 A와 B는 한국말로 대화를 나누기로 하고, C와 D는 영어를 사용하여 대화를 나누기로 약속하면 어떨까요? 한국말과 영어는 발음하는 방법이나 악센트가 다르기 때문에 동시에 대화를 나누어도 귀를 기울여 들으면 구분할 수가 있습니다. 심지어 똑같이 고음(높은 주파수)으로 동시에 대화를 나누어도 구분이 가능합니다. 복잡한 카페나 호프집에서 친구들과 대화를 나누다가 미국인이 들어와 영어로 이야기하는 경우를 생각해 보면 이해할 수 있을 것입니다. 아무리 시끄럽게 친구들과 잡담을 나누다가도 한국말과 다른 소리를 들으면 어디서 소리가 나는지 고개가 돌아갈 것입니다. 이것이 코드 분할 방식을 이해할 수 있는 열쇠입니다. 즉, 모든 통신 단말기에 고유의 식별코드를 부여하여 동일한 주파수와 동일한 시간에 통신을 하더라도 서로 간섭없이 통신이 가능하게 만드는 것입니다.

<그림 5-18>에서 코드 분할에 의하여 코드 c_1이 추가되면 Ch(c_1, f_1, t_1)부터 Ch(c_1, f_5, t_5)까지

총 25개의 독립된 통신 채널이 가능함을 알 수가 있고, 코드 c_2가 추가되면 또 다른 25개의 통신 채널이 추가로 확보됨을 알 수가 있으므로 가입자는 기하급수적으로 증가함을 이해할 수가 있게 됩니다. 만약 5개의 시간 채널(t_1, t_2, t_3, t_4, t_5)과 5개의 주파수 채널(f_1, f_2, f_3, f_4, f_5) 그리고 3가지의 코드(c_1, c_2, c_3)를 할당하면 총 3*5*5=75개의 통신 장치가 통신이 가능하게 되는 것입니다.

그러면 코드 분할 다중화 방법은 전지전능한 도구일까요? 앞에서 설명한 것은 이론적으로 가능하다는 것이지, 실제 구현하는 데는 여러 가지 기술적 문제가 있을 것입니다. 그래도 현재와 같이 수많은 휴대폰 가입자를 수용할 수 있게 된 것은 코드 분할 다중화 방법이 있기 때문입니다.

현재 우리나라의 휴대폰은 이 코드 분할 방식을 사용하고 있습니다. 이 코드 분할 방식을 제대로 이해하려면 주파수 대역 확산(Spread Spectrum) 통신방식과 같이 매우 어려운 개념을 이해해야 하므로 여기서는 자세한 설명을 피하도록 하겠습니다. 단, 코드를 분할하면 같은 주파수로 같은 시간대에 통신을 하더라도 신호간의 중복에 의한 통신의 장애를 극복할 수 있으므로 가입자의 한계를 극복할 수 있다는 특징과 기술적으로 단말기의 제조나 단말기에 들어가는 핵심 반도체의 설계가 매우 어렵다는 것을 이해하면 됩니다.

그리고 무선으로 센서 네트워크를 구축할 때 지그비(ZigBee)를 많이 사용한다고 했었는데, 이 지그비에서 사용하는 통신방식이 직접 시퀀스 대역 확산, 즉 DSSS(Direct-Sequence Spread Spectrum)를 사용합니다. 바로 이 방식이 코드 분할 방식에서 사용하는 주파수 대역 확산과 비슷한 방식이라고 알아두면 좋겠습니다.

[제 6 장]

사물 간 통신을 위한 이더넷 네트워킹

6.1 이더넷 소개

네트워크에 대하여 공부를 하다보면 가장 많이 접하는 용어가 LAN(Local Area Network, 랜)일 것입니다. LAN은 용어 자체에서 풍기는 뜻 그대로 근거리 정도의 영역을 연결하는 네트워크입니다. 근거리라고 하여 명확히 몇 킬로미터라고 말할 수 없지만, 대개는 하나의 사무실에 있는 컴퓨터를 연결하거나, 여러 개의 건물로 이루어진 회사 혹은 대학 캠퍼스를 연결하는 네트워크로 이해하면 될 것입니다. LAN과 반대의 개념으로 WAN(Wide Area Network)이 있습니다. WAN은 멀리 떨어져 있는 지역의 컴퓨터들을 연결하는 네트워크를 말합니다. 요즈음 우리들 모두는 인터넷을 사용하고 있습니다. 이 인터넷은 지구 반대편에 있는 서버 컴퓨터와 연결이 가능하므로 인터넷은 WAN이 되지요. 그리고 우리들은 LAN으로 구성된 사무실이나 학교에 있는 컴퓨터로 지구 반대편의 서버 컴퓨터에 접속하고 있으므로 LAN과 WAN이 공존하는 네트워크 환경에 있는 것입니다.

LAN과 WAN에 대하여 설명하였는데, 이더넷은 무엇과 관련된 용어일까요? 이더넷은 LAN과 관련된 용어입니다. 이더넷의 친구라고 알아두면 될 것입니다. 이더넷은 네트워크를 구축하는 하나의 방법입니다. 사물들을 연결하여 네트워크를 구성할 때, 사물들을 배치하는 형태를 네트워크 토폴로지(Topology)라고 하며, 네트워크 토폴로지에는 버스(Bus)형, 스타(Star)형, 링(Ring)형, 매쉬(Mesh)형 등이 있습니다.

이더넷은 <그림 6-1>과 같은 버스(Bus)형 토폴로지를 사용하여 LAN을 구축하는 대표적인 방식입니다. 여기서 대표적이라고 한 것은 LAN 구축이라고 하면 거의 이 방법으로 구축하기 때문입니다. 물론 이더넷 이외에 토큰링(Token-Ring)이나, FDDI(Fiber Distributed Data Interface) 방식도 있습니다만 이더넷으로 대부분 구축합니다. <그림 6-1>에서 파란 색으로 표시된 직선은 통신 케이블이고, 네모는 통신 장치로서 사물인터넷에서는 사물에 해당합니다.

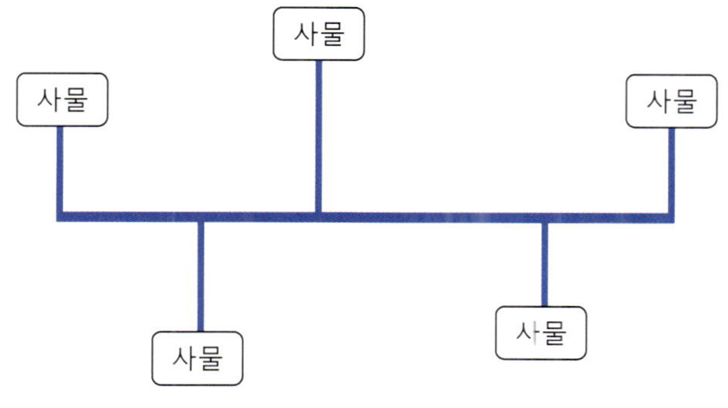

<그림 6-1> 버스 토폴로지

<그림 6-1>과 같은 네트워크 구성을 생각한 이유는 무엇일까요? 역사적으로 보면 이더넷이 처음 고안된 것은 1973년입니다. 1973년 제록스 PARC(Palo Alto Research Center, Xerox PARC)

의 멧칼프(Metcalfe)가 어떤 문제점을 해결하기 위하여 고안하였습니다. 그 당시 컴퓨터 네트워킹은 초기 단계였으므로 프린터와 같은 컴퓨터 주변기기의 공유와 급증하고 있는 주변의 컴퓨터들을 모두 서로 연결시키는 것이 매우 어려운 상황이었습니다. 인터넷 자료를 찾아보면 그 상황을 "PARC에 설정되어 있는 배선은 스파게티 공장이 폭발한 것 마냥 뒤엉켜 있었다."라고 묘사할 정도였습니다. 이로 인해 멧칼프는 더욱 단순하고 신뢰할 수 있는 <그림 6-1>과 같은 컴퓨터 네트워크를 구축하는 방법을 고안하게 된 것입니다. 스파게티 공장이 폭발한 것 같이 뒤엉켜 있던 스파게티 면이 가지런히 정리된 것이 상상이 되십니까?

이더넷은 멧칼프의 완전한 창작품일까요? 그렇지 않습니다. 그는 하와이 대학교의 무선 네트워크인 ALOHAnet을 참고하였습니다. ALOHAnet은 세계 처음으로 라디오 주파수를 사용하여 1970년에 하와이 대학교에서 개발한 컴퓨터 통신 네트워크입니다. 하와이가 여러 개의 섬으로 이루어진 것은 잘 아시죠? 하와이의 네 개의 섬이 오아후 섬의 중앙 컴퓨터와 연결하는 데 이용할 수 있는 양방향 네트워크였습니다. 이 무선 네트워크에서는 주어진 순간에 정해진 한대의 컴퓨터만이 다른 컴퓨터와 통신이 가능하도록 하였고, 만약 여러 컴퓨터가 동시에 통신을 시도하면, 데이터의 충돌을 방지하기 위해 각각의 컴퓨터들은 정해진 시간 간격 동안 잠시 통신을 중단하고 기다리도록 하였습니다. 멧칼프는 이 ALOHAnet의 통신방법을 유선 네트워크 구축에 도입하여 이더넷을 고안하게 된 것입니다. 이렇게 개발된 이더넷은 현재 로컬 네트워크를 위한 가장 일반적인 표준이 되었습니다.

6.2 데이터 충돌 방지 방법

버스 토폴로지는 중앙에 있는 공통 케이블에 각 사물이 연결되어 있는 형태로 데이터를 전송할 때 특별한 방법을 사용하지 않으면 서로 다른 사물에서 전송한 데이터가 케이블 상에서 충돌이 일어나 데이터를 전송할 수 없는 상황이 됩니다. 이것을 피하는 것이 매우 중요합니다. 이런 충돌 문제를 해결하는 방법이 바로 CSMA/CD(Carrier Sense Multiple Access with Collision Detection)입니다. 이것을 설명하기 위하여 버스 토폴로지에 사물이 연결된 <그림 6-2>를 봅시다.

<그림 6-2>에서 양쪽에 있는 센서에서 동시에 데이터를 전송하면 당연히 공통 케이블 중간쯤 어딘가에서 데이터의 충돌(전기 에너지의 섞임)이 발생할 것입니다. 따라서 이더넷에서는 이 충돌을 방지하기 위하여 데이터를 전송하기 전에 다른 센서에서 데이터를 전송하고 있는지 확인하여 전송하고 있지 않으면 전송하는 방법을 사용합니다.

이것을 CSMA/CD에서 CS(Carrier Sense)라고 합니다. 어떤 장치가 데이터를 전송하면 공통 케이블에 전기신호가 흐르기 때문에 이 전기신호를 감지하는 과정이 CS입니다. 버스 토폴로지에 연결되어 있는 어떤 장치든 임의로 어느 순간이든 데이터를 전송할 수 있기 때문에 데이터를 전송하기 전에 우선 CS를 하는 것입니다.

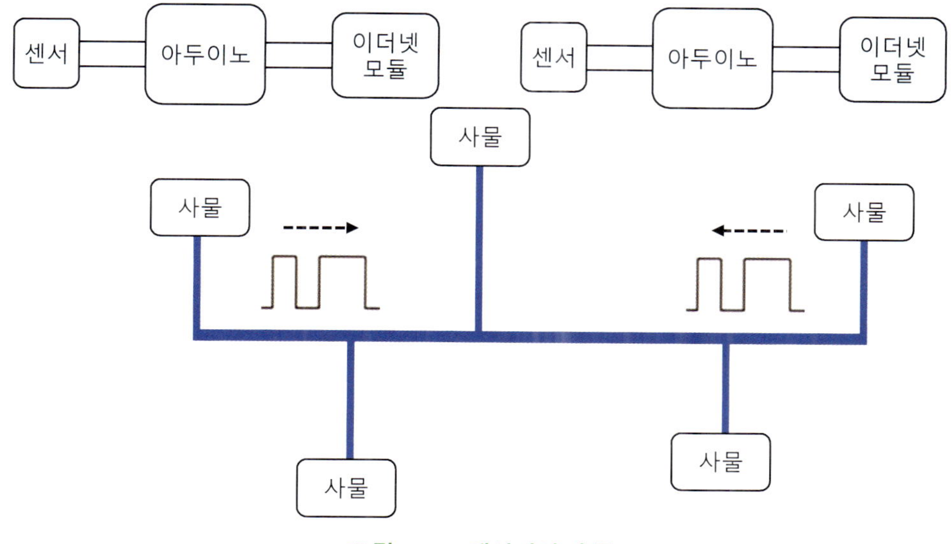

<그림 6-2> 데이터의 충돌

일단 데이터를 전송하기 전에 CS를 해보니 전기신호가 흐르지 않아 왼쪽 센서에서 데이터를 보낸다고 충돌이 일어나지 않을 까요? <그림 6-2>는 아주 작은 규모의 네트워크를 보여주고 있는데 실제로는 수백대 이상의 장치가 연결되어 있는 네트워크를 생각해보면 CS만으로는 충돌이 방지되지 않습니다. 네트워크를 따라 흐르는 전기신호는 지연시간이 있기 때문에 왼쪽에서 출발할 신호는 맨 오른쪽에 있는 장치에 도달하는데 어느 정도 시간이 걸리게 됩니다.

즉, 맨 오른 쪽에 있는 장치는 왼쪽에서 출발한 전기신호가 도착하기 전에 CS를 하여 전기신호가 감지되지 않으면 데이터를 전송하게 되고, 이 경우 왼쪽에서 전송한 데이터와 오른쪽에서 전송한 데이터가 충돌할 수 있습니다.

따라서 전송하기 전에 CS를 하고, 또한 충돌이 발생했는지도 확인해야 합니다. 이렇게 충돌이 발생했는지 확인하는 과정을 CD(Collision Detection)라고 합니다. 데이터의 충돌은 네트워크 어디에서 발생할지 모르기 때문에 충돌지점에서 가장 가까이 있는 이더넷 모듈에서 충돌을 감지하여 공통 케이블에 충돌발생을 알려줍니다.

이렇게 충돌발생을 알게 되면 모든 장치들은 임의의 시간동안 쉬었다가 데이터 전송을 다시 시도하게 됩니다.

CSMA/CD에서 MA(Multiple Access)는 무엇일까요? 버스형 네트워크는 공통 케이블에 여러 장치가 연결되어 있는 것을 생각해 보면 알 수 있을 것입니다. Access(엑세스)는 네트워크에 접근하는 것을 뜻하고, Multiple(멀티플)은 하나의 장치가 아니라 여러 개의 장치를 뜻합니다. 따라서 네트워크에 여러 장치가 접근하여 통신에 참여하는 것을 말합니다.

여러 장치가 공통 케이블에 데이터를 임의의 시간에 전송하야 하니까 충돌이 발생할 수 있으므로 이것을 해결하기 위하여 이더넷이라는 방법을 만들어 낸 것이고, 이더넷에서 전송하는 방법이 바로 CSMA/CD방법이 되는 것이지요.

6.3 아두이노와 공유기 연결

제1장에서 아두이노와 사물인터넷을 설명하면서 제시했던 <그림 6-3>을 다시 보겠습니다. 센서모듈은 단순히 주변의 상황을 인식하여 전기신호를 내보내는 장치로서 마이크로 프로세서를 내장한 아두이노와 결합하여 독립된 사물이 됩니다. 이 사물이 네트워크에 연결되어 사물인터넷이 완성되려면 센서모듈에서 감지한 데이터를 송신하거나 필요에 따라 원격지의 서버로부터 데이터를 수신할 수 있어야 합니다. 이렇게 데이터를 송수신하기 위해서는 통신모듈이 필요한데, 네트워크 구축에 가장 많이 사용하는 것이 이더넷이므로 이더넷 모듈이 필요한 것입니다. 이더넷 모듈은 아두이노 이더넷 쉴드(Shield)라고도 부르며, 아두이노에서 쉴드는 특정한 기능을 수행하는 보드(회로기판)라고 이해하면 됩니다. 만일 무선으로 연결하기 위해서는 이더넷 모듈대신에 와이파이(Wi-Fi) 모듈을 사용하면 될 것입니다.

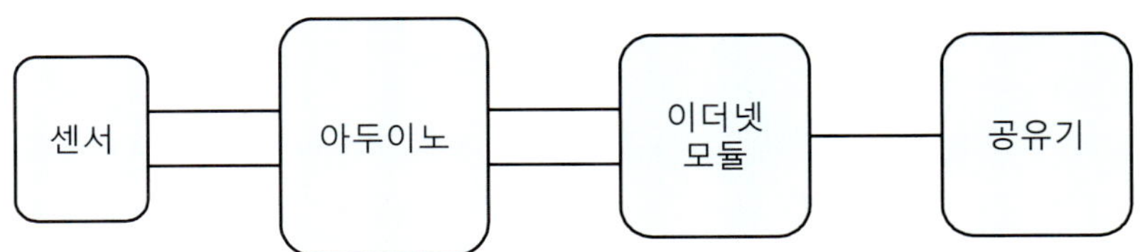

<그림 6-3> 아두이노를 사용한 사물인터넷

여기서 한 가지 더 설명할 것이 있습니다. 바로 IP주소에 대한 것입니다. 공유기를 통해서 센서모듈이 원격지에 있는 웹서버와 연결하여 웹서버에 데이터를 전송하거나 웹서버로부터 데이터를 수신하는 경우에는 IP주소가 필요합니다. 센서 모듈이 웹 클라이언트가 되는 경우에 통신하기 위해서는 TCP/IP 프로토콜을 사용하기 때문입니다. 센서 모듈대신에 LED 모듈을 사용한다면 원격지에 있는 컴퓨터의 웹 브라우저로 LED를 제어할 수 있습니다.

IP주소는 인터넷에 연결된 장치들을 구분하는 것으로 210.100.150.77과 같이 4개의 10진수 형태로 구성됩니다. 원래는 32비트의 이진수로 표시되어야 하지만 표시를 간소화하기 위하여 8비트씩 나누어 4자리 십진수로 표시하는 것입니다. 여기서는 IP주소에 대한 자세한 설명은 생략하겠습니다.

<그림 6-3>에서 이더넷 모듈이 공유기와 정상적으로 연결되어야만 통신이 가능하며, IP주소를 할당받아야만 합니다. 여기서 IP주소는 고정 IP주소를 할당할 수도 있고, 자동으로 할당할 수도 있습니다. 현재 IP주소는 인터넷의 대량 보급으로 할당할 수 있는 주소가 고갈되어 있는 상태이므로 자동으로 할당하는 방법을 사용합니다. 공유기 내부에는 IP주소를 자동으로 할당하는 DHCP(Dynamic Host Configuration Protocol) 서버가 동작하기 때문에 자동으로 할당합니다. 실제로 이더넷 모듈이 공유기에 정상적으로 연결되어 있는지 확인하는 방법은 <그림 6-4>와 같이 공유기 내부에 들어가서 주소를 자동으로 할당받았는지 확인하면 됩니다. 공유기 대신에 이더넷 허브를 사용한다

면 별도의 DHCP 서버로부터 IP주소를 할당 받든지 고정으로 IP주소를 여러분이 직접 배정해야만 하겠지요.

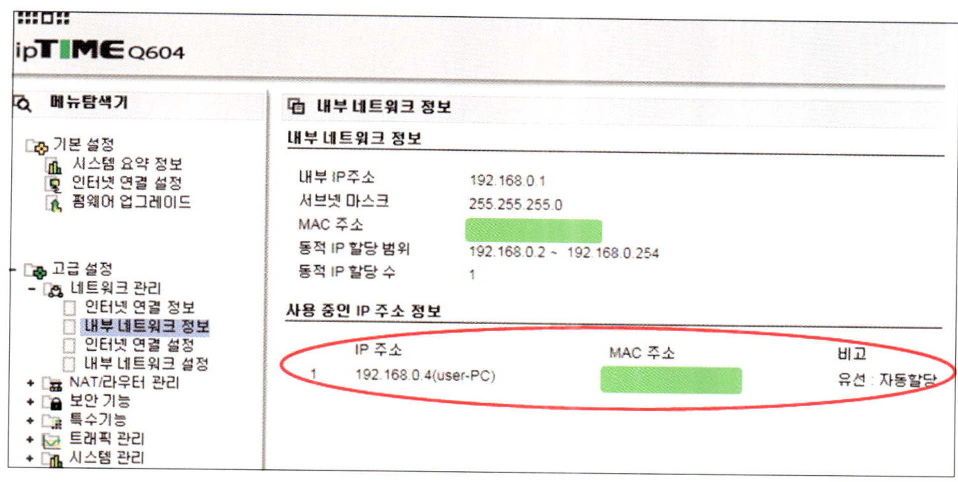

<그림 6-4> 이더넷 모듈 연결확인

이렇게 공유기에 연결되면 웹브라우저를 열어 센서 모듈에서 오는 데이터를 확인할 수 있으며, 센서 모듈대신에 LED 모듈을 사용하면 원격으로 웹 브라우저를 열어 LED를 제어할 수 있습니다. <그림 6-5>를 보면 웹 브라우저를 열어 확인하는 것을 이해할 수 있을 것입니다. 공유기에 연결된 PC에서 웹 브라우저를 열어 주소창에 이더넷 모듈에 할당된 주소를 입력하여 연결하면 됩니다.

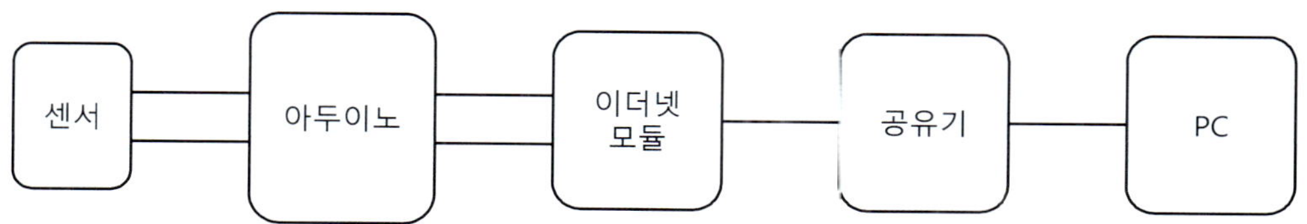

<그림 6-5> PC의 웹 브라우저 확인

여러분이 사용하고 있는 스마트 폰으로 센서 모듈의 데이터를 확인하려면 어떻게 하면 될까요? 다음 <그림 6-6>을 보면서 방법을 생각해 보세요.

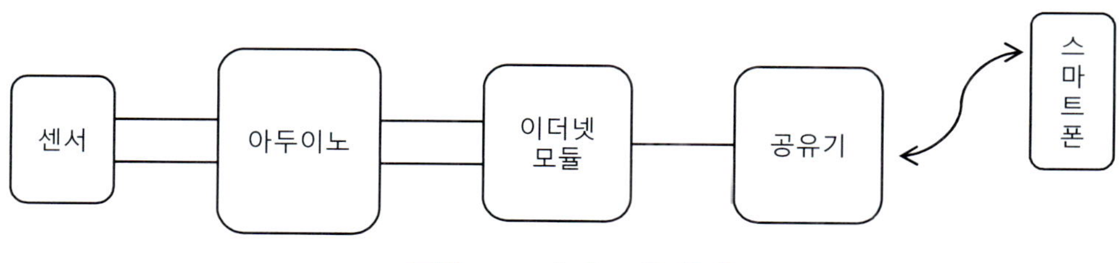

<그림 6-6> 스마트 폰 확인

이제 아이디어 생각나시죠? 맞습니다. 스마트 폰을 공유기에 와이파이로 접속하고, 스마트 폰의 웹 브라우저를 열어 주소창에 이더넷 모듈의 주소를 입력하면 센서 모듈로부터 받은 데이터를 볼 수 있습니다. 만일 LED모듈이라면 스마트폰으로 LED 상태를 점검할 수 있을 뿐만 아니라 LED 점멸 등 스마트 폰으로 LED를 제어할 수도 있습니다.

이제 공유기를 <그림 6-7>과 같이 인터넷에 연결하면, 여러분들이 외부에 있더라도 인터넷이 연결되기만 하면 센서 모듈에서 오는 데이터를 받을 수 있습니다. 그리고 이것을 홈 네트워크에 적용하면, 여러분이 회사에서 퇴근하면서 집에 있는 가전제품을 제어하여 냉난방기를 동작시킬 수 있습니다.

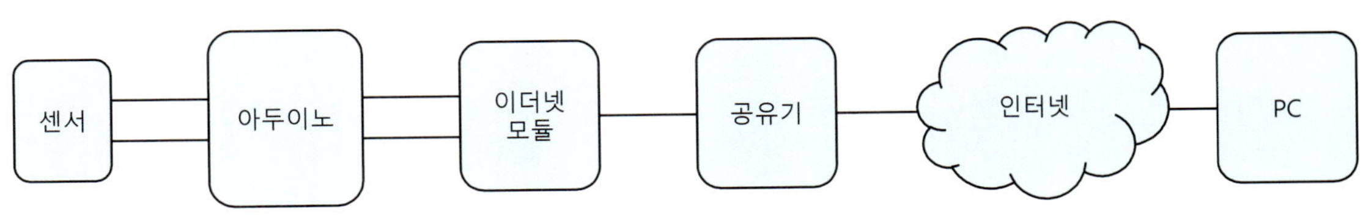

<그림 6-7> 인터넷을 통한 원격제어

6.4 이더넷 네트워킹

앞에서 근거리 통신망에서 가장 많이 사용하는 것이 이더넷이라고 설명하였는데, 유선 이더넷과 무선 이더넷이 모두 가능하기 때문에 현재 가장 많이 사용하는 것은 유선과 무선을 복합하여 통신망을 구축하는 방법입니다. 개인적으로 구축하기에 어려운 점이 많을 것이라 생각할 수 있지만, 실제로는 네트워크 구축이나 설치가 어렵지 않습니다. 예를 들어, 여러분들이 집에서 사용하는 유무선 공유기를 생각하면 간단합니다. 유무선 공유기를 사용하여 집에서 컴퓨터를 연결하는 것을 어려워하는 사람은 드물 것입니다. 유선으로 장비를 연결하기 위해서는 포트에 정해진 케이블만 연결하면 되고, 무선으로 장비를 연결하기 위해서는 무선 랜 카드 드라이버를 설치만 하면 되니까요.

간단히 연결만 하면 된다고 말씀드렸는데, 그 이유는 모든 제품이 표준에 맞추어 만들어지기 때문입니다. 제품의 설명서에는 어떤 표준을 따른 다는 내용이 명시되어 있습니다. IEEE802라는 표준을 들어 보셨나요?

IEEE는 미국 전기전자기술자협회(IEEE, Institute of Electrical and Electronics Engineers)를 말하고, 802는 표준화를 진행하는 분야를 구분하기 위한 숫자입니다. IEEE802 표준은 IEEE802 위원회가 근거리 통신망 기술에 대한 국제 표준사항을 결정한 것으로, IEEE802 위원회에서 표준으로 의결한 사항은 국제표준화기구(ISO, International Standard Organization)의 심의를 거처 국제표준으로 정해집니다.

IEEE802라는 표시가 있으면 그것은 모두 근거리 통신망 기술과 관련한 표준이라 생각하면 됩니다. 예를 들어, IEEE802.3과 IEEE802.11 모두 근거리 통신망을 구축하는 기술과 관련한 표준이 됩니다. 참고로 IEEE802.3은 유선 랜 기술 표준과 관련이 있고, IEEE802.11은 무선 랜 기술 표준과 관련이 있습니다.

그런데 통신모듈을 사물에 연결만 한다고 동작하는 것은 아니고요, 이것을 동작시키기 위해 드라이버라는 소프트웨어를 설치해 주어야 합니다. 통신모듈이 하드웨어를 동작시키는 소프트웨어가 바로 드라이버라는 것입니다. 컴퓨터를 사용하면서 드라이버라는 말 많이 들어 보셨지요?

집에서 컴퓨터에 프린터를 연결해서 많이 사용하시죠? 프린터라는 하드웨어를 컴퓨터에 연결만 하면 프린트가 됩니까? 그렇지 않죠? 해당되는 프린터 드라이버를 컴퓨터에 설치해주어야 프린터로 출력이 가능하지요? 현재 작업하던 문서를 프린터로 출력하기 위하여 프린트 아이콘을 클릭하면, 프린터 드라이버가 출력하고자 하는 내용을 순서대로 프린터로 내보내는 역할을 하는 것이지요. 프린트하다가 용지가 걸리면 어떻게 되나요? 곧바로 용지 걸림을 인지하고 프린트 작업을 중단하고 컴퓨터 화면에 그 사실을 알려 주지요? 누가 이런 작업을 하겠습니까? 바로 프린터 드라이버가 합니다. 이제 드라이버가 어떤 것인지 알겠지요?

마찬가지로 통신모듈 드라이버는 전송할 데이터가 있으면 메모리에 순서대로 저장해 두었다가, 약속된 크기의 데이터로 만들고, 필요한 제어 정보를 추가하여 전송합니다. 그리고 상대방으로부터 데이터가 도착하면 수신 메모리에 일단 저장하고, 저장된 데이터에 오류가 있는지 확인해서 오류가 있으면, 수신한 데이터를 폐기하고 데이터를 송신한 상대방에게 오류가 발생했다는 사실을 통보하며, 오류가 없으면 수신한 데이터를 컴퓨터에 보내서 뒤처리를 부탁합니다.

어떤 하드웨어도 필요한 드라이버 프로그램이 없으면 동작할 수 없습니다. 그런데 이 드라이버 프로그램은 어디에 설치되어 있을까요?

온도 센서를 설계할 때 마이크로컴퓨터가 필요하다고 이야기 했었지요? 마이크로컴퓨터는 온도 센서로부터 현재 온도를 알아내어 디스플레이에 표시하고, 주변장치를 동작시키고, 관리자에게 현재 온도나 동작상태를 통보해주며, 다른 사물이나 센서와 데이터를 주고 받으면서 일련의 과정을 총괄합니다.

결국 모든 동작과정을 마이크로컴퓨터가 제어하기 때문에 드라이버 프로그램도 이 마이크로컴퓨터에 설치되어야 합니다. 마이크로컴퓨터에서 이런 모든 과정을 총괄하는 것을 운영체제(OS, Operating System)라고 합니다. 갑자기 운영체제라는 전문용어가 또 나오니까 당황하셨어요? 그렇지만 윈도우는 많이 들어 보셨지요? 여러분들이 집에서 인터넷에 접속하거나 문서작업에 사용하는 컴퓨터를 움직이는 것이 바로 마이크로소프트 사의 윈도우지요. 이 윈도우 운영체제가 하드웨어를 제어하는 드라이버 프로그램과 연동하여 외부 장치와의 통신이 이루어지는 것입니다.

그렇다면 사물인터넷에 연결되는 모든 사물에 윈도우가 설치되어야 하나요? 사물의 동작을 총괄하는 내용이나 기능이 복잡하면 복잡할수록 크고 복잡한 운영체제가 필요한 것은 당연하겠지요? 그리고 크고 복잡한 운영체제는 그만큼 사이즈가 큰 프로그램으로 구성될 것입니다.

어떤 프로그램은 100라인으로 되어있고, 어떤 프로그램은 500라인으로 되어있다면 어떤 프로그램이 더 크고 복잡한 것이겠습니까? 당연히 500라인으로 되어있는 프로그램이겠지요? 일반적으로 사물인터넷에 연결되는 센서는 동작이 간단하기 때문에 운영체제도 간단한 프로그램으로 구성되어 있을 것입니다. 프로그램 크기가 작으면 실행속도가 빠를 것이기 때문에 무게가 가벼운 운영체제라고 표현하기도 합니다. 과체중인 사람은 상대적으로 행동이 느린 경우가 많다고 생각하지요? 그래서 운영체제도 무겁다거나 가볍다고 표현합니다. 같은 기능을 수행하는 프로그램이라면 사이즈가 작은 가벼운 프로그램이 실행속도가 빠를 테니까요.

운영체제라고 표현했지만 상대방과 통신하려면 프로토콜 스텍이라는 별도의 프로그램이 필요합니다. 인터넷에서 가장 많이 사용하는 프로토콜은 TCP/IP라는 것이고, 이 프로토콜을 프로그램으로 구현해서 컴퓨터에 설치해 놓은 것이 바로 프로토콜 스텍입니다. 이 프로토콜 스텍이 운영체제와 연동하면서 사물 사이의 통신을 제어합니다.

[제 7 장]

사물인터넷 관련 기반 기술

7.1 클라우드와 빅데이터

클라우드(Cloud)는 아래 <그림 7-1>과 같이 구름을 뜻하는 것은 다 아시죠? 그런데, 정보통신 네트워크에서는 인터넷을 포함한 전체 네트워크를 의미하는 기호 또는 심벌로 사용됩니다. 전체 네트워크를 어떤 한 가지 모양으로 정의하거나 표현하는 것이 어려우므로 구름 모양으로 표현한 것이지요.

<그림 7-1> 클라우드

이 구름 모양의 네트워크에 <그림 7-2>와 같이 두 대 이상의 서로 다른 컴퓨터가 언제, 어디서나 통신할 수 있도록 연결하는 것에 초점을 두고 생각해보면, 클라우드는 하나의 장비가 아니라 통신 프로토콜에 의해 수없이 많은 데이터를 송수신하는 다양한 네트워크 장비들의 총 집합이 됩니다.

<그림 7-2> 클라우드 네트워크

이제 클라우드를 사물인터넷과 연결시켜 보겠습니다. 사물인터넷에 연결되는 각각의 사물들은 네트워크에 연결하기 위하여 <그림 7-3>과 같이 게이트웨이를 통합니다. 물론 사물이 네트워크에 직접 연결할 수 있는 기능(프로토콜 스텍과 통신모듈이 필요)을 가지고 있으면 게이트웨이를 통하지 않아도 됩니다만, 초소형 센서와 같은 장치들은 그런 기능이 없습니다. 그런 기능을 장착하기 위해서는 단가가 높아지기 때문이겠죠?

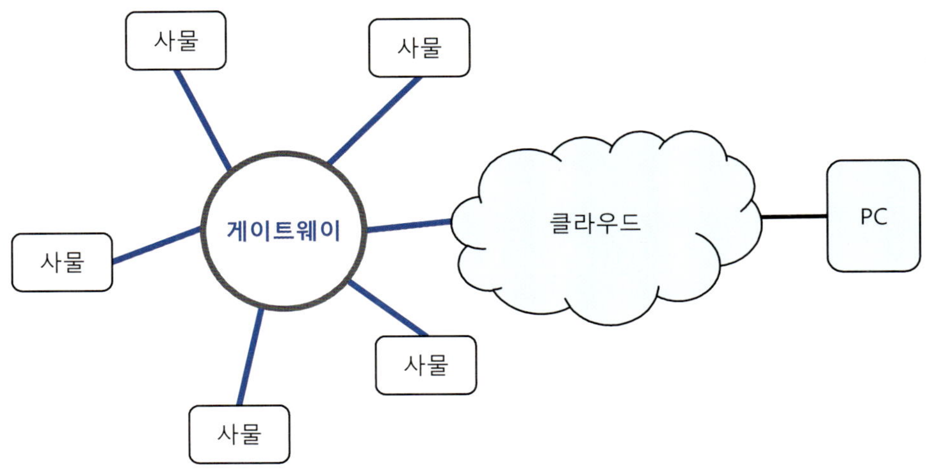

<그림 7-3> 사물인터넷과 클라우드

지금은 사물인터넷과 연결된 클라우드의 의미가 확대되어 다양한 네트워크 장비에 인공지능을 포함한 여러 가지 응용 소프트웨어와 콘텐츠를 저장해 놓은 대형 서버 컴퓨터, 다양한 데이터베이스가 결합된 시스템으로 볼 수 있습니다.

이런 클라우드를 활용할 수 있는 방법은 무엇이 있을까요? 클라우드 서비스(Cloud Service)라는 말을 들어 보셨어요? 예를 들어 클라우드 내부 어딘가에 있는 서버 컴퓨터에 인터넷으로 접속하여 보고 싶은 드라마나 영화를 언제든지 볼 수 있게 해주는 서비스입니다. 그리고 여러분이 업무에 필요한 자료들을 클라우드에 저장해 놓았다가 필요할 때 언제든지 내려 받아 사용하는 서비스입니다. 대단히 편리하겠지요? 시간과 장소에 구애받지 않고 원하는 것을 얻을 수 있고, 업무도 처리할 수 있을 테니까요. 비용은 어떨까요? 비용도 매우 저렴할 것입니다. 고성능의 하드웨어와 수많은 소프트웨어를 여러분이 직접 구매하는 것이 아니라 월 단위 또는 시간 단위 등으로 사용료만 지불하면 되니까요. 그리고 여러분의 개인정보에 대한 불법 해킹에 대비하여 수시로 소프트웨어를 업그레이드 하거나, 성능향상을 위하여 하드웨어를 교체할 필요도 없습니다. 클라우드를 운영하는 회사가 알아서 최고의 성능을 발휘할 수 있는 환경을 계속 유지할 테니까요.

클라우드 컴퓨팅(Cloud Computing)은 인터넷을 기반으로 하는 컴퓨팅 기술로서 개인 단말기를 포함한 사물에서는 정보의 입출력 작업을 하고, 정보의 저장, 관리, 분석, 처리 등은 클라우드라는 인터넷 공간에서 수행하는 웹 기반의 컴퓨팅 환경입니다. 모든 사물은 인터넷 공간 어딘가에 있는 클라우드와 연결되어 있으므로 사물에서 수시로 발생하는 데이터는 연결된 클라우드에 저장되고, 그 저장된 데이터는 필요할 때 사용할 수 있습니다. 물론 사물에도 저장장치가 있기 때문에 사물 자체에도 데이터를 저장하지만, 저장장치의 크기에 제한이 있기 때문에 클라우드에 있는 더 많은 정보를 활용하는 것이 합리적입니다.

클라우드에 연결된 모든 사물은 모든 정보를 클라우드에 빅 데이터로 저장하고 서로 공유하고 학습할 수 있습니다. 그리고 데이터 마이닝(Data Mining)을 통하여 클라우드에 저장된 빅 데이터로 부터 의미 있는 정보를 뽑아내고, 그 결과를 그래픽으로 보여줌으로써 전략적 판단을 신속하게 할 수 있는 환경을 만들 수 있습니다. 스나이퍼(Sniper)는 목표물을 정확이 조준하여 맞추는 저격수를 뜻합니다. 데이터 마이닝을 통하여 빅 데이터로부터 꼭 필요한 정보를 정확히 추출할 수 있는 스나이퍼 소프트웨어가 필요한 시대입니다.

여기서 빅 데이터는 크기가 큰 데이터를 의미하는 것입니다. 사물인터넷(IoT, Internet of Things)은 모든 사물들이 인터넷을 통하여 연결되는 것을 말하고, 인터넷으로 연결된 모든 사물들은 수시로 데이터를 발생시키고 이 데이터를 모아 놓은 것이 빅 데이터입니다. 무인비행물체 드론을 아시죠? 드론도 하나의 사물이고 객체입니다. 내부에 각종 센서와 마이크로컴퓨터가 내장되어 있는 아주 똑똑한 사물(SO, Smart Object)이죠. 대기의 온도와 습도를 측정하는 목적을 가지고 있는 드론을 생각해 봅시다. 드론은 공중을 비행하면서 대기의 온도와 습도를 측정하여 지상이나 어느 특정한 곳에 위치해 있는 관제센터에 전송할 것입니다 온도와 습도뿐만 아니라 측정한 시간과 위치까지 전송할 것입니다. 이렇게 실시간으로 쌓이는 데이터들은 지금 바로 사용할 수도 있고, 수년간 데이터를 축적해 두었다가 어떤 국가적 정책에 활용할 수도 있을 것입니다. 이런 데이터들을 수년간 모아 놓으면 데이터의 양은 어마어마할 것입니다. 이런 것을 빅 데이터라고 부르는 것입니다.

카오스(Chaos)는 무질서와 혼돈이라는 뜻을 그 안에 품고 있습니다. 정보기술(IT) 분야에서 뜨거운 이슈가 되고 있는 빅 데이터(Big Data)도 카오스적인 특성을 가지고 있다고 볼 수 있는데, 수없이 많은 종류의 데이터가 무질서하게 모여 있기 때문입니다. 여러 가지 데이터들이 혼돈스러운 모습으로 존재하는 빅 데이터를 클라우드 컴퓨팅을 통하여 그 속에 존재하는 질서와 조화를 파악하는 기술이 정보기술분야의 핵심이라고 볼 수 있겠습니다. 좌표와 방정식에 의하여 복잡한 행성의 움직임 속에 들어있는 질서를 파악하듯이 복잡한 데이터 속에 들어 있는 질서를 파악하고 미래에 일어날 수 있는 사건을 예측할 수 있는 것입니다.

클라우드에 연결되어 있는 사물이 기계 학습(Machine Learning)이 가능한 장치라고 가정하면, 하나의 사물에서 학습된 내용이 클라우드에 전송되고 클라우드에 함께 연결되어 있는 모든 사물이 학습된 내용을 활용하여 똑똑해 질 수 있겠지요. 사물이 기계 학습 능력을 갖추려면 그만큼 컴퓨팅 능력이 우수한 시스템이어야 하므로 사물의 가격이 올라갈 것이므로, 클라우드가 기계 학습을 하고 클라우드에 연결된 사물은 학습한 결과만을 활용할 수 있도록 하는 것이 유리할 것입니다.

사물인터넷과 클라우드 컴퓨팅을 사용하여 환경오염 감시나 개인 맞춤형 정보제공이 가능하도록 하려면 어떤 방법이 있을까요? 사회 변화를 추진하기 위한 원동력으로 활용하기 위한 무한 변신이 기대됩니다.

수질의 지표로 사용되는 것이 용존산소량이라는 것은 여러분 모두 잘 알고 있을 것입니다. 감시원이 일일이 찾아다니며 측정하기에는 많은 시간과 인력이 필요하기 때문에 용존산소량 측정 장치를 설치하고 무선 네트워크로 연결하여 사물인터넷을 구축한다면 수질 오염이 발생된 곳을 신속히 파악하고 정밀조사와 대책을 마련함으로써 효율적인 환경오염 대응 체계를 구축할 수 있을 것입니다.

기능은 많고, 가격은 저렴하고, 사용하기 편리한 사물인터넷과 클라우드 컴퓨팅 시스템을 구축할 수 있다면 모든 사람이 복지혜택을 마음껏 누리는 행복한 사회를 구현할 수 있을 것입니다. 새로운 기술을 만드는 궁극적 목적은 사람의 행복이 되어야 할 것입니다.

7.2 플랫폼

이번에는 플랫폼(Platform)에 대하여 설명하겠습니다. 여러분도 잘 알고 있듯이 차를 타고 내리는 곳, 즉 승강장이 바로 플랫폼이죠. 그런데 사물인터넷을 설명하면서 플랫폼을 말하는 이유는 뭘까요? 사실은 사물인터넷만 관련되는 것은 아니고, 정보통신 분야의 모든 비즈니스의 중요한 트랜드가 바로 플랫폼이기 때문에 설명하려고 하는 것입니다. 요즈음에는 플랫폼이 워낙 광범위하게 사용되기 때문에 모든 것을 언급할 수는 없다는 것을 이해해 주세요.

컴퓨팅 플랫폼(Computing Platform)은 응용 프로그램이 동작 가능한 하드웨어와 소프트웨어의 결합이라고 할 수 있습니다. 우리들에게 매우 친숙한 마이크로소프트의 윈도우가 바로 컴퓨팅 플랫폼입니다. 컴퓨팅이라고 해서 사칙연산과 같은 계산만 하는 것은 아니고, 윈도우 환경에서 아래 한글로 문서를 편집하고, 파워포인트로 발표 자료를 만들고, 인터넷으로 멀리 떨어져 있는 친구들과 전략 시뮬레이션 게임을 하는 것 등을 모두 포함하는 것입니다.

윈도우 환경에서 할 수 있는 것이 많으면 많을수록 마이크로소프트는 마케팅에 신경을 쓰지 않아도 사용자의 입을 통해 소문이 퍼져 회사의 매출은 저절로 증가하게 될 것입니다. 이게 바로 플랫폼 비즈니스의 핵심입니다. 시장에서 경쟁사를 물리치고 자사 제품의 판매량을 꾸준히 늘리기 위하여 얼마나 많은 비용과 노력을 해야 하는지 아시죠? 플랫폼만 잘 만들어 놓으면 많은 사람들이 플랫폼으로 들어올 것이고, 사람들의 입소문으로 더 많은 사람들이 플랫폼으로 들어오게 되고, 회사의 매출은 저절로 신장될 것입니다.

플랫폼을 놀이터라고 생각하면 어떨까요? 우연한 기회에 길을 가다가 어떤 놀이터가 보이기에 시간도 조금 여유가 있어 들어갑니다. 입장료도 공짜구요. 들어가 보니 컴퓨터 게임도 할 수 있고, 지나간 영화나 드라마도 볼 수 있고, 편안히 앉아서 음악도 감상할 수 있습니다. 여러분이 짧은 여유시간이었지만 그 놀이터에서 시간을 보냈고, 단순히 시간만 보낸 것이 아니라 즐기고 나왔다면, 다음에 또 가고 싶을 것이고, 친구들에게 같이 가자고 권하겠지요? 그렇게 되면 그 놀이터를 만든 사람은 속된 표현으로 대박을 칠 것입니다. 입장료가 공짠 데, 돈을 어떻게 벌어 대박을 치겠습니까?

사람들이 많이 몰리는 곳은 돈이 많이 모이게 되어 있습니다. 일단 먹거리를 팔아서 대박을 치겠지요. 놀이터를 만든 사람이 음식을 만들어 파는 것이 아니라 음식을 만드는 식당을 유치하고, 식당으로부터 임대료를 받는 것이지요. 식당을 유치한다기 보다는 들어오려는 식당이 많을 테니까, 임대료를 많이 낼 수 있는 식당을 골라서 놀이터에서 식당을 운영하는 것을 허락하는 것입니다. 그리고 사람들이 많이 모이는 곳에서는 의류매장도 잘 운영이 되겠지요. 그러면 의류매장에서도 비싼 임대료를 받을 수 있을 거예요. 여러분, 이런 놀이터에서 운영하고 싶은 가게들이 막 떠오르지요? 호프집은 어때요? 화장품 가게는 어때요?

입소문이 나서 사람들이 많이 몰리면, 놀이터를 처음 만들 때는 생각도 못했던 사업 아이템을 만들어서 찾아오는 사람도 생기게 되고, 놀이터에서는 더더욱 많은 수익이 발생하게 될 것입니다.

놀이터와 식당을 이야기 하니, 여러 놀이 시설과 각종 매장이 있는 넓은 공간을 플랫폼으로 생각하실 거예요. 그런데 정보통신이 주류를 이루는 현대사회에서는 유무선 네트워크로 연결된 온라인 플랫폼을 생각하셔야 해요.

인공지능의 발달로 단순 반복적인 직업은 사라지고, 인간의 창의력이 필요한 직업만 남게 될 것입니다. 인공지능에 일자리를 빼앗기지 않으려면 무엇보다 창의력을 발휘할 수 있도록 교육을 해야 할 것입니다. 그러면 어떤 플랫폼이 필요하겠습니까? 여러분은 어떤 플랫폼을 만들겠습니까? 이왕 만들 생각이면 뭔가 대박을 칠 수 있는 플랫폼을 만들어야 하겠지요?

'창의력 향상 교육 플랫폼'은 어때요? 대박의 냄새가 폴폴 풍기지 않나요? 만약 여러분이 지구상의 모든 사물을 연결하여 어떤 분야의 창의적 교육이든 개인 맞춤형으로 제공할 수 있는 만능의 인공지능 플랫폼을 만들 수 있다면, 세계 최고의 부자가 되는 것은 당연할 것이고, 세계를 지배하는 전지전능의 신적 존재가 될 수 있을 것입니다.

그러면 사물인터넷 플랫폼은 무엇일까요? 모든 사물이 인터넷에 연결되어 있으므로 인터넷에 연결된 모든 기기를 통합해서 관리할 수 있는 시스템이라 할 수 있습니다. 이런 시스템을 만들어 놓으면, <그림 7-4>와 같이 원격으로 PC 또는 스마트 폰으로 플랫폼에 연결되어 있는 모든 사물들을 조정할 수가 있습니다. 그리고 모든 사물에서 발생하는 데이터를 이 시스템과 연결되어 있는 서버(클라우드)에 빅데이터로 저장하고, 데이터 처리를 통하여 유용한 정보를 만들어 낼 수 있습니다. 정보기술 분야에 진출한 회사들은 사물인터넷 플랫폼을 선점하기 위하여 개발에 박차를 가하고 있는데, 만약 이 분야를 주도하게 되면 세계를 지배할 수 있는 회사가 될 것입니다.

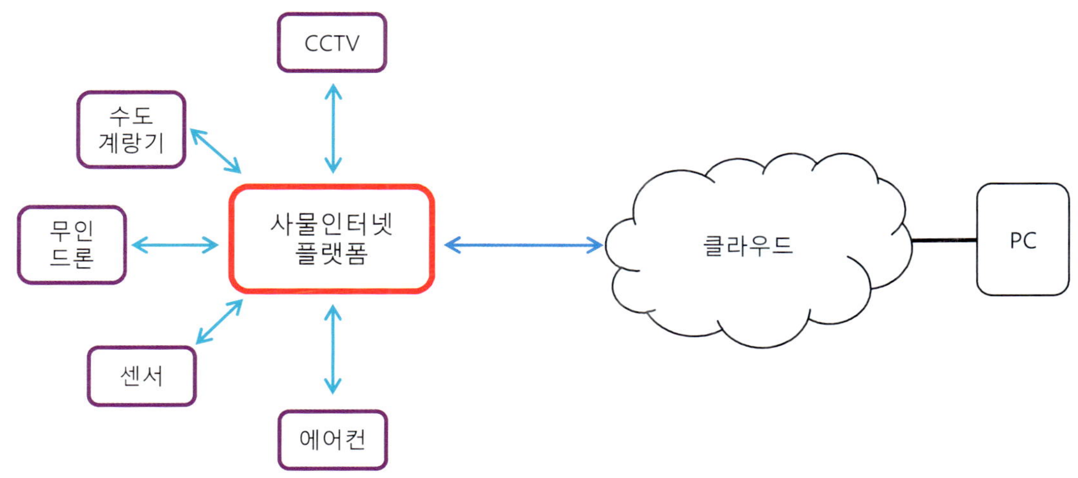

<그림 7-4> 사물인터넷 플랫폼

7.3 보안

7.3.1 보안 인증

사물인터넷은 네트워크로 연결하는 것이 기본입니다. 이렇게 사물들이 서로 네트워크로 연결되면 데이터를 주고받는 것이 쉬워지므로 다양한 응용분야가 만들어 지게 됩니다. 그런데 네트워크를 통해 외부의 특정인이 허가없이 나쁜 의도를 가지고 부정적으로 침입하거나, 통신 중에 데이터를 가로채서 내용을 변경할 수 있으며, 컴퓨터 바이러스에 감염시켜 사물인터넷에 연결되어 있는 사물들이 오동작을 하도록 할 수도 있으므로 이것에 대한 보안 대책을 마련해야만 합니다.

가장 먼저 해야 할 일은 허가된 사람이나 사물만 접속할 수 있도록 인증(Authentication)을 강화하는 것입니다. 사물인터넷에서 어떤 방법이 가장 좋은 것인지 네트워크 환경마다 다르므로 일반적인 내용에 대하여 설명하도록 하겠습니다. 현재 인증을 위하여 많이 사용하는 방법인 PPP(Point to Point Protocol)를 예를 들어 설명함으로써 여러분이 인증에 대하여 개념을 이해하도록 돕겠습니다.

PPP는 두 대의 컴퓨터가 데이터를 송수신하는 데 사용하는 프로토콜입니다. 특히 서버 컴퓨터에 연결하는 클라이언트 컴퓨터에서 많이 사용합니다. PPP의 대표적 인증방법에는 PAP(Password Authentication Protocol)과 CHAP(Challenge Handshake Authentication Protocol)이 있습니다.

PAP은 접속을 요구하는 측이 아이디와 패스워드를 보내면, 접속을 요구받은 상대방은 자신이 가지고 있는 아이디와 패스워드 자료를 비교해 맞으면 접속을 허가하는 방법입니다. PAP은 간단하다는 장점이 있지만, 아이디와 패스워드가 암호화되지 않은 글자(Clear Text) 그대로 전송되기 때문에 다른 사람에게 도용될 가능성이 매우 크다는 단점이 있습니다.

CHAP는 PAP보다 보안을 강화한 방식입니다. 접속을 요구하면, 접속을 요구하는 측에 챌린지(Challenge) 값을 보내서 아이디와 패스워드를 챌린지 값으로 암호화하여 보내도록 합니다. 이렇게 암호화되어 도착한 아이디와 패스워드를 자신이 가지고 있는 아이디와 패스워드를 같은 방법으로 암호화하여 일치하는 지 확인하여 일치하면 인증을 마치고 접속을 허가하는 방법입니다. 현재 유선으로 연결하는 방법에서는 가장 신뢰성이 있는 방법이라 볼 수 있습니다.

무선인 경우에는 보안에 취약하기 때문에 더욱더 인증에 신경을 써야 합니다. 현재 와이파이라고 하는 무선랜에서 많이 사용하는 인증방법은 크게 고정된 키 값을 사용하는 방법과 동적으로 변하는 키 값을 사용하는 방법으로 나눌 수 있습니다. 고정된 키 값을 사용하는 방법은 WEP(Wired Equivalent Privacy)로서 가장 먼저 나온 방법으로 단순한 방법이라 할 수 있습니다. 고정된 키 값을 사용하므로 관리자가 계속 변경하지 않으면 이 키 값이 다른 사람에게 노출될 위험이 있습니다. 동적으로 변하는 키 값을 사용하는 방법은 WPA PSK와 WPA2 PSK입니다.

WPA(Wi-Fi Protected Access)는 와이파이 협회에서 만들어진 것으로 사전 공유 키(PSK, Pre Shared Key)로 인증을 수행합니다. WPA2 PSK는 사전 공유 키로 인증을 하는 것은 WPA PSK와 동일하지만 암호화 방법을 강화한 것이라 생각하면 될 것입니다. WPA PSK는 TKIP(Temporal Key Integrity Protocol)로 암호화하고, WPA2 PSK는 AES(Advanced Encryption Standard)로 암호화합니다. 보다 자세한 설명은 생략하겠습니다. 그리고 사전 공유 키 값도 동적으로 변하기 때문에 보안이 강화된 것입니다.

7.3.2 암호화 개념

사물인터넷에서 아스키코드로 표현된 데이터를 상대에게 전송할 때 한 가지 문제가 발생할 수 있습니다. 데이터를 전기 신호로 변환하여 전송하기 때문에 전자파 수신 장치만 있으면 누구든지 전송한 데이터를 가로채서 내용을 훔쳐볼 수 있습니다. 무선으로 데이터를 전송하는 경우에는 더욱더 쉽게 다른 사람에게 노출됩니다. 이런 문제를 해결하기 위해서는 <그림 7-5>와 같이 데이터를 전송하기 전에 암호화(Encryption)를 해야 합니다. 그리고 데이터를 수신한 후에는 다시 복호화(Decryption)를 해야 합니다.

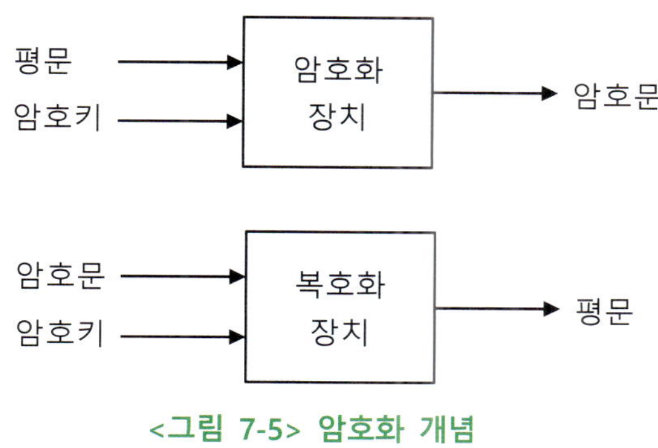

<그림 7-5> 암호화 개념

데이터의 암호화 방법은 여러 가지가 있지만, 여기서는 간단한 방법을 사용해서 설명하겠습니다. 여러 가지 논리게이트 중에서 XOR 게이트를 사용하는 방법입니다. XOR 게이트의 연산기호는 ⊕를 사용합니다. XOR 게이트의 입력이 A와 B이고 출력이 F라면, 입력과 출력과의 관계는 'F = A ⊕ B'로 표현합니다. XOR 게이트의 그림과 2진 데이터의 입력과 출력의 관계를 표시하면 다음 <그림 7-6>과 같습니다.

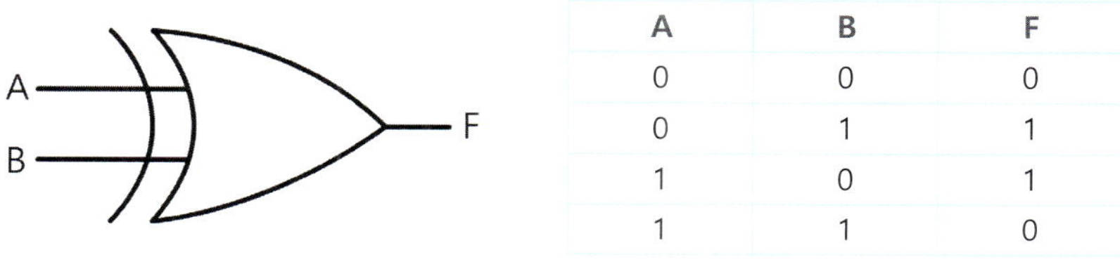

A	B	F
0	0	0
0	1	1
1	0	1
1	1	0

<그림 7-6> XOR 게이트

전송하려는 데이터는 측정된 온도 20이라는 숫자입니다. 물론 아스키코드로 보내야 하니까 2는 '0110010'으로, 0은 '0110000'으로 보내야 하지요. 이것을 그대로 보내면 다른 사람에게 노출될 위험이 있으니까, XOR 게이트로 암호화하려고 합니다. 암호화를 위해서는 나만 알고 있는 암호키를 결정해야 하는데, 무엇으로 할까요? 7비트로 표현할 수 있는 아스키코드 중에서 아무거나 결정하면 됩니다.

아스키코드의 맨 마지막 글자인 '1111111'을 암호키로 사용하기로 하겠습니다. <그림 7-7>과 같이 전송하고자 하는 2와 암호 키를 XOR 연산한 결과 'F = A ⊕ B'는 '1001101'이므로 아스키코드로 L이 됩니다. 즉, 2를 전송하는 대신에 L을 전송하게 되는 것입니다. XOR게이트는 2진 데이터 1비트만을 연산할 수 있으므로 7비트를 암호화하려면 7개가 필요합니다. 암호화하는 과정은 논리 게이트를 사용하여 하드웨어로 만들 수도 있고, 소프트웨어인 컴퓨터 프로그램으로 만들 수도 있습니다.

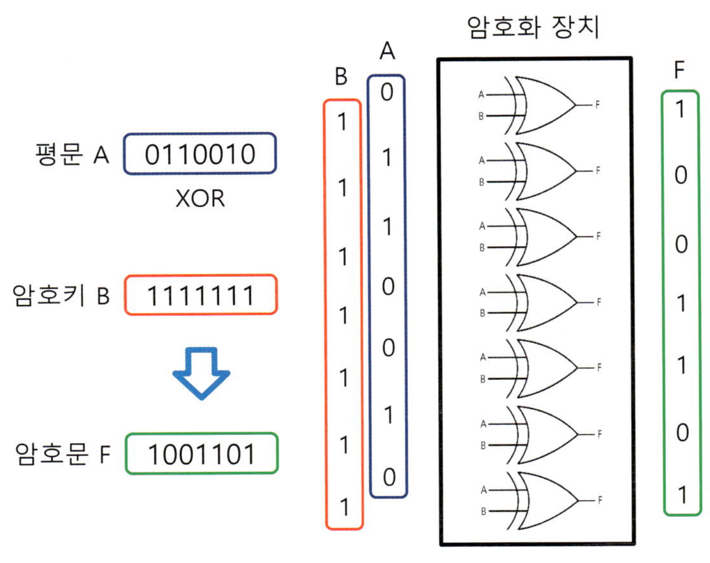

<그림 7-7> 암호화

L을 수신한 후에는 다시 암호문을 풀어서 원래 값 2를 복원해야 하는데, 어떤 방법이 있을까요? 다음 <그림 7-8>과 같이 수신한 값을 같은 암호키로 XOR연산하면 됩니다.

그런데 암호화 방법이 너무 단순하지 않아요? 네, 맞습니다. 너무 단순한 방법이죠? 이런 방법이라면 금방 암호 키를 알아낼 수 있습니다. 앞에서도 말했지만 암호화를 설명하기 위해서 예를 든 방법이고, 실제로는 암호 키도 보통 128비트 이상이며, 이 암호 키도 수시로 변경함으로써 타인에게 노출되는 것을 방지하고 있습니다. 암호화에 대한 더 자세한 설명은 생략하겠습니다. 궁금한 내용은 여러분들 각자가 자료를 찾아 공부하시기 바랍니다.

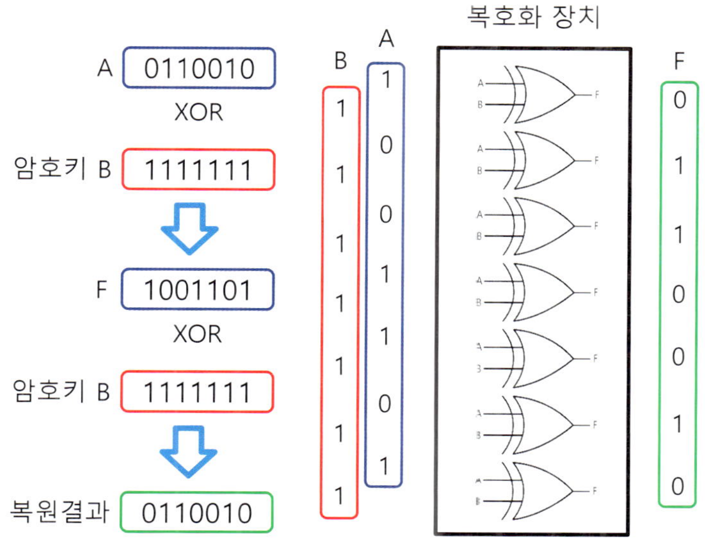

<그림 7-8> 복호화

7.3.3 해킹

앞으로 사물인터넷이 대세가 되어 거의 모든 사물들이 연결되는 초연결사회가 되면 불법으로 다른 장치에 침입하여 해킹(Hacking)이라는 범죄를 저지르는 경우가 많이 발생할 것입니다. 아무리 인증 방법과 암호화 방법을 고도화하더라도 그에 대응하여 그것을 무력화시키는 방법들을 만들어 내는 해커(Hacker)들은 늘 나타나게 마련입니다.

해커가 어떤 사람인지 잘 아시죠? 올빼미처럼 낮 시간 동안에는 활동하지 않고 있다가 남들이 잠든 밤에 컴퓨터 앞에 앉아 네트워크를 통하여 이곳저곳에 있는 컴퓨터 시스템을 돌아다니며, 저장되어 있는 비밀 정보를 엿보거나 파괴하며, 다른 컴퓨터를 공격하는 수단으로 사용하기도 하는 범죄자들이지요. 일반 회사라면 직원들의 급여 관련 정보와 고객 회사와의 영업정보가 컴퓨터 시스템에 저장될 것이고, 병원이라면 환자들의 의료기록이나 임상정보들이 시스템에 저장되어 있을 것이고, 신문사라면 각종 취재 기사와 특정한 광고주의 이름과 주소가 시스템에 저장될 것이며, 군 기관이라면 중요한 작전 정보와 적대국의 군 동향 보고내용 등이 시스템에 저장되어 있을 것입니다. 이렇게 중요한 정보를 저장하고 있는 컴퓨터 시스템에 해커가 네트워크를 통하여 침입하여 정보를 빼가거나 정보를 파괴한다면 어떻게 되겠습니까? 끔직한 일입니다. 정보 시스템을 지키려는 사람과 침입하려는 해커와의 싸움을 창과 방패에 비유를 하지요. 창과 방패의 싸움은 끝이 없습니다.

해킹에 대비하는 방법으로 여러분의 컴퓨터에 설치되어 있는 방화벽을 생각해 볼 수 있습니다. 그런데 사물인터넷에 연결하는 사물들은 소형기기 들이 대부분이고, 내장되는 메모리도 용량이 작을 것입니다. 이런 소형기기에 제대로 만들어진 방화벽을 설치할 수 있을까요? 거의 불가능합니다. 반대로 제대로 된 방화벽을 설치하기 위하여 메모리 용량과 마이크로프로세서 성능을 높이고 초소형으로 장치를 개발하여 사물인터넷을 구축하면 비용이 상상할 수 없을 정도로 많이 들어갈 것입니다. 그리고 방화벽을 한 번 설치하는 것으로 끝나는 것이 아니고, 더 지능화되는 불법 침입을 방지하기 위하여 주기적으로 업데이트를 해야 합니다. 사물인터넷에 연결되어 있는 모든 사물들이 주기적으로 업데이트를 하는 경우, 그 많은 데이터 트래픽을 감당하려면 상상할 수 없을 정도의 큰 네트워크 대역폭이 필요할 것입니다. 또 천문학적으로 큰 비용이 들어 갈 것입니다.

결국 사물인터넷에 연결하는 사물들은 컴퓨팅파워가 약한 소형기기에 불과할 것이므로 보안에 취약할 수밖에 없습니다. 솔직히 현재로서는 사물인터넷에 연결되어 있는 기기를 해킹하는 것을 막을 수 있는 방법은 없다고 생각합니다. 앞으로 천재적인 화이트 해커(White Hacker)가 나타나 혁신적인 알고리즘을 개발하기를 기대할 수밖에 없습니다. 그런데 혁신적인 알고리즘을 개발했다고 하더라도 블랙 해커(Black Hacker)가 나타나 그것을 무력화시키는 해킹 방법을 만들어 낸다면 무용지물이 되겠지만요. 우리 모두들 희망을 가지고 행운을 빕시다. 화이트 해커가 블랙 해커를 이길 수 있는 세상이 오기를...

[제 8 장]

아두이노 보드의 동작방식

8.1 아두이노 보드 동작방식

8.1.1 아두이노(Arduino) 보드의 구성

우리가 사용할 아두이노 우노 보드에 대해서 살펴보도록 하겠습니다. 최근에는 아두이노(Arduino) 보드와 제누이노(Genuino) 보드라는 이름으로 판매되고 있지만 이름만 다를 뿐 동일한 보드입니다. 회사 내부의 복잡한 사정으로 인해 미국 내에서의 판매는 아두이노라는 이름으로 판매되고 그 외 국가에서는 제누이노라는 이름으로 팔고 있을 뿐입니다.

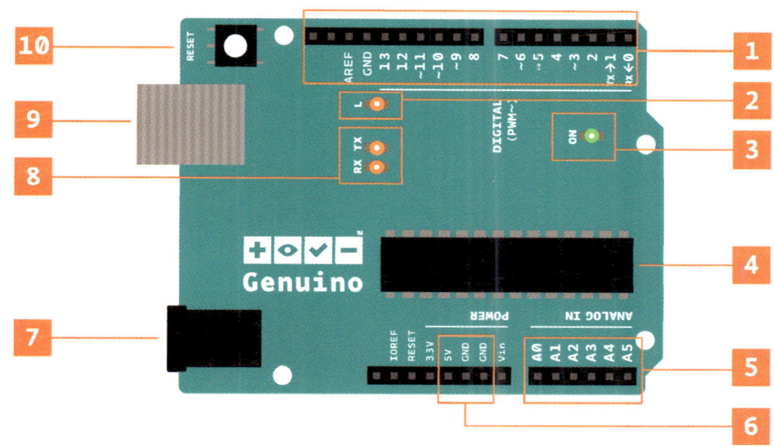

<그림 8-1> 제누이노(아두이노) 우노 보드 구성

1. 디지털 핀들

디지털 핀들은 디지털 입·출력 용으로 digitalRead(), digitalWrite(), 그리고 analogWrite() 명령(함수)들을 사용할 수 있는 핀들입니다. analogWrite() 명령은 PWM(Pulse With Modulation) 기능을 제공하는 핀들만 사용 가능합니다. 보드를 자세히 살펴보면 "~" 물결 표시가 되어 있는 핀들이 있을 것입니다. 이 핀들만 analogWrite() 명령을 사용할 수 있습니다. 아날로그와 PWM이 뭔지 잘 모르겠다고요? 뒤에서 자세한 설명이 나오고 있으니 지금은 가볍게 읽어주시면 되겠습니다.

2. LED연결 13번 핀

디지털 13번 핀과 연결되어 있고, 아두이노 우노보드에서 유일하게 ON/OFF 할 수 있는 LED입니다. 스케치 디버깅을 할 때 매우 유용하게 사용할 수 있습니다. 아두이노 개발환경의 예제 01. Basics에 들어 있는 Blink 스케치도 이 LED를 ON/OFF 시킵니다. 참고로 아두이노 우노보드를 처음 구입하여 동작 시켰을 때, 보드가 정상인지의 여부를 이 LED가 주기적으로 깜빡이는 것을 통해 확인할 수 있습니다.

3. 전원 LED

전원이 들어오고 있다는 것을 알려주는 LED입니다.

4. 중앙처리장치(CPU, ATmega Microcontroller)

보드의 두뇌라고 불리며 Atmel사의 ATmega328 혹은 ATmega328P MCU가 사용됩니다. 28핀의 DIP 타입이 사용되지만, 소켓 없이 보드에 바로 부착되는 SMD형태로 부착되어 있는 것도 있습니다.

5. 아날로그 입력 핀들

analogRead() 함수를 이용하여 입력 전압의 값들을 0~1023 사이의 값들로 읽어 들일 수 있는 아날로그 입력 핀들입니다. 아날로그 값들을 1024등분(분해능)하여 읽어 들일 수 있습니다. analog Reference() 함수를 사용하여 입력 전압을 DEFAULT, INTERNAL, EXTERNAL 등으로 설정하여 입력 전압 값을 보다 정확하게 측정할 수도 있습니다. 또한 아날로그 입력 핀들은 pinMode() 명령을 사용하여 디지털 입·출력 핀들로 사용할 수도 있습니다.

6. 그라운드(GND) 및 5V의 전원 핀들

아두이노 우노와 연결하여 사용할 보드나 부품들에 전원을 공급하기 위한 5V와 GND 핀들이 달려있으며, 3.3V도 사용할 수 있도록 3.3V 핀을 제공하고 있습니다.

7. 전원 컨넥터

전원 컨넥터에 12V 어댑터를 통해서 전원을 공급 받을 수 있으며 USB 포트로도 전원을 공급 받아 사용이 가능합니다.

8. 시리얼 통신 TX와 RX 표시LED

컴퓨터와 아두이노 보드 사이의 시리얼통신 상태를 나타내는 LED입니다. 스케치를 업로드 할 때 데이터를 주고받는 상황을 보여주는 용도로도 사용됩니다.

9. USB포트

컴퓨터와 시리얼 통신을 위한 선(Line)으로서 통신 이외에 전원 공급 및 여러분이 작성한 코딩 소스(스케치)를 아두이노 보드에 업로드 하는 용도로 사용됩니다.

10. 리셋 버튼

아두이노 보드를 초기화하는 버튼으로서 리셋버튼을 누르면 껐다 켠 것처럼 모든 것이 처음 상태에서 다시 시작됩니다.

8.1.2 아두이노 보드의 사양

아두이노 우노보드는 아래와 같은 사양으로 구성되어 있습니다. 아두이노는 5V로 동작되지만 전원 어댑터는 12V를 연결하도록 되어있습니다. 아두이노 보드에는 12V를 5V로 내려주는 레귤레이터라는 부품이 있기 때문에 12V 어댑터를 꼽아도 5V로 동작하게 됩니다.

<표 8-1> 아두이노 보드 사양

항 목	규 격
마이크로 컨트롤러(중앙처리장치)	ATmega328P
동작 전압	5V
입력 전압	7-12V
디지털 입·출력 핀	14
PWM 디지털 입·출력 핀	6
아날로그 입력핀	6
Flash Memory	32KB(이중에서 부트로드가 0.5 사용함)
SRAM	2KB
EEPROM	1KB
클록속도	16MHz
길이	68.6mm
너비	53.4mm
무게	25g

8.1.3 아두이노 보드의 동작방식

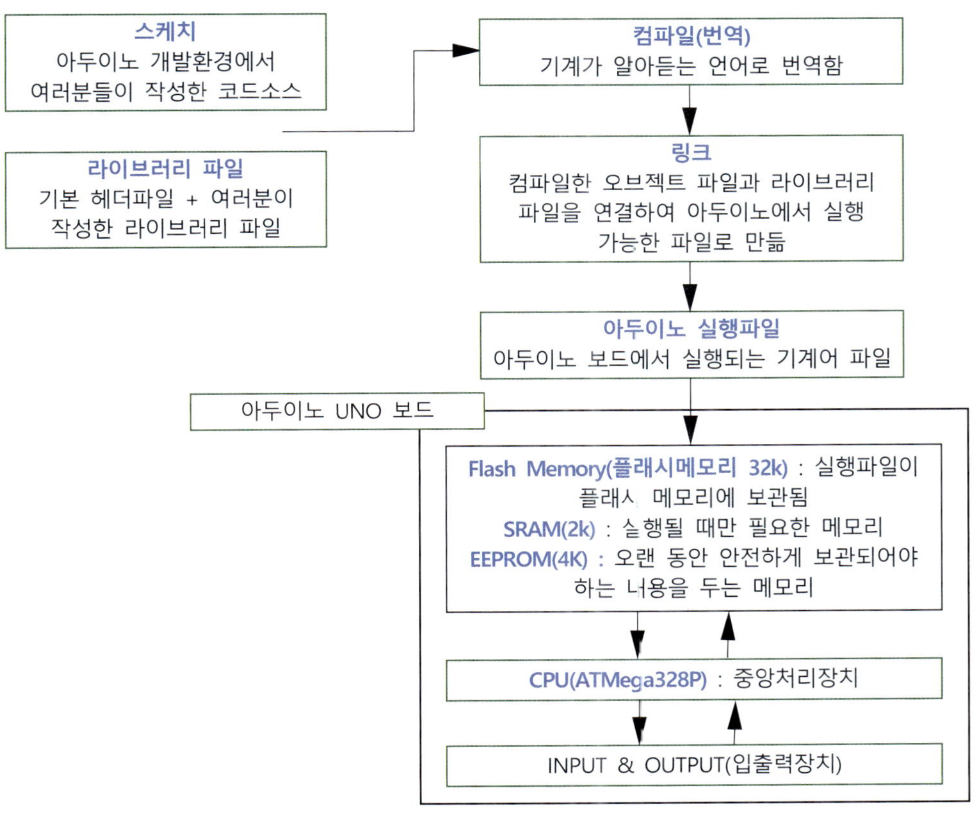

<그림 8-2> 아두이노 보드의 동작방식

위 그림에서 보듯이 아두이노 보드는 PC의 아두이노 개발환경을 통해서 여러분들이 원하는 기능을 코딩한 후에 업로드 아이콘을 누르면 가장 먼저 컴파일을 시작하여 기계가 알아듣는 기계언어로 변환된 오브젝트 파일이 만들어냅니다. 그 후, 오브젝트 파일과 여러 가지 라이브러리파일을 연결한 링크가 만들어진 다음에 아두이노 보드에서 실행 가능한 실행파일이 만들어지게 됩니다. 이렇게 만들어진 실행파일은 곧바로 아두이노 보드의 플래시메모리(Flash Memory)에 옮겨지고(업로드) 플래시메모리에 프로그램이 모두 옮겨진 후에는 여러분이 구현해 놓은 코드가 아두이노의 SRAM이라는 메모리에 올라가서 실행됩니다. 실행된다는 의미는 ATMega328P라는 8비트 중앙처리장치(CPU)가 전반적인 부분을 제어하며 각종 연산과 외부로부터 들어오는 신호를 입력을 받아 다양한 처리를 한 후 외부장치에게 신호를 보내는 등의 일을 한다는 것입니다.

아두이노 보드는 플래시메모리와 SRAM 그리고 EEPROM이라는 총 3가지의 메모리가 있습니다. 플래시메모리는 우리가 만든 코드의 실행파일이 보관되는 장소이며 아두이노 보드의 전원을 꺼도 그대로 보관되어 있기 때문에 아두이노 보드를 껐다 켜도 항상 같은 프로그램이 실행됩니다. 플래시메모리는 이렇게 실행파일이 보관되기도 하고 부트로더라는 것이 보관되는 장소이기도 합니다.

부트로더(Bootlader)란 시동장치라고들 많이 표현합니다. 아두이노 보드에서 우리가 만든 코드를 실행되도록 하기 위해서는 아두이노에서 응용 프로그램이 실행될 수 있는 환경이 우선적으로 준비되어 있어야 합니다. 이 환경은 일종의 운영체제(OS, Operating System)이며 아두이노 코드를 해석해서 작동할 수 있도록 해줍니다. PC에서도 우리가 어떤 프로그램을 사용하려면 윈도우OS 혹은 맥OS라는 운영체제가 먼저 실행된 후에 비로소 우리가 원하는 프로그램을 사용할 수 있듯이 아두이노 보드 또한 부트로더를 통해서 먼저 아두이노 코드가 돌아갈 수 있는 환경이 만들어진 후에만 우리가 만든 코드가 작동될 수 있습니다. 아두이노 UNO에서는 총 32K의 플래시 메모리를 제공합니다. 아두이노 보드의 총 32K의 플래시 메모리 중 5k는 부트로더로 사용됩니다.

다음으로 SRAM은 아두이노 프로그램이 동작될 때 사용되는 메모리로서 전원이 꺼지면 모든 기억이 사라집니다. 따라서 SRAM에 있던 자료 중 보관의 필요성이 있는 자료는 EEPROM이라는 반영구적 보관 장소에 보존 될 수 있도록 프로그램을 해야 합니다. 예컨대, SRAM을 책상이라고 생각하면 이해가 쉽습니다. 책상은 공부를 하든지 작업을 할 때마다 잠깐 올려놓고 하는 곳일 뿐 영구히 고정해놓고 뭔가를 해야 할 공간이 아닙니다. 여러분이 수학을 공부할 때 잠깐 동안 수학책을 책상에 올려놓고 공부하다가 국어를 공부해야하면 수학 책은 내려놓고 다시 국어 책을 책상에 올려두고 공부할 것입니다. 물론 책상이 넓으면 동시에 수학책도 꺼내 놓고 국어 책도 동시에 꺼내놓고 공부할 수 있으며 더 넓으면 과학, 사회 … 등 책상이 넓은 만큼 많이 동시에 올려 놓고 공부를 할 수 있습니다. 바로 이 점이 메모리가 크면 동시에 많은 일을 할 수 있다는 것으로 설명될 수 있습니다. 이어 설명하자면, 예를 들어 다음 날 학교를 갈 때는 책상에 있던 책들 중에 내일 수업에 필요한 책들은 책가방에 넣고 갈 것입니다. 그러면 책상 위는 비워지겠죠? 이렇듯 잠깐 잠깐 어떤 일을 할 때만 필요한 장소(공간)처럼 사용되는 메모리가 SRAM입니다.

마지막으로 EEPROM은 보존 되어야 할 필요가 있는 자료를 위해 사용되는 보관 장소입니다. 책갈피라는 것을 예로 들어보겠습니다. 책 갈피의 용도는 여러분이 읽거나 공부한 부분을 어디까지 했는지를 기억하기 위해 용도의 도구입니다. 만약 책갈피라는 것이 책상에서 읽은 부분에 꽂아 두

어도 책을 덮었다 펴면 사라져버리는 책갈피라면 황당할 것입니다. 그러나 현실의 책갈피는 사라질 리가 없죠? 누가 몰래 빼거나 물리적으로 빠진다면 모를까 말이죠. EEPROM에 현재까지 읽은 페이지번호를 기억시켜 둔다면 전원을 껐다가 켜도 읽은 부분이 몇 페이지라는 것을 잊어버리지 않고 안내해 줄 것입니다. 하지만 SRAM에 보존을 부탁한다면 받아는 들이지만 약속은 못 지킬 것입니다.

8.1.4 아두이노 개발환경과 C언어

아두이노는 기본적으로 C언어를 이용하여 코딩할 수 있도록 되어 있습니다. 따라서 아두이노에게 어떤 동작을 하도록 지시한다는 의미는 아두이노에게 C언어를 통해서 명령을 내리고 이를 아두이노가 수행한다는 것을 의미합니다. 따라서 우리는 먼저 아두이노 보드를 제어하는 C언어를 이해하고 학습해야 합니다. C언어는 아두이노 외에도 많은 산업현장에서 사용되는 막강한 언어로서 잘 익혀두시면 유용하게 사용할 날이 반드시 있을 것입니다.

우리가 그림을 그리려면 그림을 그릴 수 있는 붓과 물감이 필요합니다. 그런데 물감도 산에 가서 하나씩 색을 구해야하고 붓도 짐승들 찾아다니며 털을 뽑아서 만들어야 한다면 그림을 그리는 일보다 그 준비 환경을 만드는데 더 많은 노력이 필요할 것입니다. 그러나 파렛트(Palette)나 붓을 직접 만들지 않고 단지 구입하여 사용한다면 돈이 들어가지만 그림 그리는 것에만 몰두할 수 있을 것입니다. 아두이노에서도 마찬가지로 이러한 준비나 환경을 직접 갖추려면 그 시간과 노력이 훨씬 클 것입니다. 다행히 아두이노는 아두이노개발사에서 붓과 파렛트 같은 도구를 모두 공짜로 드리면서 여러분은 개발에만 몰두할 수 있는 환경을 제공해줍니다. 따라서 여러분들은 회로설계와 코딩만 하면 되는 것입니다.

이제, 아두이노 개발환경을 구축하는 방법부터 차근차근 살펴보도록 하겠습니다. 먼저 알아두실 내용은 아두이노에서는 C언어로 코딩을 하는 행위를 '스케치 한다.'라고 합니다. 즉, '스케치 한다.'라고 말하면 "아두이노 보드에게 내가 목표한 행동을 할 수 있도록 C언어로 명령해준다."라고 생각하시면 됩니다.

아두이노 개발환경을 구축하기 위해서는 아래와 같은 순서로 내 컴퓨터에 설치하시면 됩니다.

1. 자바설치

1) 자바 홈페이지에서 자바 다운로드

2) 자바 설치

2. 아두이노 설치

1) 아두이노 홈페이지에서 아두이노 다운로드

2) 아두이노 설치

3) 아두이노 보드의 드라이버 설치 확인 및 아두이노와 내 컴퓨터의 연결 포트 번호 확인

8.2 아두이노 개발환경과 구축

8.2.1 자바설치

아두이노를 설치하기 위해서는 먼저 Java가 설치되어 있어야 합니다. 그러기 위해서는 내 컴퓨터에 먼저 Java를 다운받아 설치해야 합니다. 인터넷으로 https://www.java.com/ko/에 들어갑니다. 그리고 '무료 java다운로드'를 클릭합니다. 잠시 후에 <그림 8-3> 화면이 나오면 '동의 및 무료 다운로드 시작'을 클릭합니다. 그러면 하단에 다운로드 받는다는 메시지가 나오면서 'java Setup.exe'라는 받은 파일이 표시됩니다.

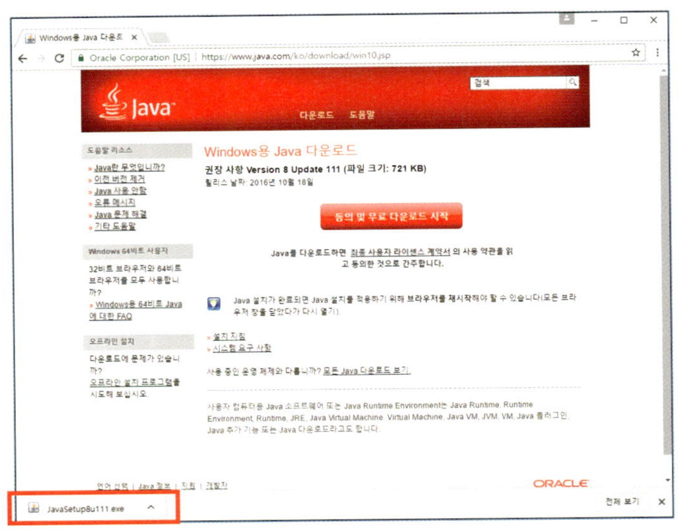

<그림 8-3> 자바설치화면 1

그리고 'javaSetup.exe'를 클릭하시고 잠시 후 '이앱이 PC를 변경할 수 있도록 허용하시겠습니까?'라고 물으시는 분은 '예'를 클릭하시면 아래와 같이 자바설치 화면이 보입니다.

'설치'를 클릭하시면 설치가 진행됩니다.

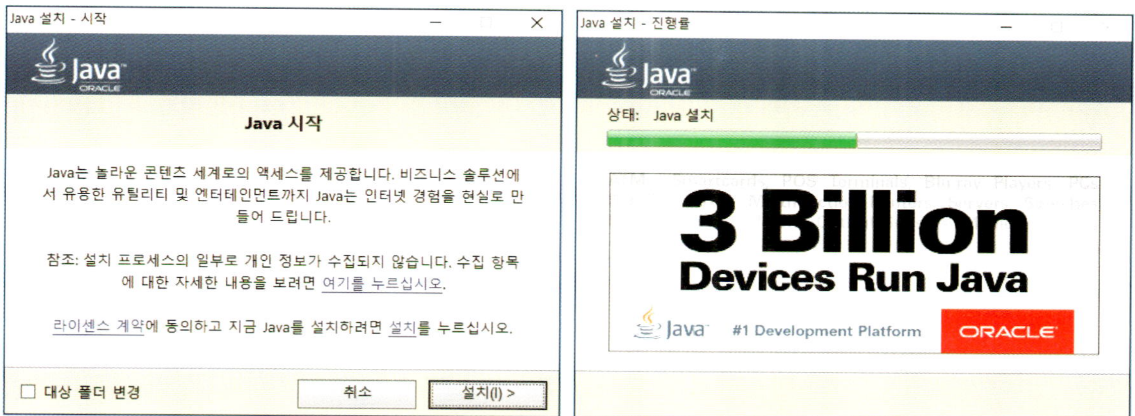

<그림 8-4> 자바설치화면 2

'설치'가 완료된 화면입니다. '닫기'를 클릭하시면 됩니다.

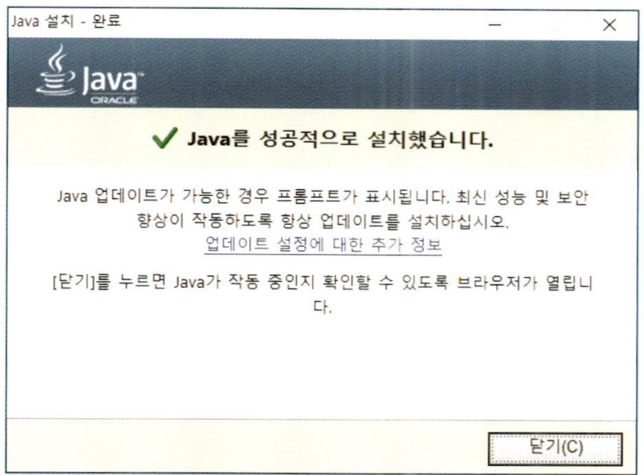

<그림 8-5> 자바설치화면 3

8.2.2 아두이노 설치

인터넷 아두이노 홈페이지 https://www.arduino.cc/에 들어가서 Download를 찾아서 받거나 https://www.arduino.cc/en/Main/Software에 들어가서서 'Download'를 클릭합니다. 그러면 아래 <그림 8-6>과 같은 화면이 나오게 됩니다. 그러면 오른쪽부분에 'Windows installer'라는 메뉴가 보입니다. 'Windows installer'를 클릭하세요. 이 화면은 바뀔 수 있으니 참고만 하시기 바랍니다.

<그림 8-6> 아두이노 개발환경 다운로드 1

다운로드 화면이 나오며 하단에 'JUST DOWNLOAD'와 'CONTRIBUTE & DOWNLOAD'가 보입니다. 이중에서 'JUST DOWNLOAD'를 클릭하세요. 그러면 하단에 다운로드 중이라는 메시지와 몇 퍼센트 다운로드중인지가 표시됩니다. 혹시 돈이 여유가 있으시거나 아두이노와 같이 무료로 기술을 전 세계에 보급하는 훌륭한 분들에게 후원하고 싶으신 분들은 'CONTRUBUTE & DOWNLOAD'를 클릭하시면 됩니다.

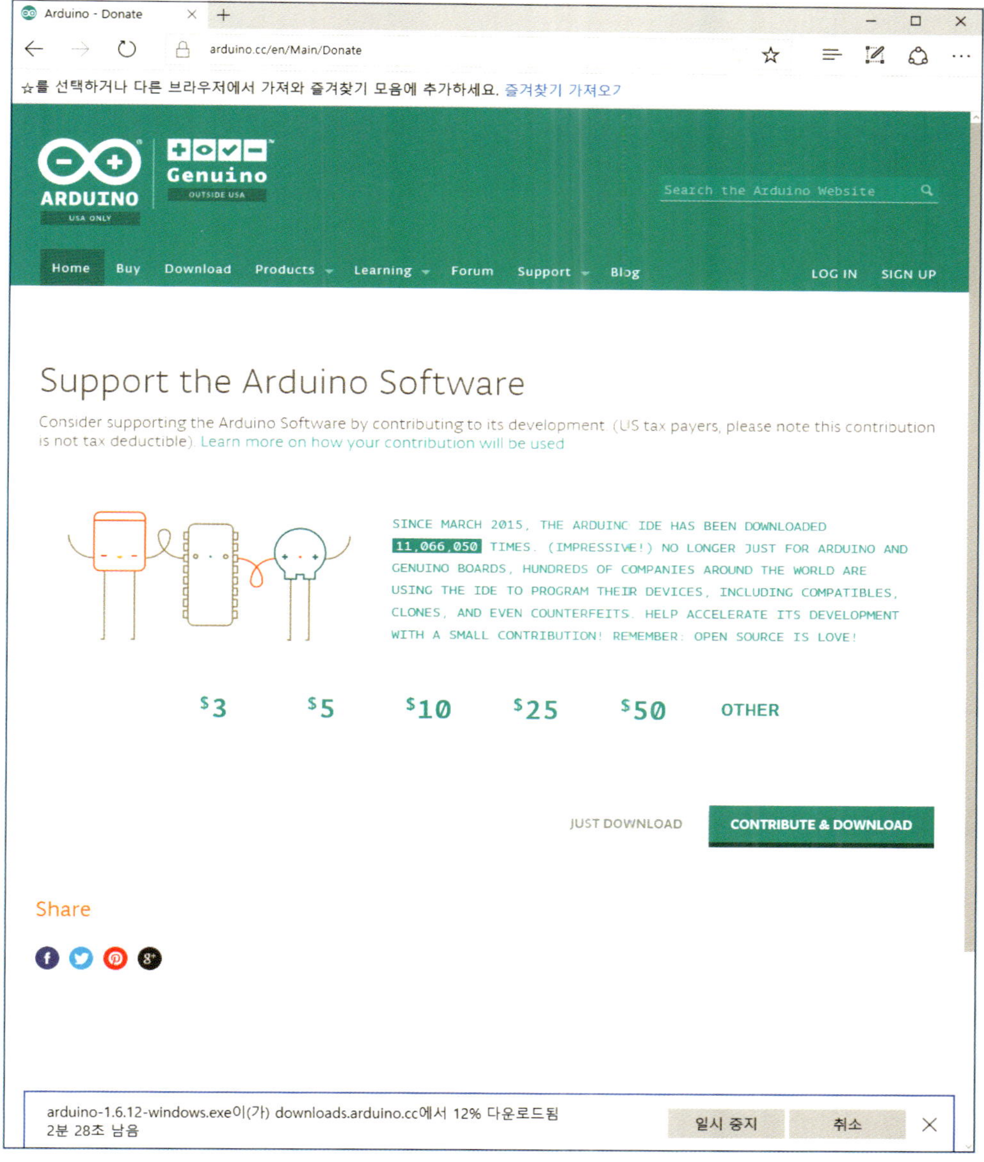

<그림 8-7> 아두이노 개발환경 다운로드 2

다운로드가 완료되면 하단에 '실행' '폴더열기' 등이 나오게 되며 여러분은 '실행'을 눌러주세요.

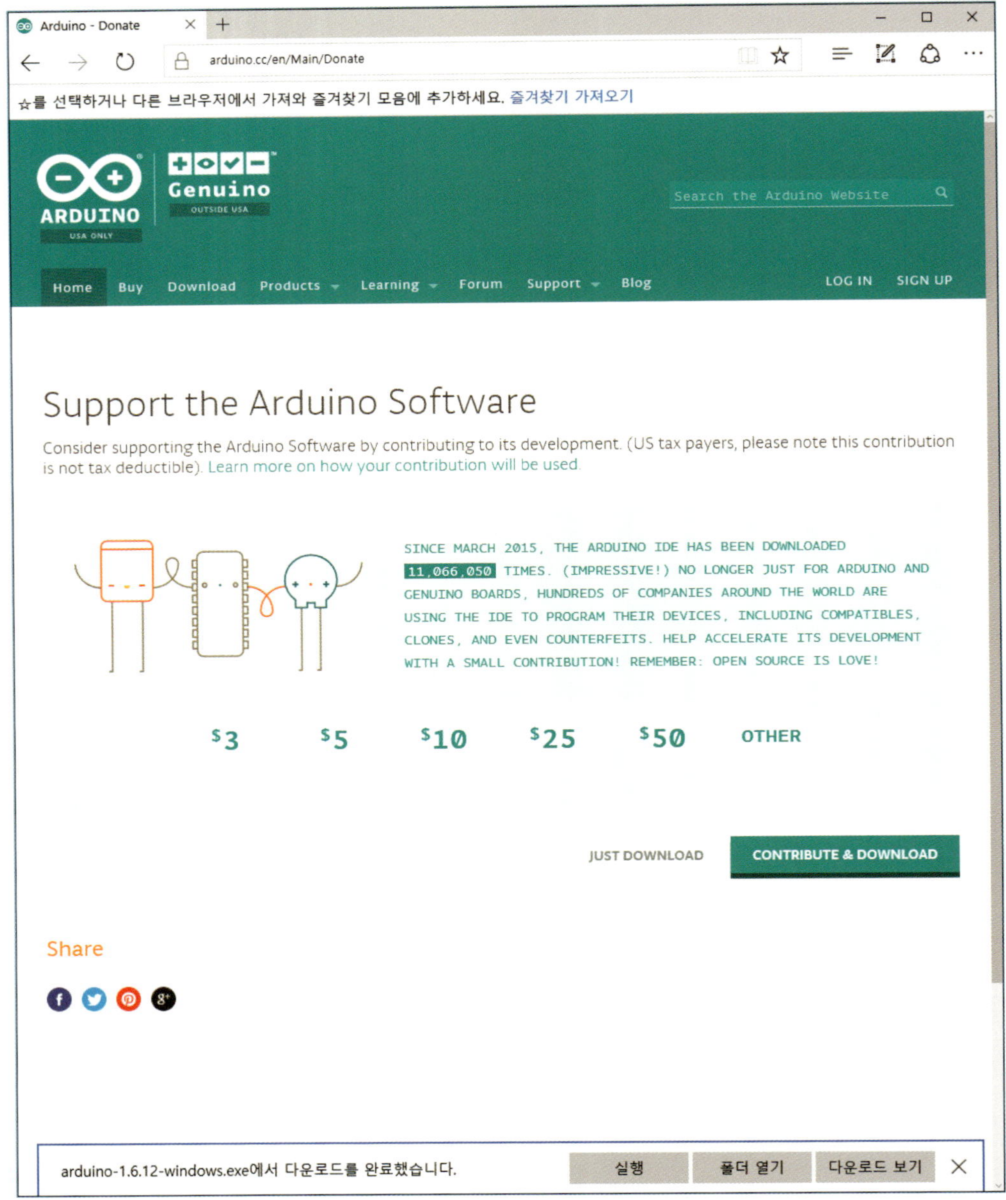

<그림 8-8> 아두이노 개발환경 다운로드 3

잠시 후 <그림 8-9> 그림과 같은 화면이 나오면 'I Agree'를 클릭합니다. 이 부분은 무료로 사용할 수 있는 여러분의 권리에 대해서 설명하며 동의하느냐고 묻는 페이지입니다. 당연히 동의해야죠.

<그림 8-9> 아두이노 개발환경 다운로드 4

이번엔 무엇무엇을 설치하는지를 물어보는데 여러분들은 다 설치하면 됩니다. 기본 값으로 모두 체크되어 있습니다. 'Next'를 눌러 다음으로 넘어갑니다.

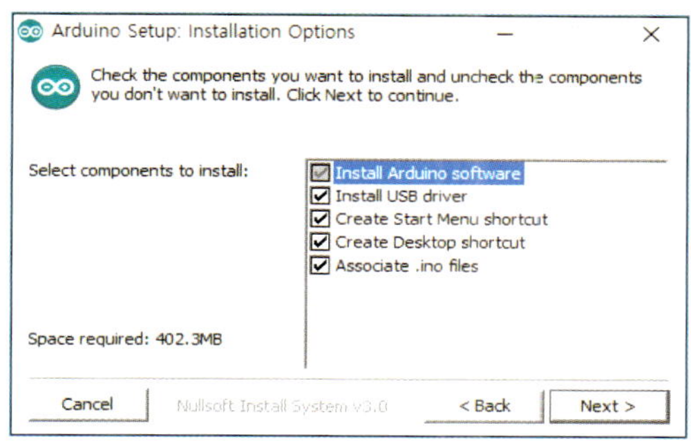

<그림 8-10> 아두이노 개발환경 다운로드 5

다음으로 아두이노를 내컴퓨터 어디에 설치할 것인지를 물어보는 화면입니다. 기본값으로 'C:\Program Files (x86)\Arduino'라는 곳에 설치한다고 되어있습니다. 다른 곳에 설치하고 싶은 분은 'browse...'를 클릭해서 다른 위치를 선택하시면 되고 기본위치에 설치하실 거라면 'Install' 버튼을 눌러주세요.

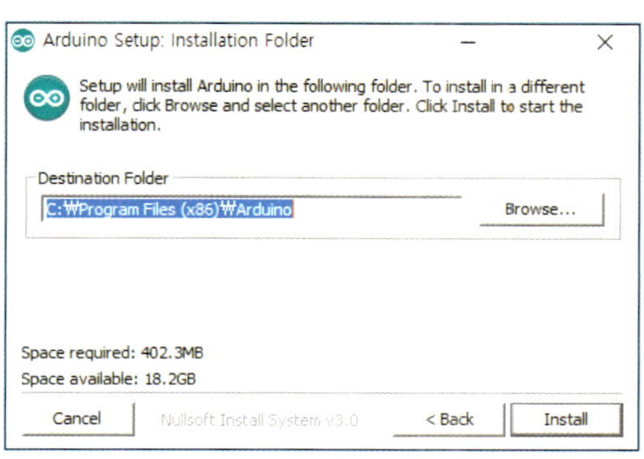

<그림 8-11> 아두이노 개발환경 다운로드 6

설치하다보면 아래처럼 '이 장치 소프트웨어를 설치하시겠습니까?'라고 드라이버를 설치할 것인지를 묻는 화면이 나오면 '설치'를 클릭하십시오.

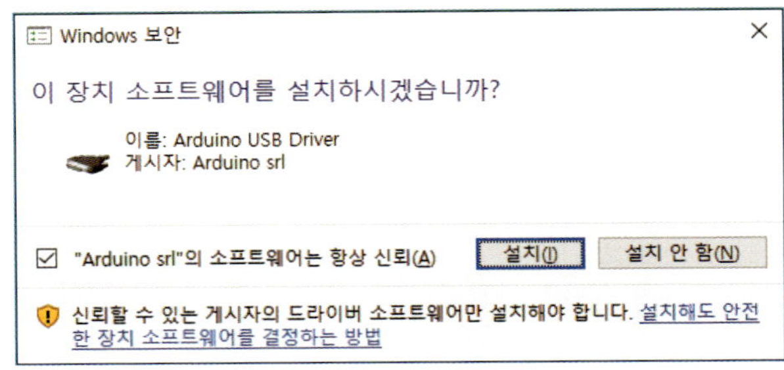

<그림 8-12> 아두이노 개발환경 다운로드 7

아두이노 보드의 드라이버를 설치한다는 의미는 내 컴퓨터에게 "너의 몸에 새로운 능력을 가진 장치를 달아 줄 거니까 그 장치가 너의 몸의 꼽혀지면 너는 그 장치가 동작할 수 있도록 해주면 되고 그 장치가 어떤 동작을 할 것인지는 '드라이버 정보'에 표시해 두었으니까 '드라이버 정보'에 표시 된대로 동작하게 해줘~ 부탁해."라고 하는 과정입니다.

모든 설치가 끝나면 아래화면처럼 'close'라고 나옵니다. 'close'를 클릭하시면 이제 아두이노를 사용할 준비가 된 것입니다.

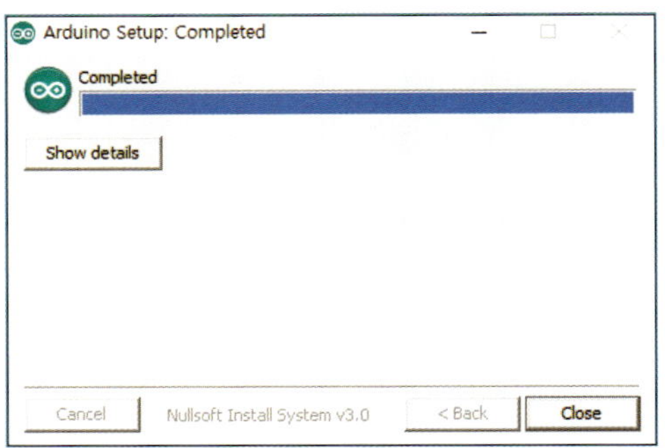

<그림 8-13> 아두이노 개발환경 다운로드 8

바탕화면에 보시면 '아두이노 아이콘'이 보일 것입니다.

더블클릭해서 실행시키세요.

어떤 분은 아래와 같은 화면이 나올 수도 있습니다. '액세스 허용(A)'을 클릭하시면 됩니다. 이것은 윈도우 운영체제에서 보안 때문에 나오는 메시지입니다.

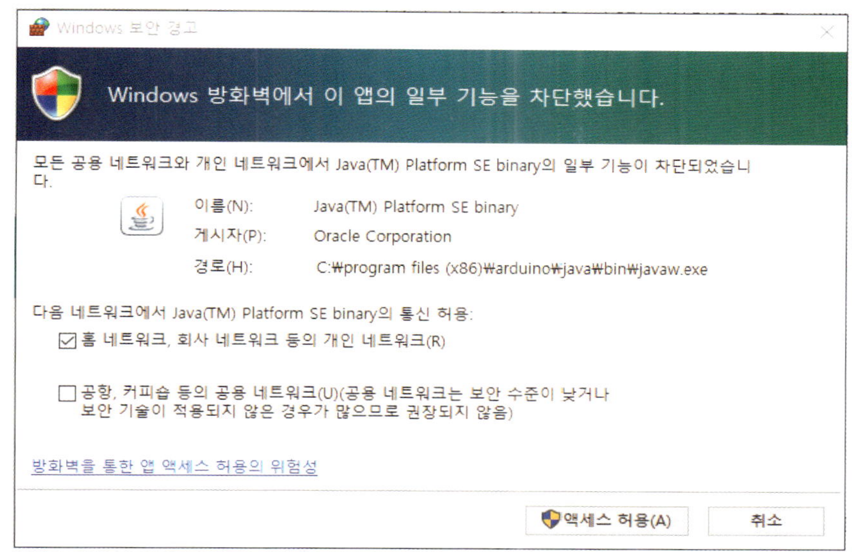

<그림 8-14> 아두이노 개발환경 다운로드 9

아두이노를 실행하면 아래와 같은 개발환경이 보이게 됩니다.

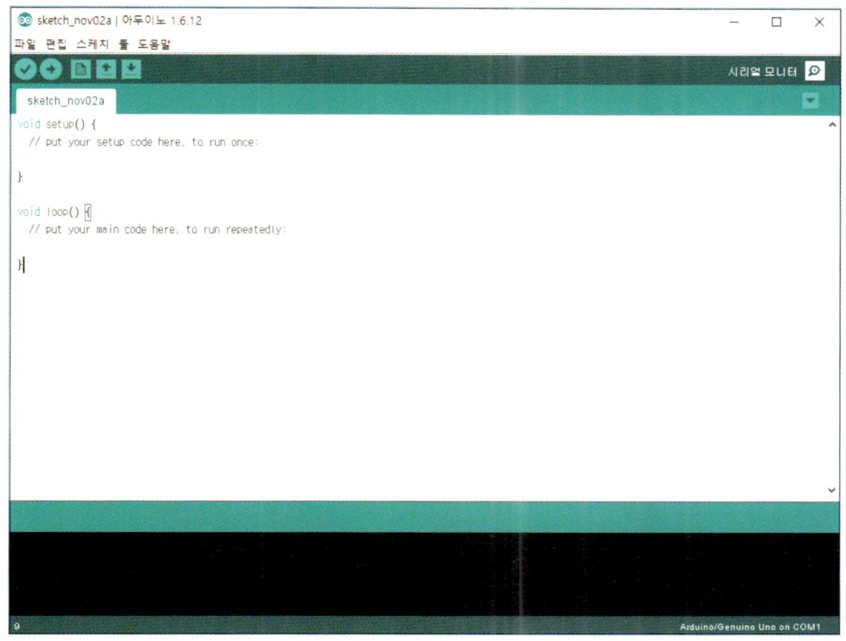

<그림 8-15> 아두이노 개발환경 다운로드 10

이제 더 세밀하게 제대로 개발환경이 갖춰졌는지를 확인하는 과정입니다.

먼저 아두이노와 내 컴퓨터를 아래 사진과 같이 A-B 케이블을 통해 연결합니다.

<그림 8-16> 아두이노 보드와 컴퓨터 연결

그리고 내 컴퓨터가 아두이노 보드가 제대로 연결되어 바로 작동할 수 있는 상태인지를 확인합니다. 그러기 위해서는 윈도우의 '시작메뉴'를 클릭해서 '웹 및 Windows 검색'에 '장치관리자'라고 입력하신 후 '장치관리자'를 클릭하시거나 '설정'을 클릭하세요.

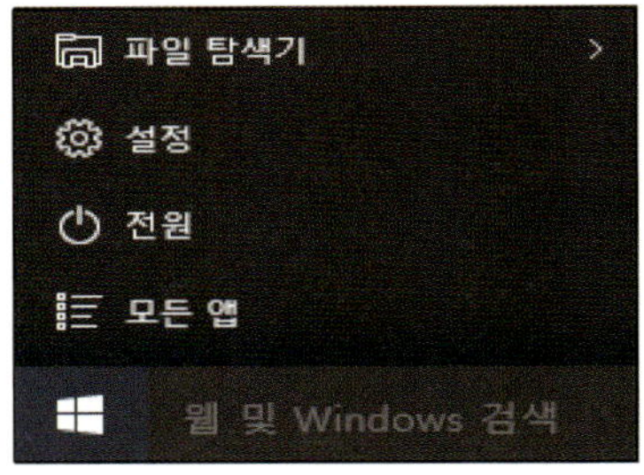

설정화면이 나오면 '설정찾기'에 '장치관리자'라고 입력한 후

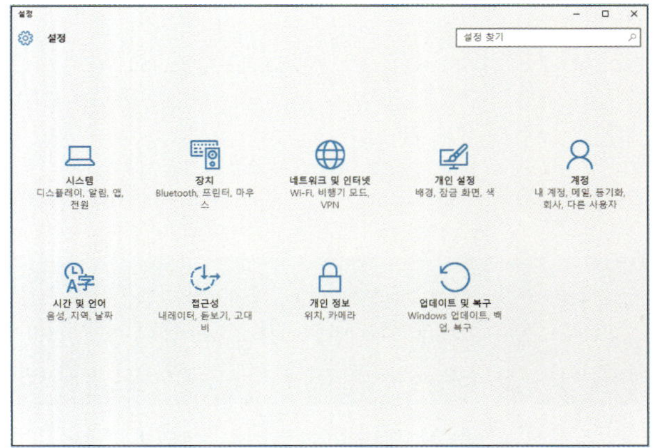

아래처럼 '장치관리자'가 보이면 클릭하세요.

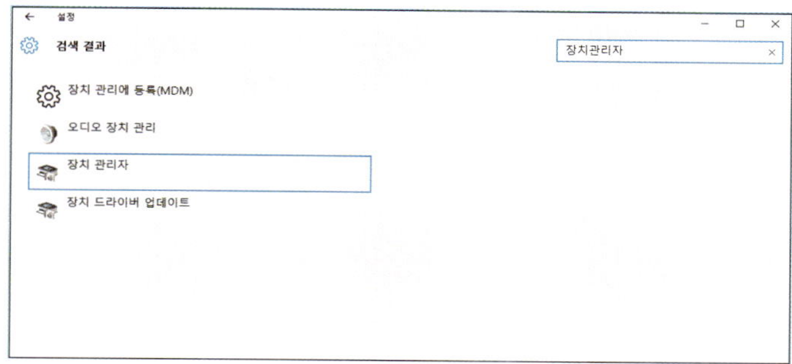

<그림 8-17> 아두이노 보드와 컴퓨터 연결설정 1

'장치관리자' 화면이 보이면 하단 부분에 '포트(COM & LPT)'라는 부분이 보입니다. 이 부분을 클릭했을 때에 제대로 드라이버가 설치되어 있다면 아래와 같이 'Arduino XX (COM x)'라고 보이게 될 것입니다.

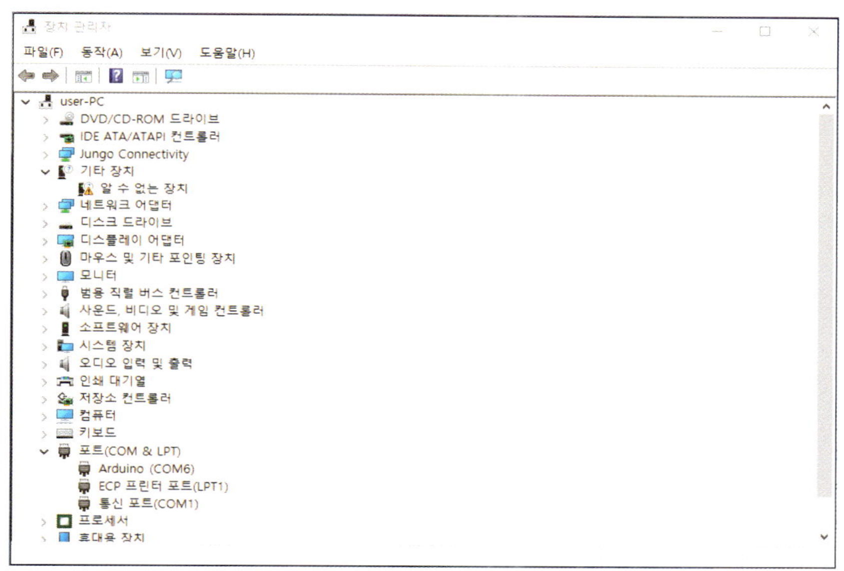

<그림 8-18> 아두이노 보드와 컴퓨터 연결설정 2

(COM x)에서 x는 포트번호입니다. 포트라는 것은 내 컴퓨터가 새롭게 장착된 아두이노 보드와 소통(대화)하기 위한 통로입니다. 즉 Arduino Uno (COM 6)라고 표시되어 있다면 아두이노 보드와 내 컴퓨터는 COM포트 6번으로 서로 통신하겠다는 의미입니다. 문제는 이렇게 정상적으로 설치되어 있다면 괜찮지만 '알수없는 장치' 혹은 아두이노라고 표시되어 있지만 느낌표로 표시 된 경우는 정상적으로 드라이버가 설치되지 않아서 문제가 있다는 표시입니다. 이 경우에는 '포트(COM & LPT)'를 마우스의 오른쪽 버튼을 클릭하신 후 옆의 그림이 나오면 '드라이버 소프트웨어 업데이트'를 클릭하세요.

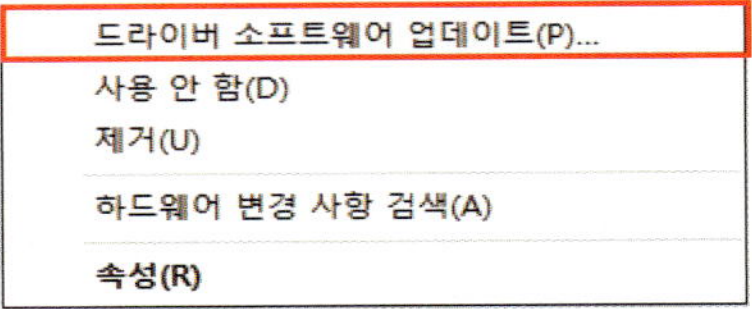

<그림 8-19> 아두이노 보드와 컴퓨터 연결설정 3

그리고 아래화면이 나오면 '찾아보기'를 클릭하세요.

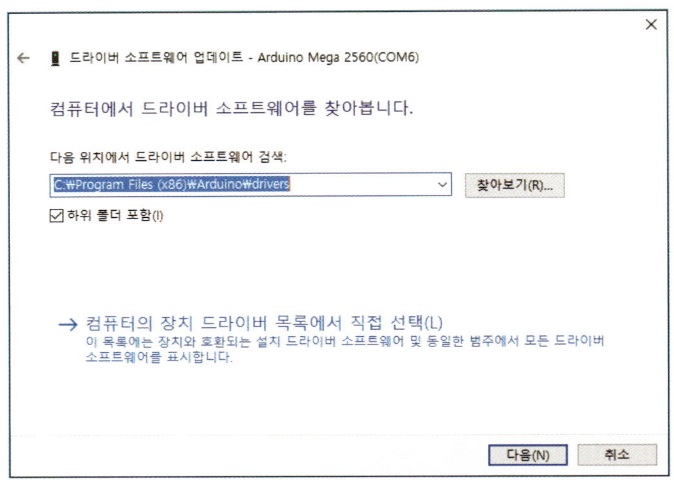

<그림 8-20> 아두이노 보드와 컴퓨터 연결설정 4

아래처럼 'C:\Program Files (x86)\Arduino\drivers'를 찾아가서 '확인'을 클릭하시고 드라이버를 재설치 해주시면 정상적으로 설치가 되어 '포트(COM & LPT)'에 가시면 느낌표가 없어졌거나 'Arduino XX (COM x)'라고 되어 있을 것입니다.

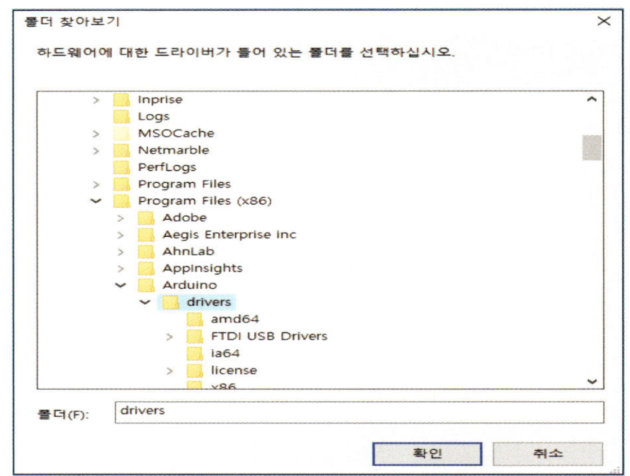

<그림 8-21> 아두이노 보드와 컴퓨터 연결설정 5

8.2.3 내 컴퓨터와 아두이노 보드 간의 통신 환경 구축하기

아두이노 보드의 드라이버가 정상적으로 설치되어 있고 작동한다면 내 컴퓨터와 아두이노 보드가 서로 대화(소통)할 수 있어야 합니다. 그러기 위해서는 통신환경을 만들어야 하는데 여러 가지 통신 중에서 가장 단순하면서도 아두이노 개발환경이 지원하고 있는 시리얼 통신 환경을 구축해 보겠습니다.

우선, 내 컴퓨터에서 아두이노 보드가 몇 번 포트로 연결되어 있는지 확인해야 합니다. '장치관리자'에서 '포트(COM & LPT)'에서 Arduino Uno(COM9)라면 아두이노의 포트가 9번과 연결되었다는 것을 의미합니다. 바탕화면의 아두이노 아이콘을 더블클릭하시면 아두이노 개발환경 화면이 나옵니다.

메인메뉴 '파일', '편집', '스케치', '툴', '스케치' 중에서 '툴'을 클릭하신 후 포트:"COM9"를 클릭해서 'COM9'를 클릭합니다.

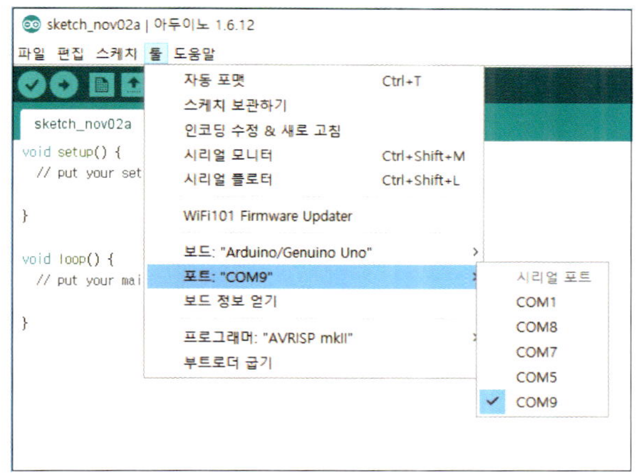

<그림 8-22> 아두이노 보드의 통신환경 설정

그리고 개발환경의 오른쪽 맨 하단을 보시면 '9600보드레이트' 혹은 '9600 Baudrate'라는 부분이 있습니다.

이 부분을 마우스로 클릭하여 9600이라는 통신속도로 선택 해주시면 시리얼 통신환경이 구축됩니다. 아두이노 보드에서도 보드레이트 속도를 9600으로 맞춰서 같은 속도로 통신할 수 있도록 할 것입니다.

시리얼 통신이란 마치 개미들이 먹이를 물고 일렬로 이동하듯이 쭈욱~ 이어져서 데이터를 전송한다고 하여 붙여진 이름입니다. 예를 들어 'abcdefg'라고 보내면 처음 보낸 'a'부터 보내지고 그 다음에 'b' 그리고 또 그 다음으로 'c' 식으로 쭉 이어서 보내지게 됩니다. 그리고 시리얼 통신은 컴퓨터와 아두이노 보드 사이에 통신 속도가 같도록 맞춰줘야 합니다. 컴퓨터와 아두이노가 대화를 할 때, 컴퓨터 측에서는 말하는 속도가 엄청 빠르고 아두이노 보드 측에서는 듣는 속도를 느리게 해둔다면 컴퓨터가 빨리 말한 것을 아두이노 보드가 놓치는 현상이 발생합니다. 따라서 컴퓨터와 아두이노 보드의 시리얼 통신 속도인 보레이트(Buadrate)를 서로 맞춰줘야만 둘이 대화의 리듬이 착착 맞아 떨어져서 제대로 소통할 수 있게 됩니다. 따라서 컴퓨터와 아두이노 보드가 시리얼 통신을 하기위해서는 첫 번째는 아두이노와 PC의 COM포트를 맞춰야 하고 다음으로는 말하고 듣는 속도를 서로 맞춰줘야만 정상적인 통신이 가능하다는 이야기입니다.

8.3 아두이노 스케치의 기본 문법

우리가 하루 일과를 적을 때 맨 위에서부터 시간별로 할 일을 적어 내려갑니다. 그리고 일정표에 따라 시간대로 행동하고 그다음 날이 되면 다시 처음부터 일정표대로 반복하여 행동합니다. 학교에서도 직장에서도 미리 짜둔 시간표 즉, 프로그램대로 우리는 공부를 하거나 일을 하고 있습니다. 다른 시간표(프로그램)를 작성해서 변경하기 전까지는 그대로 행동합니다. 아두이노 보드 또한 여러분들이 지시한 명령의 순서대로 맨 위의 코드부터 한 줄씩 실행하다가 맨 마지막 줄에서는 다시 맨 위로 올라와서 지시한 명령을 실행하며 다시 마지막 줄까지 명령을 반복(loop)합니다. 이렇게 작동하는 것을 프로그램이라고 부르며 이러한 프로그램을 만드는 일을 '프로그래밍' 혹은 '코딩'이라고 말하며 아두이노에서는 스케치라고 말합니다.

8.3.1 아두이노 코딩에서 함수란 무엇인가?

아두이노에서 함수란 곧 C언어의 함수를 의미합니다. C언어는 함수로 시작하여 함수로 끝난다고 해도 과언이 아닙니다. 아두이노 보드에 어떤 기능을 작동하게 하려면 각각의 기능을 함수에 넣어서 필요할 때마다 꺼내서 사용하게 됩니다.

함수라는 것에 대해서 이해를 돕기 위해 아래의 예를 들어 설명해 보도록 하겠습니다.

아라비안나이트의 알리바바와 40인의 도둑이라는 동화에 보면 보물을 숨겨둔 동굴의 문앞에서 "열려라 참깨!"하고 외치면 동굴의 문이 열립니다. 여기에서 동굴의 문이 하는 기능은 "열려라 참깨!"라는 말이 들리면 문을 열고 "닫혀라 참깨!"하면 문을 닫는 Function(기능)만을 가지고 있다는 것입니다. "춤춰라 참깨!"는 아무런 동작도 하지 않습니다. 이렇듯 함수(Function)란 어떤 행동에 대하여 그에 대응한 동작을 하도록 만들어 놓은 것입니다.

따라서 알리바바는 어떤 기술적인 알고리즘으로 그 동굴의 문이 열리고 닫히는지는 알 필요가 없이 그저 열려라 혹은 닫혀라 참깨라고 말하기만 하면 원하는 바가 이루어지는 것입니다. 그러나 함수의 사용 방법을 모른다면 아무 소용이 없습니다. 즉 알리바바가 도둑들에게 그 주문을 엿듣지 못했다면 그 문을 열수가 없었을 것입니다.

함수는 여러분이 만들 수도 있고 알리바바의 동굴처럼 어떤 기능이 있어서 이미 만들어져서 제공되는 것도 있습니다. 이미 만들어져 있는 함수는 그 사용법을(주문) 알아야만 사용할 수 있습니다.

<그림 8-23> 함수설명

일상생활에서 보자면 자동 연필깎이를 보면 연필을 꼽는 곳에 연필을 넣으면 윙~ 소리가 나고 잠시 후 꺼내보면 연필이 깎아져 있는 것을 볼 수 있습니다. 그 안에서 어떤 일이 벌어지는가는 중요하지 않습니다. 단지 연필깎이의 사용법대로 연필을 넣으면 자동으로 깎아지는 기능(FUNCTION)이 있다고만 알면 됩니다. 함수는 내가 직접 만들 수도 있다고 했습니다. 만약에 내가 자동 연필깎이를 직접 만들었다면 당연히 안에서 어떤 일이 일어나는지 잘 알 것입니다. 하지만 남이 만들어 놓은 함수는 안에서 무슨 일이 일어나는지는 알 수가 없습니다. 단지 사용방법만 안다면 쓸 수는 있다는 것이죠. 조금 더 함수에 대해서 이야기 해보겠습니다. 함수에서 결과형(return type), 인자(argument)와 매개변수(parameter)라는 것이 있습니다. 이것도 알리바바 이야기를 통해서 설명해보겠습니다.

아라비안나이트의 알리바바와 40인의 도둑이라는 동화에서 알리바바의 "열려라 참깨!"하면 열리는 동굴의 문이 열리는 작동방식을 생각해보면 사람이 동굴 밖에서 어떤 말을 하면 그 말이 동굴로 전달되어 "열려라 참깨!"라는 말인지를 파악하여 "열려라 참깨!"이면 문을 열고 그 이외의 다른 말이라면 모두 무시되는 방식이었을 것입니다. 이 과정을 조금 더 자세히 살펴보면 동굴의 문에는 사람의 말을 듣는 "귀(ear)"가 있었을 것입니다. 그래야만 들을 수 있을 것이고 그것을 판단하여 문을 열어야 할지 말아야 할지를 결정하겠죠? 그런데 만약에 동굴의 문이 사람의 말을 듣는 것이 아니라 맞는 열쇠를 꼽아야 작동하는 방식이라면 어땠을까요? 당연히 그 열쇠에 맞는 자물쇠가 동굴의 문에 달려있고 그 자물쇠에 맞는 열쇠로 열어야만 했을 것입니다.

이 대목에서 매개변수라는 것과 인자라는 것을 설명한다면 바로 동굴의 문에 달린 '귀(ear)'와 '자물쇠'는 매개변수(parameter)라고 말할 수 있습니다. 또한 "열려라 참깨!"라는 말과 자물쇠에 넣는 '열쇠'는 인자(argument)라고 말할 수 있습니다. 즉, 인자라는 것은 동굴의 문에게 전해지는 실제의 값("열려라 참깨!"이라는 말)을 의미하고 매개변수(파라메터)는 "열려라 참깨!"라는 말을 듣는 귀(ear)를 의미합니다.

어떤 답을 전달받아서 답이 맞아야만 작동하는 알리바바의 동굴은 매개변수와 인자 값이 있어야만 작동을 하는 것입니다.

결과형(return type)이라는 것에 대해서도 알아보겠습니다. 동일하게 알리바바를 예로 든다면 동굴이 전해들은 말이 "열려라 참깨!"가 맞을 경우에 동굴의 문을 열고 사람의 말로 "열렸습니다." 라고 알려준다면 이것은 결과라고 말할 수 있습니다. 그런데 결과를 말로 알려줄 수도 있고 또는 숫자 "777"이라는 표시로 알려줄 수도 있는데, 이렇듯 결과를 어떤 형태로 알려줄 것인지의 형태를 정하는 것을 '결과형'이라고 합니다.

결과가 없을 때는 void(비어있다 → 전달할게 없다)라고 해주면 결과를 표현하지 않겠다는 약속입니다. 다시 아두이노의 개발환경으로 돌아와서 알리바바 이야기를 생각하면서 아두이노에서 제공하는 함수에 대해서 이해해 보도록 하겠습니다. 아두이노에서는 void setup()와 void loop()이라는 두 개의 함수를 반드시 기본적으로 사용해야 하며 이외에 여러분들이 필요하다면 더 만들어 사용하시면 됩니다. 먼저, void setup()에는 어떤 작동을 하는 코드를 사용하기에 앞서 그 작동에 필요한 여러 가지 준비를 해두는 부분입니다. void setup() 함수의 시작은 { 통해서 표시하고 끝은 } 통해서 표시합니다.

```
void setup(){
  // 여기에 작동시키고자 하는 기능들의 동작 준비를 시킵니다.
  // 최초 한번만 실행되고 미리 어떤 값을 넣어두거나 초기화 합니다.
}
```

다음으로는 void loop() 부분으로 이곳에는 아두이노 보드가 여러 가지 기능이나 동작을 반복하는 코드를 넣어주는 곳입니다. 예를 들어 가수가 무대에 올라가 춤추기 전에 '옷'이라든가 '화장'을 하는 부분은 void setup(){ … }이고 무대에서 춤추고 노래하는 부분은 void loop(){ … } 부분이라고 생각하시면 됩니다.

실제로 아두이노 개발환경을 실행하시면 기본적으로 void setup()과 void loop()이 자동으로 나오게 되고 void setup()의 { 과 } 사이에 ' // put your setup code here, to run once:'라는 기본적인 준비코드를 넣으라는 문구가 있습니다. void loop()의 { 과 } 사이에는 ' // put your main code here, to run repeatedly: '라는 반복해서 실행시킬 동작을 여기에 넣으라는 문구가 표시가 되어있습니다.

```
void setup() {
  // put your setup code here, to run once:

}
void loop() {
  // put your main code here, to run repeatedly:
}
```

따라서 우리는 setup() 함수와 loop 함수 안에다가 우리가 사용할 기능을 코드로 입력해 주기만 하면 되고 다른 기능이 필요할 때 새로운 함수를 만들어서 사용하면 된답니다.

한가지 더 설명하고 넘어가겠습니다. 위 코드 중에서 //라는 것이 보입니다. //라는 의미는 명령코드가 아니고 프로그래머가 임의적으로 필요한 설명을 메모하는 곳이라고 생각하시면 됩니다.

즉 //는 아두이노에게 어떤 명령을 내리는 코드가 아닌 우리 사람이 알아보기 위한 부가 설명을 메모한다고 생각하시면 됩니다. /* */ 도 같은 의미이며 단지 //는 한줄 만 부가 설명 등을 메모하는 것이고 /*와 */는 여러 줄을 메모한다는 의미로 /*부터 시작하여 */가 나오기 전 까지는 몇 줄이라도 명령코드가 아닌 부가 설명이라는 뜻입니다.

```
/*
  이렇게 해두면 이 부분은 아두이노에게 명령을 내리는 것이 아닌
  그저 우리 사람이 알아들을 수 있는 글을 적어 놓고 다른 사람에게
  전달할 목적 혹은 나중에 내가 이 글을 볼때 이 코드가 어떤 기능을
  하는 곳임을 알아보기 쉽게 하려는 목적으로 사용합니다.
*/
```

8.4 아두이노 보드에서 내 컴퓨터에게 시리얼 통신으로 문자보내기

8.4.1 아두이노 보드에 업로드하기

이제 실전으로 아두이노 보드가 내 컴퓨터에게 시리얼 통신을 통해 문자를 1초마다 보내는 기능을 코딩해보겠습니다. 당연히 아두이노 보드와 PC를 연결해야겠죠? 아두이노 우노보드의 USB를 내 컴퓨터의 USB에 연결하세요.

아래의 void setup()와 void loop() 부분을 키보드로 입력해서 <sketch 8-1>처럼 바꾸세요.

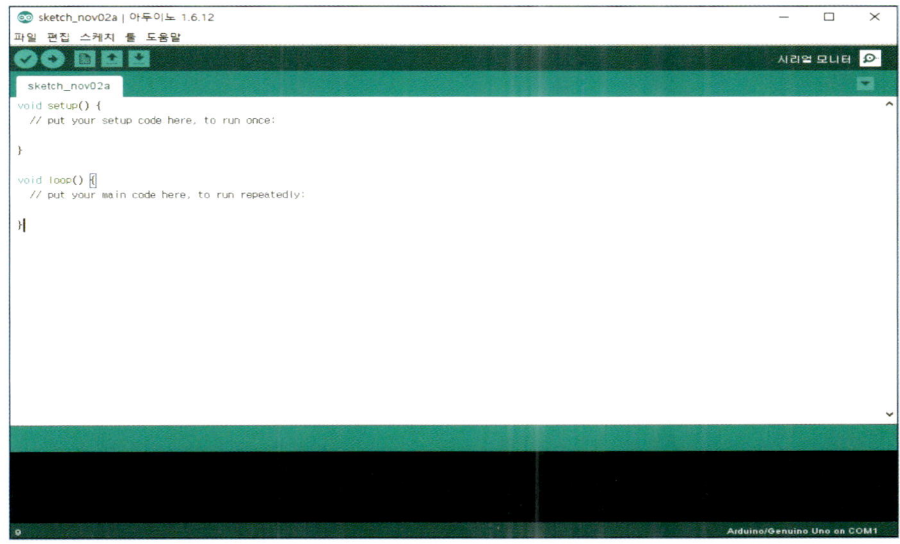

<그림 8-24> 아두이노 보드 업로드

```
void setup() {
  // put your setup code here, to run once:
  Serial.begin(9600);
}

void loop() {
  // put your main code here, to run repeatedly:
  Serial.println("Computer and Arduino!");
  delay(1000);
}
```

〈sketch 8-1〉 시리얼 통신

위 스케치를 한 줄씩 설명해보자면 Serial.begin(9600);이라는 명령은 아두이노 보드의 시리얼 통신으로 보내고 받는 송수신 속도는 9600으로 하라는 의미입니다.

Serial.println("Computer and Arduino!"); 명령은 "Computer and Arduino!"라는 문자를 시리얼 통신을 통해서 아두이노 보드와 연결된 기기(내 컴퓨터 포트9번)로 보내라는 의미입니다. 마지막으로 delay(1000);이라는 명령은 1초간 그냥 아무것도 안하고 기다리라는 지연코드입니다.

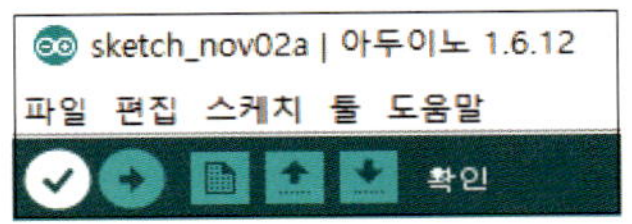

<그림 8-25> 아두이노 스케치 프로그램

그리고 위 그림과 같이 아두이노 개발환경의 왼쪽상단에 있는 아이콘 메뉴 중에서 업로드 아이콘( )을 클릭하세요. 클릭하시면 코딩한 명령이 아두이노 보드에 보내져서 실행됩니다. 위의 명령은 아두이노 보드가 "Computer and Arduino!"라는 문자를 1초마다 반복해서 컴퓨터에게 보내라는 명령입니다. 여러분 중에서 어떤 분은 업로드 아이콘( )을 누르면 아래와 같이 '스케치 폴더를 다른 이름으로 저장..'이라고 나오는 분들 있을 것입니다.

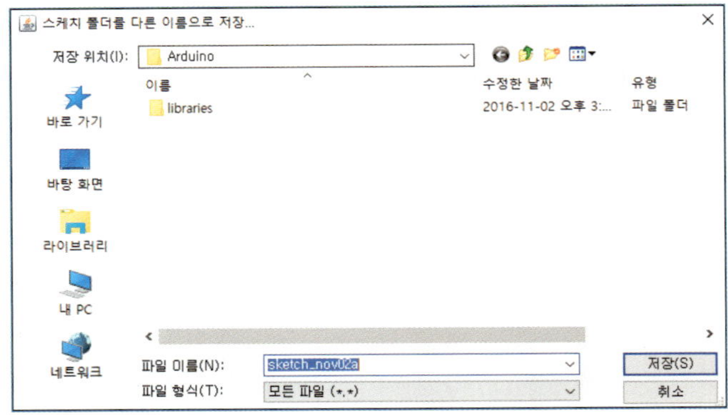

<그림 8-26> 스케치 보관

이것은 내 컴퓨터의 문서 폴더 안에 Arduino라는 장소에 'sketch_nov0a'라는 이름으로 보관해 둔다는 것이므로 특별히 다른 장소에 보관할 것이 아니라면 '저장'을 눌러주시면 됩니다.

그리고 업로드를 진행하게 되면 먼저 컴파일을 한다는 메시지가 나오고 다음으로 업로드가 되는 과정을 아두이노 개발환경의 하단에 표시해 줍니다.

<그림 8-27> 아두이노 스케치 업로드 과정

그런데 초보자분들이 업로드를 하다보면 아래와 같은 에러가 발생하는 경우가 있습니다. 하지만 무엇이 문제인지를 친절하게 잘 알려주니 에러메시지를 자세히 보시고 고친 후에 다시 업로드 하시면 됩니다. <그림 8-28> 에러는 delay(100) 다음에 명령의 끝인지 아닌지를 표시하는 종료 기호인 ; 세미콜론이 없다는 에러입니다.

expected ';' before '}' token
exit status 1
expected ';' before '}' token

<그림 8-28> 에러표시

업로드가 정상적으로 되었다면 아두이노 보드가 내 컴퓨터에게 "Computer and Arduino!"라고 보내고 있는지를 확인해 봐야겠죠? 아두이노 개발환경의 오른쪽 상단(위)에 보시면 '돋보기' 모양의 아이콘()이 있습니다. 클릭하시면 <그림 8-29>처럼 시리얼 통신창이 나오게 됩니다. 만약 안 나오거나 글자가 깨져서 나온다면 '시리얼 통신 창'의 하단의 '9600보레이트'라고 안 되어

있을 수 있으니 마우스로 클릭하여 '9600보레이트'로 맞춰주시면 잘 나올 것입니다.

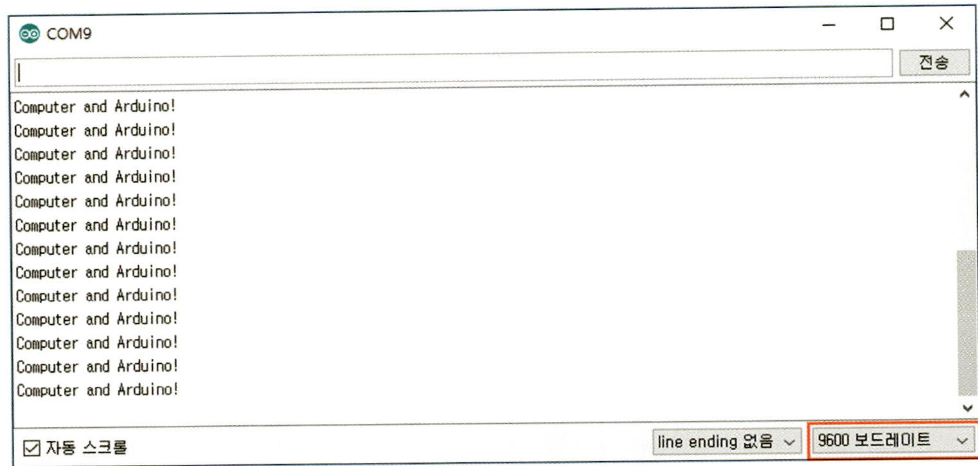

<그림 8-29> 통신 창

8.4.2 메아리 통신

이번에는 컴퓨터에서 아두이노 보드로 문자를 전송해보기 위해 아래와 같이 코딩하세요.

```
void setup() {
  Serial.begin(9600);
}
void loop() {
  if (Serial.available())
  {
    Serial.write(Serial.read());
  }
}
```

〈sketch 9-2〉 echo(메아리) 통신

코딩을 하신 후에 업로드아이콘( )을 클릭하시고 업로드가 완료되면 '돋보기' 모양의 시리얼 통신 창을 열고 상단의 입력창에 'ABCD'라고 입력하고 '오른쪽 상단에 있는 '전송' 버튼을 누르면 아두이노 보드에게 해당 문자를 보내게 됩니다. 정확히 표현하자면 입력된 문자를 내 컴퓨터의 Com포트 9번으로 '9600'의 속도로 내보낸다는 것이고 포트 9번에는 아두이노 보드가 연결되어 있으니 당연히 아두이노에게 'ABCD' 문자가 보내질 것이고 아두이노 보드도 받는 속도를 '9600'으로 맞춰두었으니 같은 속도로 말하고 듣게 되는 것입니다. 'ABCD' 문자를 받은 아두이노는 문자를 한 글자씩 받자마자 바로 받은 문자를 연결된 기기(9번 포트로 연결된 내 컴퓨터)로 보내게 됩니다. 즉, 메아리처럼 동작하게 된 것입니다.

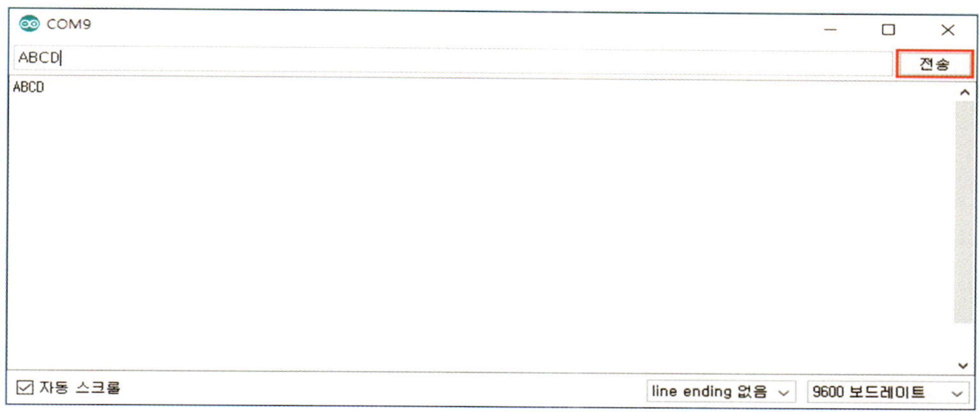

<그림 8-30> 메아리 통신

위 스케치를 한 줄씩 설명해보자면 Serial.begin(9600); 은 아두이노 보드와 시리얼 통신으로 주고받는 송수신 속도는 9600으로 하겠다는 의미입니다. 그 다음의 if (Serial.available())라는 코드는 '만약에 아두이노 보드의 시리얼 수신포트에 무언가 글자가 들어오려고 한다면 { 과 } 사이에 들어있는 명령코드를 실행하라는 의미입니다.

그리고 Serial.write(Serial.read()); 의 Serial.write();라는 코드는 아두이노 보드와 연결된 기기(내 컴퓨터 9번 포트)에게 문자(아스키문자)를 보내라는 명령입니다. 그리고 안에 있는 Serial.read()라는 명령은 연결된 기기(내 컴퓨터의 9번 포트)에서 보낸 문자(아스키문자)를 한 개씩 읽어오라는 명령입니다. 따라서 Serial.write(Serial.read());라는 의미는 먼저 아두이노 보드의 시리얼 수신포트로 들어온 한 문자를 읽자마자 Serial.write()로 다시 아두이노 보드의 시리얼 송신포트로 내 보내라는 의미입니다. 아두이노 보드의 포트는 내 컴퓨터와 연결되어 있으니 내 컴퓨터에게 해당 문자가 보내지게 되는 것입니다.

8.4.3 아스키코드와 Serial.write() 그리고 Serial.println()의 차이점

Serial.write와 Serial.println 그리고 Serial.print라는 명령은 아두이노 보드와 연결된 기기에 전송하는 명령입니다만 약간씩 그 쓰임이 다릅니다. 예를 들어 Serial.print와 Serial.println의 차이점은 Serial.println의 경우는 아스키코드를 전송한 후에 다음 줄로 한줄 넘어가라는 명령이고 Serial.print는 아스키코드를 전송만 하는 명령입니다. 다음 줄로 한줄 넘어가라는 것은 워드프로세서나 이메일 등 에디터에서 여러분들이 글을 쓰다가 엔터를 치면 다음 줄로 이동하듯이 한줄 넘기라는 의미입니다. 또한 Serial.write와 Serial.print, Serial.println의 차이점은 숫자를 전송할 때에 Serial.print, Serial.println 명령은 숫자를 아스키코드로 바꿔서 전송하지만 Serial.write는 해당 숫자 그 자체로 전송된다는 점입니다.

그렇다면 아스키코드란 무엇일까요? 먼저 아스키코드에 대해서 짚고 넘어가 보겠습니다. 아스키코드란 기기 간에 통신에서 정보교환을 쉽게 하기 위해 만든 규약(약속)으로서 <표 8-2>와 같이 숫자에 대응한 문자들로 구성되어 있습니다. 즉 아스키 숫자 65는 'A'라는 의미이고 시리얼 통신은 기본적으로 'A'라는 문자를 주고 받을 때 숫자 65로 보내고 받는다는 것입니다.

<표 8-2> 아스키코드 표

10진수	부호	10진수	부호	10진수	부호	10진수	부호
32		56	8	80	P	104	h
33	!	57	9	81	Q	105	i
34	"	58	:	82	R	106	j
35	#	59	;	83	S	107	k
36	$	60	<	84	T	108	l
37	%	61	=	85	U	109	m
38	&	62	>	86	V	110	n
39	'	63	?	87	W	111	o
40	(	64	@	88	X	112	p
41	)	65	A	89	Y	113	q
42	*	66	B	90	Z	114	r
43	+	67	C	91	[	115	s
44	,	68	D	92	₩	116	t
45	-	69	E	93	]	117	u
46	.	70	F	94	^	118	v
47	/	71	G	95	_	119	w
48	0	72	H	96	`	120	x
49	1	73	I	97	a	121	y
50	2	74	J	98	b	122	z
51	3	75	K	99	c	123	{
52	4	76	L	100	d	124	|
53	5	77	M	101	e	125	}
54	6	78	N	102	f	126	~
55	7	79	O	103	g		

앞에서 살펴 본 메아리통신에서 Serial.write(Serial.read()); 부분을 조금 더 자세히 살펴본다면 다음과 같습니다. 내 컴퓨터에서 'A'라고 문자를 보낸다는 것은 아스키코드 65로 보낸다는 것을 의미합니다. 그렇기 때문에 아두이노 보드에서 Serial.read() 명령으로 읽어오면 65가 읽어져 옵니다.

그렇게 읽어온 아스키코드는 Serial.write();이라는 숫자 그대로 보내는 Serial.write() 명령을 통해 숫자 그대로인 Serial.write(65);로 다시 내 컴퓨터에게 보내게 됩니다. 그러면 내 컴퓨터에서는 65를 받아서 문자인 'A' 바꿔서 표시해주는 것입니다. 그러나 Serial.write() 대신에 Serial.print()를 사용한다면 예를 들어 Serial.print(Serial.read());이라고 한다면 내 컴퓨터에 'A'가 아니라 '65'라고 나오게 됩니다. 이유가 뭘까요?

내 컴퓨터에서 보낸 'A'를 아두이노 보드의 Serial.read()에서는 숫자 65로 읽어옵니다. 그런데 Serial.print(65);의 '65'라는 것은 아스키코드 표의 부호 부분을 아무리 찾아봐도 없습니다. 그러나 부호표를 보면 '6'과 '5'는 있으므로 '6'에 대응한 아스키코드 54와 '5'라는 아스키코드에 대응한 아스키코드 53을 보내게 됩니다. 따라서 내 컴퓨터에서는 53과 54를 받아서 다시 아스키코드인 '6'과 '5'를 표시하여 '65'가 나오는 것입니다. 또 한 가지 알고 넘어갈 내용은 Serial.write(6);

숫자 6이 전송되지만 Serial.write("6"); 혹은 Serial.write("6"); 은 숫자가 아닌 아스키코드 54로 전송되어 내 컴퓨터에서 54를 '6'으로 표시해 준다는 점입니다. 즉 Serial.write() 명령이라도 문자 '' 나 문자열 "" 속의 값은 아스키코드 숫자로 변환되어 보내집니다.

아두이노 시리얼 통신은 이런 특성이 있기 때문에 여러분들이 16진수를 시리얼 통신으로 보낼 때에는 반드시 Seial.write()을 사용해야만 합니다. 그 이유를 살펴보면 Serial.print(0×01) 명령으로 16진수 0×01을 보낼 경우 16진수 0×01을 10진수로 변환해서 1로 만든 후 아스키코드숫자인 49로 보내기 때문에 처음에 의도한 0×01이 전혀 아닌 49가 보내지기 때문에 49를 받아서 16진수로 바꾸면 0×31이 되어 전혀 의도하지 않은 값이 되기 때문입니다. 하지만 Seial.write(0×01)은 십진수인 1로 바꾼 후 그대로 숫자 1로 보내기 때문에 받는 곳에서도 1로 받은 후 16진수 값으로 바꾸면 0×01이 되므로 처음에 의도한대로 되는 것입니다.

8.4.4 아두이노 개발환경에서 만든 스케치 보관하기

아두이노 개발환경의 왼쪽 상단(위)에 보시면 '파일', '편집', '스케치', '툴', '도움말' 중에서 '파일'을 클릭하시면 '저장'과 '다른 이름으로 저장'이라는 메뉴가 있습니다. 만약 스케치의 이름을 아두이노가 미리 정해놓은 위치와 이름으로 보관하려면 '파일'에서 '저장'을 눌러주시거나 저장 아이콘( )을 눌러 주시면 기존에 이름으로 저장됩니다. 그러나 여러분이 원하는 이름으로 바꾸고 싶을 때는 '다른 이름으로 저장'을 클릭해서 원하는 위치(폴더)에 원하는 이름을 입력 후에 '저장'을 클릭하시면 됩니다.

8.4.5 아두이노 개발환경에서 새로운 스케치 만들기

아두이노 개발환경의 왼쪽 상단(위)에 보시면 '파일', '편집', '스케치', '툴', '도움말' 중에서 '파일'을 클릭하시고 '새 파일'을 선택하거나 아이콘 중에서 새 파일 아이콘( )을 클릭하시면 새로운 스케치가 나오게 됩니다. 아두이노에서는 하나의 코딩소스를 스케치라고 부릅니다. 즉 하나의 스케치란 여러분이 목표하는 기능을 수행하는 하나의 프로그램 단위라고 생각하시면 됩니다.

8.4.6 아두이노 개발환경의 라이브러리 추가하기

아두이노가 널리 사용되면서 세계의 여러 부품 제조회사들은 자신들의 제품을 많이 팔기 위해서 아두이노 보드에서 쉬운 작동이 가능하도록 만들었습니다. 아두이노 사용자가 자신들의 부품들을 쉽게 사용하도록 하기 위해서는 프로그램도 쉬워야 하기 때문에 쉽게 코딩할 수 있도록 어려운 제어코드는 모두 자신들이 함수로 미리 만들어서 사용자들은 그저 단순히 함수만 호출해서 사용할 수 있도록 하고 있습니다. 이렇게 제공되는 것을 '제조사라이브러리'라고 합니다. 특정 부품을 사용하고자 할 때, 제조사에서 라이브러리를 제공하는 경우에는 아두이노 개발환경에서 라이브러리 등록을 통하여 사용할 수가 있습니다. 그 중 한 가지 방법은 압축파일(ZIP)을 라이브러리로 등록하는 방법과 압축이 풀린 상태의 라이브러리 파일을 스케치가 있는 폴더에 넣고 사용하는 방법입니다. 이런 방법으로 라이브러리등록을 해주시면 여러분들의 스케치의 맨 위에 해당 라이브러리를 사용할 것이라는 선언만 해주시면 라이브러리 안에 있는 모든 함수를 사용할 수가 있습니다.

아두이노 개발환경에 라이브러리로 등록을 한 경우에는 스케치의 맨 위에 아래와 같이 선언합니다.

```
<test.h>
```

그리고 스케치가 저장된 폴더에 라이브러리를 압축을 풀어 직접 사용하고자 할 때는 아래와 같습니다.

```
"test.h"
```

예를 들어 MAX7219모듈이라는 부품을 아두이노에서 사용하고자 할 때는 제조사에서 제공하는 'MAX7219FND.zip'이라는 라이브러리를 다운받아 사용해야 합니다. 다운받은 파일을 라이브러리로 등록하려면 그 파일은 압축파일(zip)형태만 가능합니다. 압축파일이 아닌 경우는 zip파일로 압축만 하시면 됩니다. 압축된 파일은 아두이노 개발환경의 메뉴 중에서 '스케치'를 클릭하고 부 메뉴가 나오면 '라이브러리 포함하기'를 클릭해서 또 하위메뉴가 나오면 '.ZIP라이브러리 추가'를 클릭하여 해당 zip파일이 보관된 폴더를 찾아가서 해당zip파일을 클릭만 해주시면 라이브러리로 등록이 됩니다. 등록된 라이브러리를 확인하려면 '스케치'를 클릭하고 부 메뉴가 나오면 '라이브러리 포함하기'를 클릭해서 또 하위메뉴가 나오면 그곳에 등록된 라이브러리들이 보여집니다.

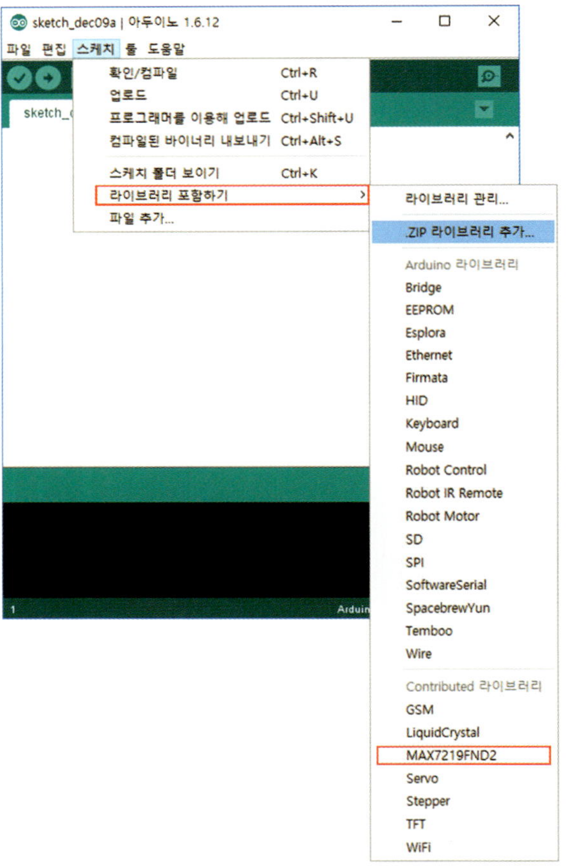

<그림 8-31> 라이브러리 사용방법

이렇게 등록한 라이브러리를 사용할 때는 스케치의 맨 위에 <MAX7219FND.h>라고 선언해주기만 하면 됩니다.

두 번째 라이브러리 사용방법은 여러분들이 작성한 스케치가 보관될 폴더에 해당 라이브러리를 압축이 풀린 형태로 넣어두고 스케치의 맨 위에서 "MAX7219FND.h"라고 선언만 하시고 사용하면 됩니다.

라이브러리를 등록하는 마지막 방법은 메뉴에서'스케치'클릭하고 '라이브러리 포함하기'에서 '라이브러리 관리...'를 클릭 하시면 아두이노사(社에)서 정리해 놓은 라이브러리매니저라는 창이 열리면서 라이브러리 목록이 보이게 됩니다.

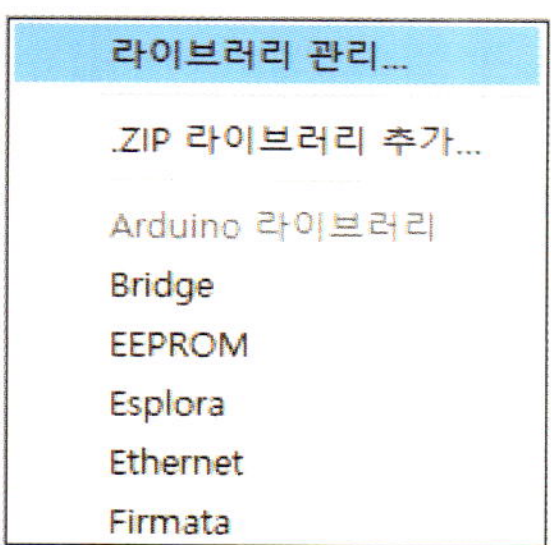

<그림 8-32> 라이브러리 관리선택

아래와 같이 라이브러리 매니저 창이 나오면 검색창에 원하는 라이브러리를 찾은 후 해당 라이브러리를 클릭하면 하단에 '설치'라는 버튼이 보이게 됩니다. '설치'를 클릭하시면 라이브러리가 아두이노 개발환경에 등록이 됩니다.

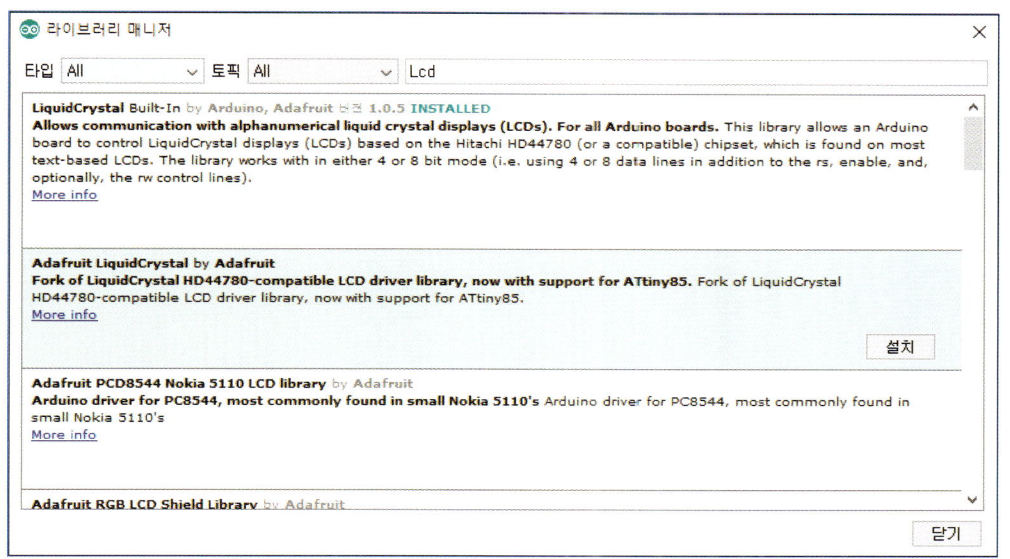

<그림 8-33> 라이브러리 검색

[제 9 장]

사물인터넷 구현을 위한 아두이노 보드 기초 응용

9.1 아두이노 보드의 입·출력 포트 사용방법

입·출력 포트란 아두이노 보드가 외부의 장치들과 대화(통신)하기 위한 창구를 의미합니다. 은행을 예로 들자면, '알리바바은행'은 총 10개의 창구에서 손님을 응대합니다. 10개의 창구 중 1~4번까지는 입금만 받는 창구로 사용하고 5~10번까지의 창구에서는 출금해주는 창구로 사용합니다. 그러나 돈을 은행에 맡기려는 입금손님이 많은 날은 1~6번 창구까지 입금 창구로 변경하여 사용하며 이때에 출금 창구라고 알고 온 손님이 알아볼 수 있도록 창구 앞에 '입금' 혹은 '출금'이라고 미리 써 붙여 놓습니다. 따라서 돈을 은행에 맡길 손님들은 입금이라고 써 붙인 곳에 대기하고 있다가 차례가 오면 은행규칙에 따라서 입금청구서에 맡길 돈 액수를 적어서 돈과 함께 예금하고 돈을 찾을 손님은 출금창구 앞에 기다리다가 차례가 오면 가서 은행직원과 얼마를 찾을 것인 지를 은행규칙에 맞게 출금청구서를 작성하여 원하는 만큼 자신의 돈을 출금합니다.

<그림 9-1> 입·출력 포트 예

아두이노 또한 위의 예에서처럼 여러 개의 창구(포트)를 가지고 있으며 입금창구(입력 포트)로 사용할지 출금창구(출력포트)로 사용할지를 필요할 때마다 정해서 사용할 수 있습니다. 즉 아두이노의 0~5번 포트(창구)는 입력으로 사용하고 싶을 때는 미리 0~5번을 입력으로 사용한다고 선언한 후 입력으로 사용을 하고 6~13번 포트(창구)를 출력으로 사용하고 싶을 때 또한 출력으로 사용한다고 선언한 후 출력으로 사용을 합니다. 아두이노에서 입력으로 사용한다는 의미는 외부장치를 통해 신호를 받기만 한다는 의미이고 출력으로 사용한다는 의미는 외부장치에게 신호를 주기만 한다는 의미입니다. 이러한 포트를 GPIO(General Purpose Input/Output, 범용 입·출력포트)라고 말하며 아두이노 보드를 제어한다는 것은 포트를 제어한다는 것과 같다고 해도 과언이 아닙니다.

신호를 주고 받는 방식에는 디지털 방식과 아날로그 방식이 있습니다. 아두이노에서 디지털은 전압이 5V인 때를 1(HIGH)이라고 표시하고 0V인 때를 0(LOW)이라고 표시하게 됩니다. 따라서 아두이노 포트에서는 디지털 입력신호가 5V이면 1이라고 인식되고 0V인 경우 0이라고 인식되고 출력 신호로 1을 주면 해당 포트가 5V가 나가게 되고 0을 주면 0V가 출력되게 됩니다.

그리고 아두이노에서 아날로그란 0과 1로 신호를 표시하는 것이 아니라 연속적인 데이터로 표시하는 것을 의미합니다. 우리가 살고 있는 세상, 즉 자연계는 모두 아날로그로 표시되어 집니다. 예를 들어 빛을 생각해보면 꺼진 빛과 켜진 빛 두개만 존재하는 것이 아니라 희미한 빛부터 약간 더 밝은 빛에서부터 중간 빛, 그리고 점차적으로 밝아지는 환한 빛 그리고 완전 환한 빛으로 연속되어 있으며 소리 또한 작은 소리부터 큰 소리까지 어마어마하게 많은 연속된 소리로 표현되어지고 있으며 이 외에도 우리가 인식하고 느껴지는 모든 것은 연속된 값이지, 켜짐 혹은 꺼짐, 즉 1과 0으로 만 표시되어 질수가 없다는 것입니다.

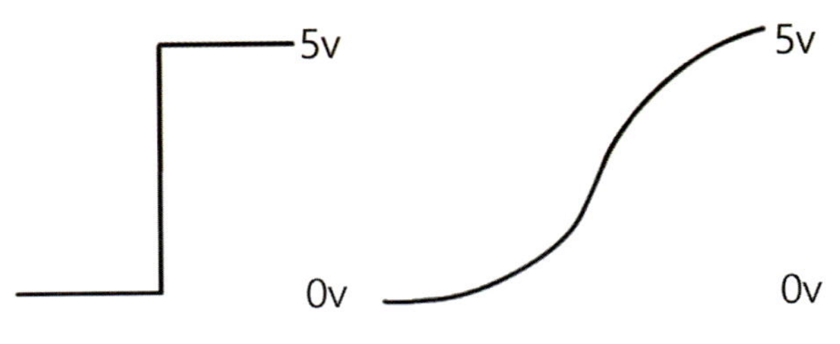

<그림 9-2> 디지털 방식과 아날로그 방식

모든 컴퓨터들은 이렇게 복잡한 구조의 아날로그 신호를 다루기가 어렵기 때문에 복잡한 아날로그 신호를 디지털 신호로 변환해서 사용하게 됩니다. 이렇듯 아날로그 신호를 디지털 신호로 바꿔주는 장치를 ADC(Analog-Digital Converter)라고 하며 좋은 성능의 ADC는 당연히 자연의 아날로그만큼 제대로 표현해줄 것입니다. 제대로 표현해 준다는 것은 "분해능이 좋다"라고 말하며 분해능이란 아날로그 신호를 얼마나 더 잘게 쪼개서 디지털로 표현해 주느냐를 의미하는 것입니다. 따라서 분해능이 높을수록 아날로그를 제대로 표현한다는 것이고 고정밀ADC라고 하는 것입니다.

아두이노의 ADC 분해능은 10비트로서 0V~5V의 들어오는 값을 1024 단계로 분해해서 읽을 수 있게 해줍니다. 사실 0V~5V 사이는 훨씬 많은 단계로 나누어져 있지만 아두이노에서는 10비트의 분해능을 지원하므로 우리가 어떤 제품을 설계할 때 그 점을 참고해서 개발해야 합니다.

아두이노의 UNO보드의 디지털 신호 포트는 0~13번까지 있으며 포트 0과 1은 시리얼 통신을 위한 포트이므로 일반 입·출력 포트로 사용하지 않으며 2~13번까지 사용하지만 인터럽트를 사용하고자 할 때는 2번 포트와 3번 포트를 사용하며 PWM(Pulse Width Modulation:)을 사용하고자 할 때에는 3, 5, 6, 9, 10, 11번 포트 중에서 사용하도록 설계되어 있습니다.

아날로그 입력 포트는 A0~A5 번까지 있으며 필요할 때는 이 포트들을 디지털 포트로 변경하여 입력 및 출력포트로 사용할 수도 있습니다.

<표 9-1>을 통해서 아두이노의 입·출력 포트를 디지털 방식 혹은 아날로그 방식으로 제어하는 방법을 참고하시기 바랍니다.

1) 디지털 포트를 입력 혹은 출력으로 사용하는 방법

<표 9-1> 디지털포 트의 입 · 출력 설정

디지털 코 드	입력으로 사용할지 출력으로 사용할지 선언하는 명령코드	디지털로 입력받거나 혹은 디지털로 출력하는 명령코드
입력	pinMode(핀번호, INPUT)	digitalRead(핀번호)
출력	pinMode(핀번호, OUTPUT)	digitalWrite(핀번호, 값)

만약에 디지털 포트 0번~13번 포트 중에서 13번 포트를 디지털 출력포트로 사용을 하려면 아래와 같이 스케치를 합니다.

```
pinMode(13, OUTPUT);      // 먼저 13번 포트를 출력(OUTPUT)으로 사용한다고 선언 함
digitalWrite(13, HIGH);   // 13번 포트에 HIGH 즉, 1이라고 출력하면 5V가 흐르게 됨
```

13번 핀을 입력으로 사용하고자 한다면

```
pinMode(13, INPUT);  // 먼저 13번 포트를 입력(INPUT)으로 사용한다고 선언 함
digitalRead(13);     // 13번 포트에서 외부 장치에서 주는 신호를 받음
                     // (즉 1 혹은 0 값을 읽어 들임)
```

2) 아날로그 포트를 입력 혹은 출력으로 사용하는 방법

<표 9-2> 아날로그 포트의 입 · 출력 설정

아날로그 코 드	아날로그 입력. 출력은 포트를 입력 혹은 출력으로 사용할지를 미리 선언하지 않아도 됩니다. 이유는 아래 함수에서 입/출력 설정 명령을 포함하고 있기 때문입니다.
입력	analogRead(핀번호)
출력	analogWrite(핀번호, 값)

만약에 A0~A5 아날로그 입력 핀 중에서 A1핀에서 아날로그 신호를 받으려면 아래와 같은 코드를 사용합니다. 디지털 포트와 다른 점은 미리 입력이라고 선언할 필요가 없이 바로 사용합니다.

```
analogRead(A1);
```

반대로 아날로그 신호를 출력하기 위해서는 A0~A5 포트를 사용하는 것이 아니라 디지털 포트 0~13번 중에서 3, 5, 6, 9, 10, 11번 포트 중에서 사용하는 점입니다. 뒤에서 설명이 나오니 지금은 3, 5, 6, 9, 10, 11번 포트는 'PWM포트'라고만 기억하시기 바랍니다.

```
analogWrite(3, 255);
```

9.2 아두이노 보드 내부의 LED 깜빡이기

LED는 사물인터넷을 구현하기 위해서 가장 기초적이면서도 가장 많이 쓰이는 부품 중에 하나랍니다. 예를 들어 물체가 근접거리에 있는지 체크하는 적외선 센서 및 초음파 센서는 물체가 센싱(체크)되면 불이 켜지게 한다든지 거리에 따라 불이(LED) 깜빡이는 속도가 빨라지게 동작하여 우리가 눈으로 식별할 수 있도록 할 때 쓰이는 부품입니다.

이와 같은 동작을 위해 아두이노의 디지털 입·출력 포트를 사용하여 아두이노 보드 안에 달려있는 LED를 깜빡이는 스케치를 만들어 보도록 하겠습니다. 아두이노 보드에는 3종류의 LED가 달려있습니다. 파워LED, 시리얼 통신 LED 그리고 13번 핀에 연결된 'L'이라고 표시된 LED가 있습니다.

우리는 13번 포트에 연결된 LED를 깜빡이게 할 것입니다. 방법은 1초마다 13번 포트에 HIGH(1) 신호를 줘서 LED에 전원이 들어오게 하고 다시 1초 후에는 13번 포트에 LOW(0)를 줘서 LED를 끌 것(OFF)입니다. 아래처럼 스케치를 해보시기 바랍니다.

```
void setup() {
  // put your setup code here, to run once:
    pinMode(13, OUTPUT);
}

void loop() {
  // put your main code here, to run repeatedly:
  digitalWrite(13, HIGH);
  delay(1000);
  digitalWrite(13, LOW);
  delay(1000);
}
```

<sketch 9-1> 아두이노 보드 LED 깜빡이기 소스

이미 설명드렸듯이 void setup()이라는 함수는 여러 가지 준비를 해두는 곳이라고 했습니다. 이 스케치에서는 13번 디지털 포트를 출력으로 사용할 것이라고 미리 선언하는 준비를 하고 있습니다. 이렇게 선언하면 13번 포트는 반드시 출력 기능으로만 제어해야 합니다. 준비는 출력으로 해놓고 실제 사용은 입력으로 하시면 원하는 않는 오작동을 하게 될 것입니다.

void loop()은 아두이노 보드가 계속 반복할 작업을 넣어둡니다. '반복'할 작업이라는 것에 대해서 혹시 의아해 하실 분을 위해 덧붙여 설명 드리자면 다음과 같습니다. 우리 인간은 똑같은 일을 기계처럼 반복하는 것은 대부분 좋아하지도 않고 그날 컨디션에 따라서 일을 많이 할 수도 있고 적게 할 수도 있을 것입니다. 컨디션이 안 좋은 날에 많은 일을 하다보면 실수가 일어날 확률도 높아집니다. 따라서 이런 반복적인 일은 기계나 로봇이 하는 것이 더 정확하고 또한 싫증을 내지도 않습니다. 아두이노 보드는 반복적인 일을 하기에 딱 적당합니다. 게다가 어느 정도 판단능력까지 프로그램 해두면 정말 똑똑하게 반복적인 일을 하게 되는 거죠. 위 스케치는 그냥 1초마다 끄고 켜기를 반복하는 것입니다. 만약 인간보고 하루 종일 스위치 앞에 서서 1초마다 끄고 켜고 있으라고 한다면 혁명(?)이 일어날지도 모릅니다.

다시 돌아와서 스케치를 조금 더 자세히 설명해보겠습니다. void setup() 부분에서 13번 포트를 출력으로 준비해두고 void loop()에서 digitalWrite(13, HIGH); 라고 명령하여 13번 포트에 디지털 출력 값 HIGH(1)를 보내라는 명령을 줍니다.

그리고 바로 다음 줄로 흘러와 delay(1000);이라는 1초(1C00) 동안 멈춰라(지연)라는 명령을 만나서 LED불이 켜진 채로 1초를 기다린 후 그 다음 줄로 흘러가서 digitalWrite(13, LOW);를 만나면 디지털 13번 포트에 LOW(0) 값을 보내서 LED에 불이 꺼지게 됩니다. 그 다음 줄에서 다시 delay(1000);으로 불이 꺼진 채로 1초를 기다린 후 다음 줄로 가야하는데 다음 줄에는 아무 코드도 없는 즉, 끝이기 때문에 다시 처음 줄로 올라가 처음부터 끝까지 실행을 반복하며 LED를 켜고 끄게 됩니다.

실제로 아두이노 개발환경에 위의 스케치(코드)를 입력한 후 아두이노 보드를 내 컴퓨터와 연결한 후 통신 상태를 확인하고 아두이노 보드에 업로드 해보시기 바랍니다. 업로드가 정상적으로 되었다면 아두이노 보드에 있는 'L'이라고 표시된 곳의 LED가 1초마다 켜지고 꺼지는 동작이 전원을 끄거나 새로운 프로그램(스케치)을 넣을 때까지 무한 반복될 것입니다.

9.3 외부 LED를 깜빡이기

이번에는 아두이노에 달린 LED가 아닌 별도로 LED를 구입하여 깜빡이게 하는 방법을 배워보겠습니다. LED를 제어할 때, 아두이노의 디지털 포트에다가 바로 LED를 연결하지 마십시요. LED는 약 20mA 정도의 전류만 흘리면 켜지는데 아두이노 보드의 각 핀(포트)에 흐르는 전류는 40mA 정도가 흐르고 있으므로 LED는 과전류로 인하여 조금씩 고장이 나게 됩니다.

즉, 아두이노 보드에서 LED를 제어하기 위해 digitalWrite(12, HIGH); 명령을 준다는 의미는 12번 포트에 전압은 5V를 주고 전류는 40mA를 흘린다는 의미이므로 20mA가 자신의 용량인 LED에게는 과하기 때문에 타버리거나 아두이노 보드까지 고장이 날 확률이 발생합니다. 따라서 외부 LED를 사용하려면 200옴~330옴 정도의 전류제한용 저항을 달아서 사용해야 합니다.

<그림 9-3> LED 그림을 보시면 + 부분을 에노드(Anode)라고 말하며 - 부분을 캐소드(Cathod)라고 합니다.

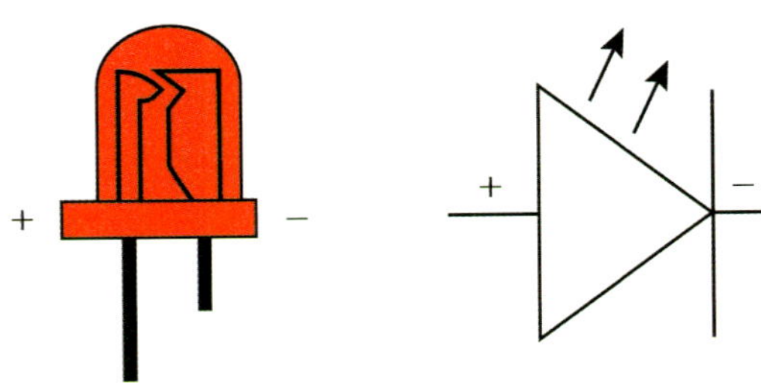

<그림 9-3> LED 구조

위 <sketch 9-1>에서 아두이노의 13번 포트에 달린 LED를 그냥 사용했던 이유는 해당 LED에는 전류제한용 저항이 이미 달려 있기 때문입니다. 그러나 13번 포트에 저항이 달려 있는 것은 아니므로 13번 포트를 통해 외부 LED를 제어하려고 한다면 전류 제한용 저항을 달아야 합니다. 저항은 애노드 혹은 캐소드 어느 쪽에 달아도 됩니다. 그리고 LED에 대해서 저항으로 전류제한을 한다는 것이 반드시 200옴이나 300옴을 달아야한다는 것은 아닙니다. 왜냐면 회로에 따라 100옴을 사용할 수도 있기 때문입니다. 일반적으로 이정도 값을 사용한다는 것일 뿐이지 여러분들이 설계하는 회로에 따라 전혀 다른 값을 사용할 수 있다는 점을 참고하시기 바랍니다.

실전으로 연습하기 위해 여러분들은 브래드보드(빵판)와 저항 200~300옴 사이를 하나 구하십시오. 여의치 않으신 분들은 프리징(Fritzing)이라는 프로그램을 통해 연습해보실 수도 있고 오토데스크사의 123D서킷을 사용하셔도 됩니다.

<배선도 9-1> 그림은 프리징이라는 프로그램을 통해 구성한 배선도입니다. 브래드보드에 LED와 저항을 아두이노의 12번 핀에 연결을 해서 제어를 해보도록 하겠습니다.

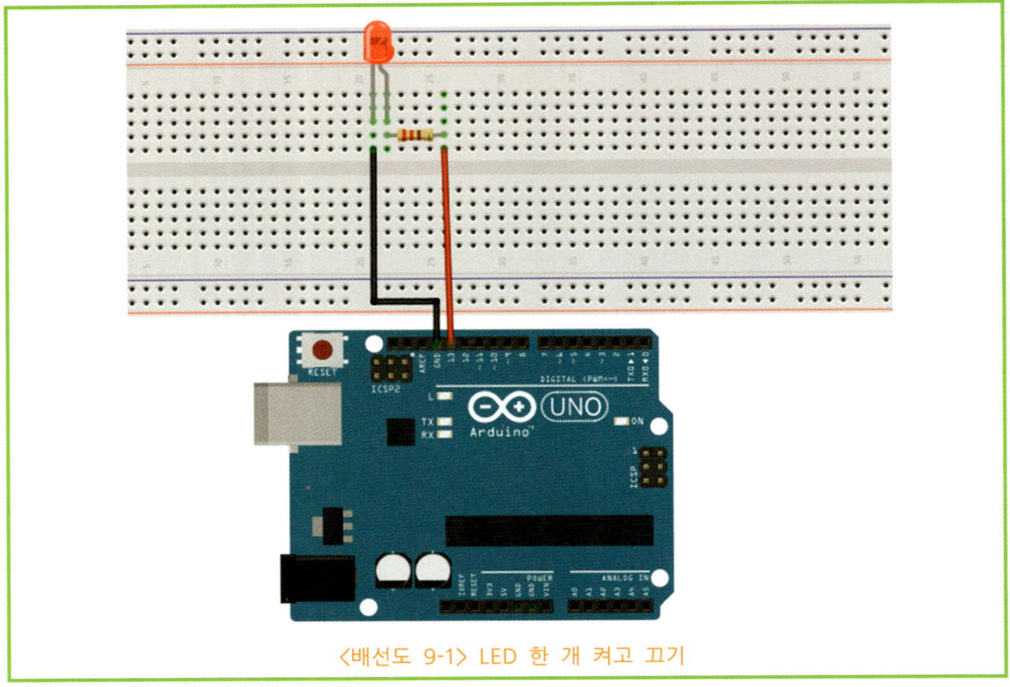

〈배선도 9-1〉 LED 한 개 켜고 끄기

이 배선도처럼 LED의 긴다리 쪽, 에노드(ANODE)라고 부르는 곳에 프러스(+)를 연결해주고 LED의 짧은다리(위 브래드보드에서는 직선다리) 즉, 케소드(CATHOD)라는 다리는 전류가 빠져나가는 GND, 쉽게 표현하면 마이너스(-)라는 곳으로 연결하던 됩니다.

그리고 저항은 아두이노 우노보드의 13번 포트에 연결하고 우노보드의 GND에는 LED의 캐소드와 연결하세요.

위처럼 브래드보드에 연결했다면 아두이노 개발환경을 통해서 깜빡이는 외부LED를 위한 스케치를 작성해보도록 하겠습니다.

```
void setup() {
  // put your setup code here, to run once:
    const int DelayTime=1000;
    const int LED=12;
    pinMode(LED, OUTPUT);
}

void loop() {
  // put your main code here, to run repeatedly:
  digitalWrite( LED, HIGH );
  delay( DelayTime );
  digitalWrite( LED, LOW );
  delay( DelayTime );
}
```

<sketch 9-2> 아두이노 보드 LED 깜빡이기 소스

코드를 살펴보면 <sketch 9-1>과 같지만 상수를 사용하여 12라는 숫자를 LED라는 이름(변수)으로 선언하고 1000이라는 숫자를 DelayTime이라는 이름(변수)에 대입하였습니다. 아두이노 보드를 내 컴퓨터와 연결하고 업로드를 해서 확인해 보시면 역시 작동은 위의 <sketch 9-1>과 동일하게 1초마다 LED를 켜고 끄기를 반복합니다. 아두이노 우노보드의 "L"이라고 표시된 곳의 LED도 함께 깜빡일 것입니다. 여러분들은 위 코드 중에서 13번 포트를 12번으로 바꾸고 브래드보드의 연결도 13번에서 12번으로 바꿔서도 연습을 해보시고 저항도 캐소드, 애노드와 바꿔가면서 감을 익히시기 바랍니다.

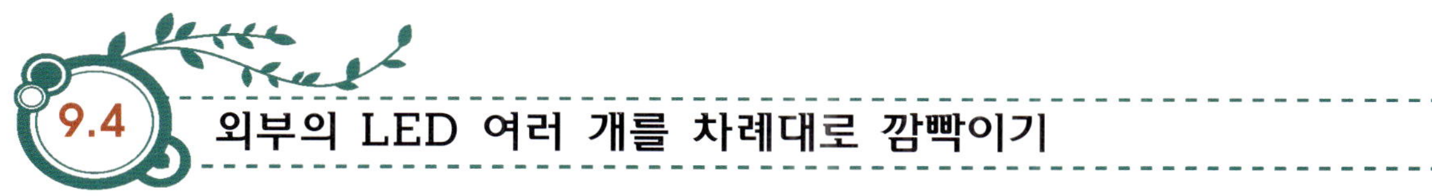

9.4 외부의 LED 여러 개를 차례대로 깜빡이기

외부LED 3개를 연결하여 하나씩 차례대로 1초 동안 불을 켜고 끄기를 반복하는 스케치를 작성해 보도록 하겠습니다. 1번 LED가 불이 켜지고 1초가 지나면 꺼지면서 2번 LED가 켜지고 다시 1

초가 지나면 꺼지며 그 다음 3번 LED가 1초 동안 켜지고 난 후 다시 1번부터 차례대로 켜지고 꺼짐을 반복 합니다. 오른쪽 옆에 회로도를 통해 동작을 살펴보도록 하겠습니다. 우선 D1, D2, D3 LED의 캐소드 부분은 모두 GND에 연결하여 전류가 마이너스(-)로 흐르도록 연결하였습니다. 그리고 각 LED에는 전류제한용 저항을 100옴을 달아서 LED허용전류인 20mA보다 과전류(넘치지 않도록)가 흐르지 않도록 연결한 상태입니다. 이렇게 회로를 모두 배선(연결)한 상태에서 이제 여러분의 상상력 혹은 목표하는 바대로 코딩을 통하여 다양한 제어를 할 수 있습니다. 3개가 동시에 켜지게 할 수도 있고 가운데만 켜지게 할 수도 있고 거꾸로 차례대로 켜지게 할 수도 있습니다. 이러한 다양한 제어는 코딩(스케치)을 통해 여러분이 원하는 데로 만들 수 있습니다. 즉, 회로설계는 하나지만 코딩(스케치)을 통해 다양한 동작으로 구현할 수 있다는 점입니다. 실습해보기 위해 아래와 같이 연결하십시오.

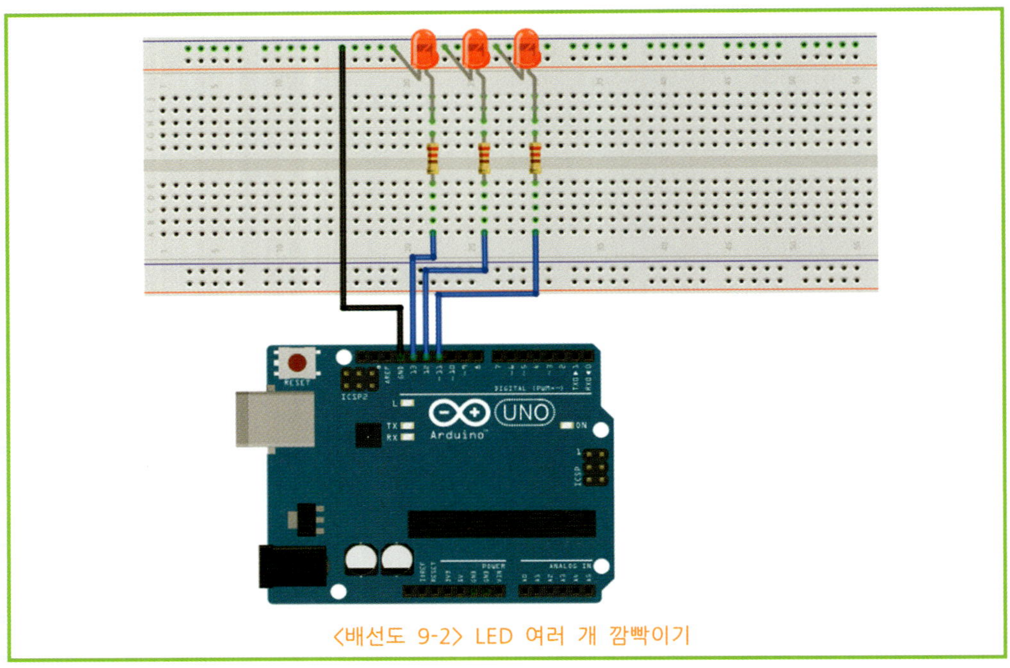

〈배선도 9-2〉 LED 여러 개 깜빡이기

그리고 아래와 같이 스케치하시기 바랍니다. <sketch 9-3> 스케치는 처음 의도한 바대로 1초 동안 차례대로 3개의 LED가 켜지고 꺼짐을 반복하는 코드입니다.

```
int led[] = {13,12,11};

void setup() {
  for(int cnt=0; cnt<3; cnt++){
  pinMode(led[cnt], OUTPUT);
  }
}
```

```
void loop() {
  for(int cnt=0; cnt<3; cnt++){
  digitalWrite(led[cnt], HIGH);
  delay(1000);
        digitalWrite(led[cnt], LOW);
        delay(1000);
  }
}
```

<sketch 9-3> LED 여러 개 깜빡이기 소스

코드를 자세히 설명해보겠습니다.

우선, int led[] = {13,12,11}; 라고 배열을 선언하면 led[0]이라는 곳에는 11번 포트가 led[1]이라는 곳에는 12번 포트가 led[3]이라는 곳에는 13번 포트가 대입되어 들어가게 됩니다. 그리고 setup() 함수에서는 for 반복문으로 0에서 2까지 반복하며 포트를 출력으로 만들어 놓습니다. 즉, cnt라는 for 구문에 따라 cnt 값이 0에서 2까지 변하며 pinMode(led[cnt], OUTPUT);는 0에서 2번까지의 숫자가 cnt 대신에 대입되어 출력모드로 만들어줍니다.

풀어서 보면 pinMode(led[cnt], OUTPUT); 은 아래와 같습니다.

```
pinMode( led[0], OUTPUT );
pinMode( led[1], OUTPUT );
pinMode( led[2], OUTPUT );
```

다음으로 loop() 함수를 살펴보니 이곳에서도 for문을 통해 3번 반복하며 13~11번 포트에 1초간 껐다가 켜고 있습니다. for(int cnt=0; cnt<3; cnt++){ … }라는 FOR문은 0에서 2까지를 반복하는 코드입니다.

```
digitalWrite(led[cnt], HIGH);    // 11~13번포트를 5V로
delay(1000);                     // 1초간 지연
digitalWrite(led[cnt], LOW);     // 11~13번포트를 0V로
delay(1000);                     // 1초간 지연
```

즉, 켜고 끄기를 3번 반복하는 것이지요.

9.5 스위치 사용하기

스위치는 우리주변에서 매우 다양하게 쓰이는 부품으로서 게임기의 발사버튼부터 아파트 엘리베이터의 층 버튼까지 생활 곳곳에서 많이 사용되고 있습니다. 아두이노에서도 특정 기능의 장치를 만들기 위해서는 많이 쓰이는 부품이므로 사용방법을 잘 익혀두시기 바랍니다.

<그림 9-4> 택트 스위치

스위치는 평상시는 양쪽이 끊어져 있는 상태로 전류가 흐르지 않다가 스위치를 누르면 양쪽이 연결되어 전류가 흐르도록 되어있습니다. 오른쪽 옆은 택트 스위치(Tact Switch)라고 부르며 대각선 1, 4방향으로 배선해두면 평상시 전류가 흐르지 않다가 스위치를 누르면 1, 4방향으로 전류가 흘러서 스위치가 작동하게 됩니다. 아두이노 보드는 이러한 스위치의 상태를 입력으로 받아서 원하는 기능을 구현하면 됩니다.

9.6 플로팅 · 풀업저항 · 풀다운 저항이란?

플로팅이란 갈피를 못 잡고 둥둥 떠다니는 상태를 의미합니다. 예를 들어 청기백기 게임은 청색 깃발과 백색 깃발을 놓고 상대방이 불러주는 깃발을 재빠르게 들어 올리는 게임입니다. 그런데 만약 눈앞에 프르스름한 깃발(?) 즉, 하얀 것 같기도 하고 파란 것 같기도 한 깃발 두 개가 있습니다. "파랑 깃발 들어!", "하얀 깃발 내려!"라고 상대방이 외치면 뭘 들고 뭘 내릴 건가요? 그렇죠..."에라~ 모르겠다!"하고 아무거나 들거나 내리든지 혹은 아무것도 결정하지 못한 채 눈이 크게 떠지고 황당한 표정으로 땀 흘리는 상태에 놓여 있을 수도 있을 것입니다. 바로 이런 상황을 아두이노로 설명한다면 플로팅 상태라고하며 HIGH(5V)인지 LOW(0V)인지 정해지지 않은 상태 혹은 HIGH(5V)일 때도 있고 어떤 때는 LOW(0V)일 때도 있는 상태를 말합니다. 풀업 저항 혹은 풀다운 저항이란 바로 이런 상태를 벗어나서 HIGH(5V)인지 LOW(0V)인지를 명확하게 아두이노 보드에게 밝혀주는 것을 말합니다.

<그림 9-5> 플로팅 설명

앞의 설명을 참고하여 이제부터는 실전으로 아두이노 보드의 디지털 포트에게 명확히 HIGH(5V)라고 알려주다가 스위치를 누르면 명확하게 LOW(0V)라는 값을 갖는 풀업저항에 대하여 살펴보도록 하겠습니다.

아래 그림 A처럼 연결되어진 풀업저항의 상태는 아두이노 핀(포트)에는 5V(HIGH)의 전압이 연결 됩니다. 왜냐하면 GND로 가는 스위치가 끊어진 상태이기 때문에 GND로는 연결되어질 수 없고 아두이노 포트로 5V의 전압이 연결되어지는 것입니다.

이것은 간단히 표현하면 마치 그림 B와 같이 연결된 것이나 마찬가지입니다. 따라서 아두이노 포트에서는 스위치가 눌려지지 않은 상태는 항상 HIGH(5V) 상태가 되므로 플로팅이 방지되는 것입니다.

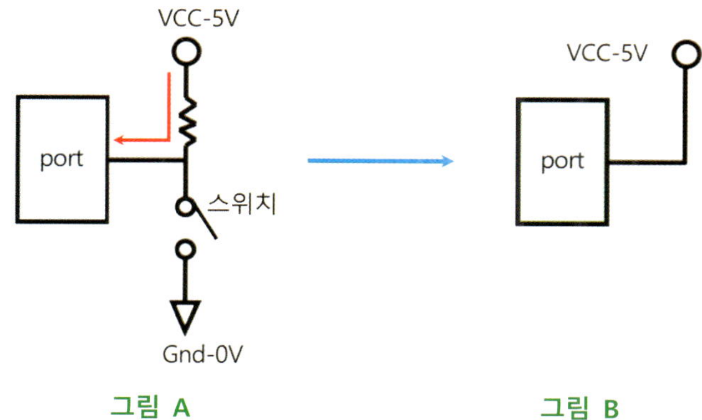

그림 A　　　그림 B

이번에는 스위치를 누른 상태를 확인해 보겠습니다. 아래 그림 C처럼 스위치가 눌려져 있을 때, 아두이노의 포트는 전위차가 가장 낮은 GND로 연결되므로 마치 그림 D와 같이 연결되어 있는 것이 되어 아두이노 포트는 LOW(0V)값이 읽혀질 것입니다.

따라서 위의 스위치를 뗀 상태는 HIGH(5V) 값이 나오고 아래처럼 스위치를 누른 상태는 LOW(0V) 값이 나오는 것입니다.

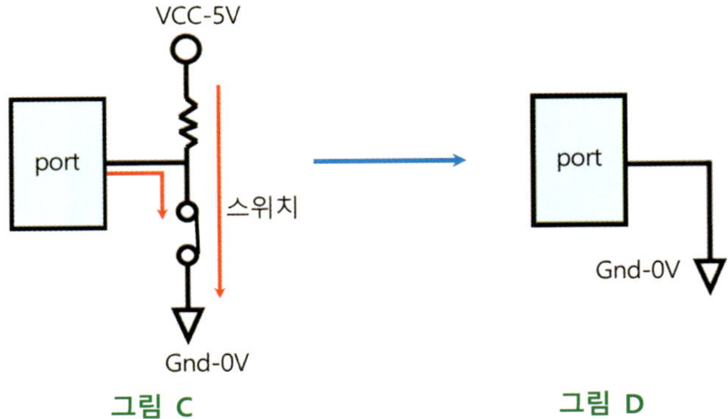

그림 C　　　　그림 D

풀다운 저항은 아래 그림 E처럼 VCC 즉, 5V의 전압 부분에 스위치의 한쪽이 달려있고 다른 한쪽은 아두이노의 포트와 저항의 한쪽이 연결되어 있으며 저항의 다른 한쪽은 GND에 연결되어 있는 상태입니다. 이 상태일 경우, 아두이노 포트에는 항상 LOW(0V)인 상태 즉, GND에 연결된 상태가 되어 마치 아래의 그림 F와 같은 상태가 됩니다.

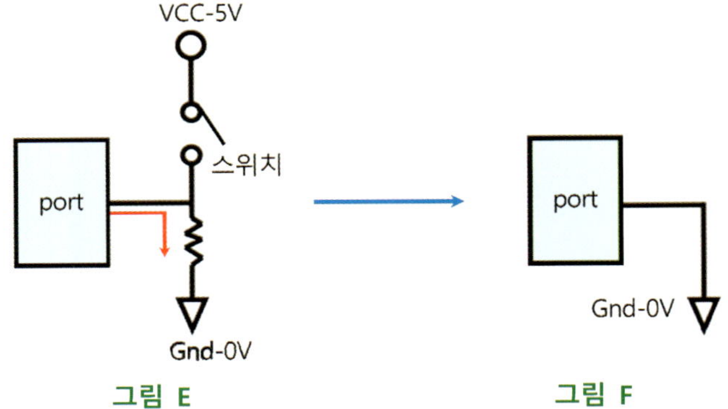

그림 E　　　　그림 F

그리고 풀다운 저항상태에서 스위치를 누르면 아두이노 포트에는 아래 그림 G처럼 VCC와 연결이 되어 HIGH(5V)가 됩니다. 마치 그림 H와 같이 연결된 것과 같습니다. 이처럼 풀다운 저항 상태에서는 평상시에는 명확하게 LOW(0V) 값을 아두이노 포트에 주고 있다가 스위치를 누르면 아두이노 포트에는 HIGH(5V)가 읽혀지므로 플로팅이 방지되는 것입니다.

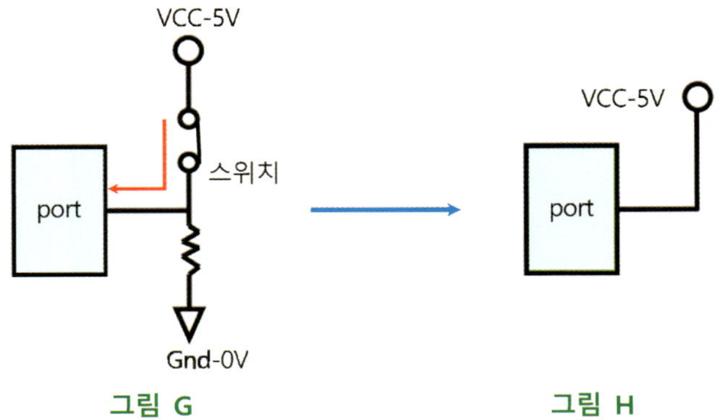

그림 G　　　　그림 H

이제 실전으로 스위치를 만들어볼까요? 먼저 <회로도 9-1> 회로도를 참고해서 보시기 바랍니다. <회로도 9-1>과 <배선도 9-3> 회로도와 배선도는 오토데스크사의 123D서킷을 이용한 것입니다.

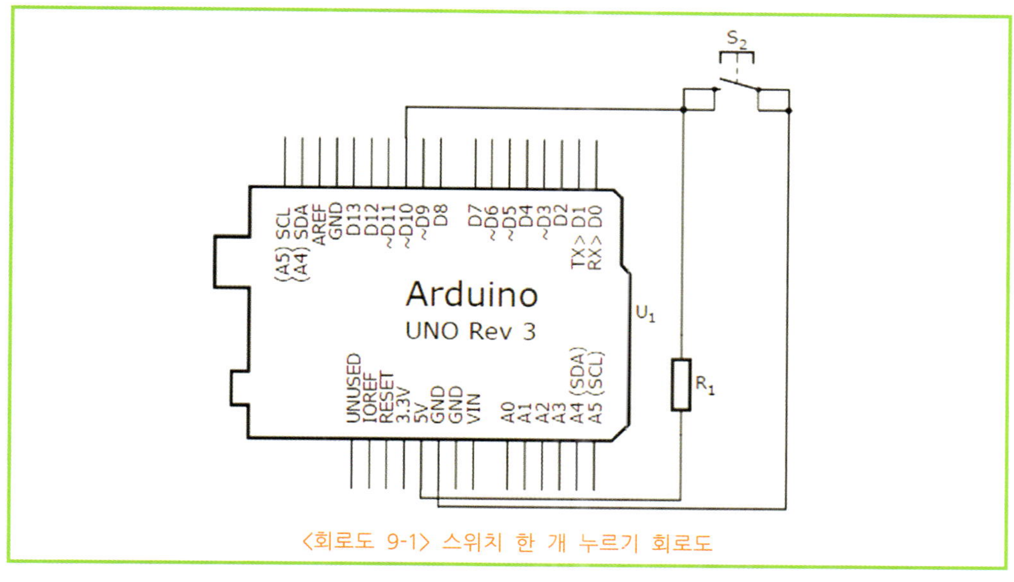

〈회로도 9-1〉 스위치 한 개 누르기 회로도

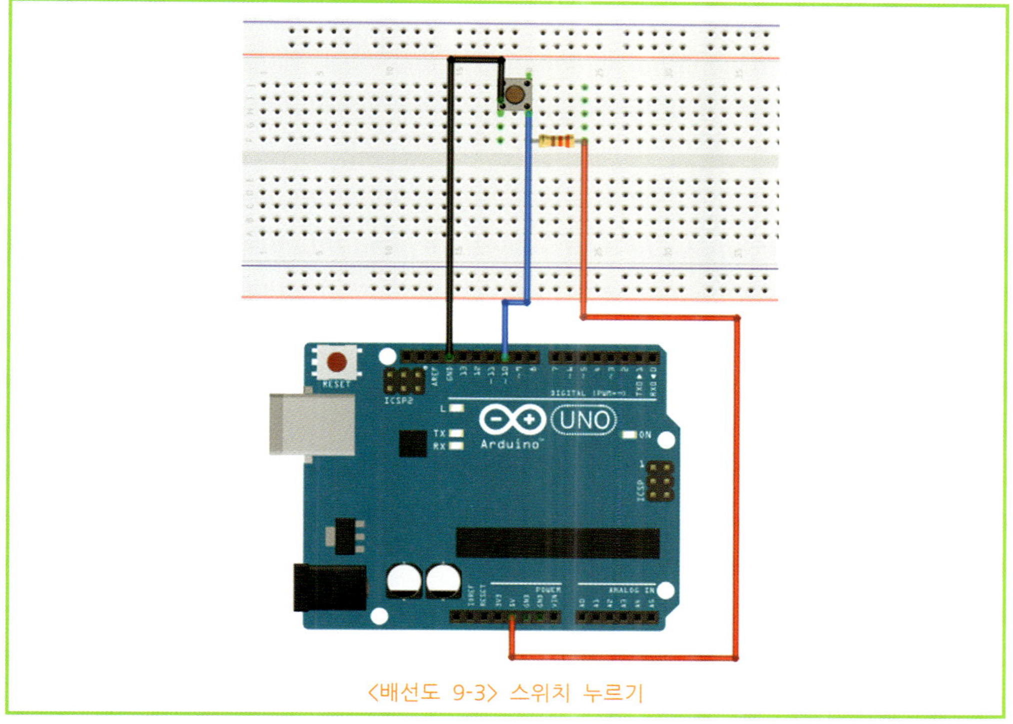

〈배선도 9-3〉 스위치 누르기

위의 그림처럼 브레드보드에 스위치와 저항, 그리고 아두이노 보드의 10번 포트와 배선해 보십시오.

배선이 끝난 후 아래처럼 코딩하고 업로드하세요. 스위치를 누를 때마다 아두이노 보드에 달린 LED에서 불이 켜질 것입니다.

```
const int led = 13;
const int sw = 10;

void setup() {
  pinMode(led, OUTPUT);
  pinMode(sw, INPUT);
}

void loop() {
  if(digitalRead(sw)==LOW){          // 만약 0V 가 흐르면
  digitalWrite(led, HIGH);       // 아두이노 우노의 LED를 켜라
  }else{
    digitalWrite(led, LOW);
  }
}
```

<sketch 9-4> 스위치로 LED 켜기

위 스케치를 설명해보도록 하겠습니다. 먼저 led에 아두이노의 13번 핀을 대입하고 sw에는 10이라는 값을 대입하여 led는 13번 포트임을, sw는 10번 포트임을 상수로 선언합니다. 그리고 void setup()에서는 pinMode(led, OUTPUT); 즉, led는 출력모드임을 그리고 sw는 pinMode(sw, INPUT); 즉, 입력모드임을 해당 포트에게 준비하라고 명령합니다.

다음으로 void loop()에서 반복 작동할 코드를 작성합니다. 살펴보면 digitalRead(sw); 명령으로 sw 즉, 10번 디지털 포트의 값이 HIGH(5V)인지 LOW(0V)인지 읽어 와서 만약에 포트에서 읽어온 값이 LOW(0V)이라면 digitalWrite(led, HIGH); 명령으로 LED를 켜고 스위치를 뗀 상태라면 digital Write(led, LOW); 명령을 통해 LED를 끄라는 것입니다.

이 스케치를 성공하시면 여러분은 다른 동작을 코딩만 바꿔가며 구현해 보시길 바랍니다. 예를 들어 스위치를 누르고 있는 동안에는 LED가 깜빡이고 스위치를 떼면 켜져 있는 동작을 하는 스케치를 만들어보세요. 항상 더 많이 상상하고 생각하는 사람이 더 많이 발전한답니다.

9.7 여러 개의 스위치로 여러 개의 LED 켜기

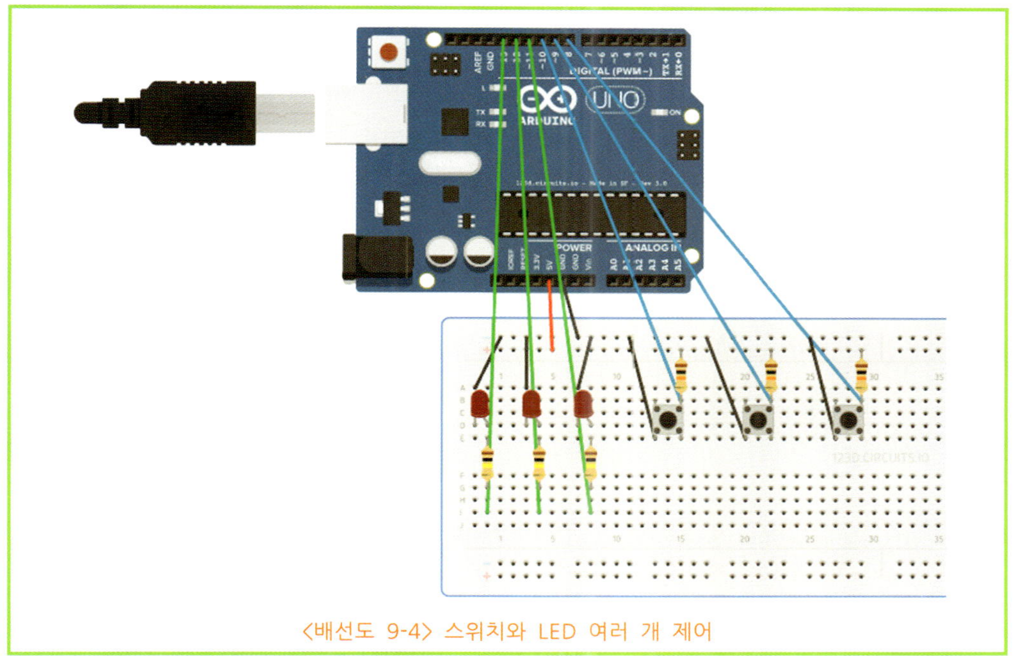

〈배선도 9-4〉 스위치와 LED 여러 개 제어

지금까지 배운 LED와 스위치를 활용해서 스위치 3개와 외부 LED 3개를 위 <배선도 9-4>처럼 배선하여 스위치 1을 누르면 LED 1번이 켜지고 2번을 누르면 2번 LED가 켜지고 3번을 누르면 3번 LED가 켜지는 동작을 구현해보겠습니다.

약간 복잡해 보이지만 한 부분씩 구분해서 보면 위에서 배운 내용과 같습니다. 항상 회로도를 볼 때는 기능별로 한 부분씩 해석한다면 아무리 복잡한 회로도라도 생각보다 쉽게 파악하실 수 있습니다.

포트 13, 12, 11번은 LED와 전류제한용 저항을 달아서 연결했고 포트 10, 9, 8번은 스위치와 저항이 달려있습니다.

다음 그림은 전형적인 풀업저항 스위치 회로입니다.

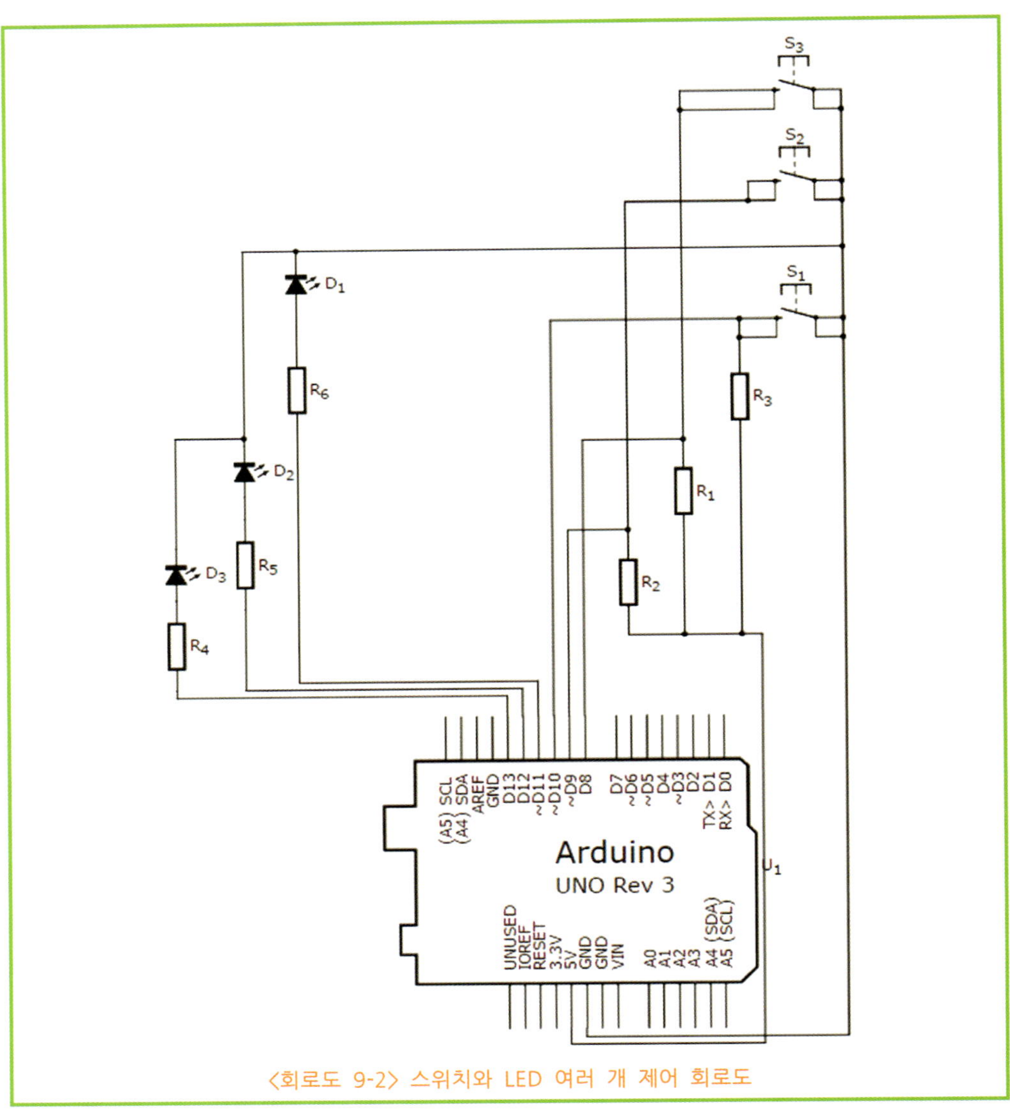

〈회로도 9-2〉 스위치와 LED 여러 개 제어 회로도

```
int led[] = {11,12,13};
int sw[] = {8,9,10};

void setup() {
  for(int cnt=0; cnt<3; cnt++){
  pinMode(led[cnt], OUTPUT);
        pinMode(sw[cnt], INPUT);
  }
 }
```

```
void loop() {
  for(int cnt=0; cnt<3; cnt++){
      if(digitalRead(sw[cnt])==LOW){
        digitalWrite(led[cnt], HIGH);
      }else{
        digitalWrite(led[cnt], LOW);
      }
  }
}
```

<sketch 9-5> 여러 개 스위치로 여러 개 LED 켜기

위 스케치는 배열인 sw에 스위치 포트 8, 9, 10번을 넣어두고 배열 led[]는 LED포트 11, 12, 13번을 넣어둡니다. 그리고 두 배열모두 for문을 통해 포트번호를 대입하도록 코딩하였습니다.

먼저 setup() 함수 안에서는 for문으로 led[0]에서 led[2]까지 보관된 11번 포트부터 13번 포트까지를 pinMode(led[cnt], OUTPUT); 명령을 통해 출력 포트로 선언합니다. 그리고 sw[] 배열도 마찬가지로 8~10번 포트까지를 pinMode(sw[cnt], INPUT); 명령으로 입력받는 기능으로 선언합니다.

다음으로 loop() 함수에서는 0에서 2까지 반복해가면서 sw배열 안에 있는 0에서 2까지에 들어있는 8,9,10번 스위치 중에서 눌린 스위치가 있다면 즉, LOW(0V)라면 해당 LED를 digitalWrite(led[cnt], HIGH); 통해 켜라고 지시합니다.

혹시나 배열 문과 for문을 잘 모르는 분을 위해 다시 한번 설명드리면 for문은 0~2까지 반복됩니다. for의 cnt값은 최초에는 0입니다. digitalRead(sw[cnt])은 digitalRead(sw[0])과 같습니다. 그리고 sw[]배열의 0번에는 8이 대입되어 들어가 있습니다.

또한 for문은 cnt값이 1씩 0에서부터 증가하여 2가 되면 끝나게 됩니다. 그리고 loop() 함수 안에 있는 코드는 맨 위부터 맨 아래코드까지 실행이 끝나면 다시 맨 위 시작 코드로 가서 처음부터 다시 반복하기 때문에 또 다시 for문을 만나 0부터 2까지 반복하면서 스위치 상태를 읽어서 스위치가 누르거나 누르지 않았을 때에 해당 LED가 켜지고 꺼지는 동작이 전원을 끌 때까지 반복하게 됩니다.

9.8 풀업저항, 풀다운저항 없이 스위치 사용하기

〈배선도 9-5〉 내부 풀다운저항 스위치

위 그림과 같이 12번 포트와 택트 스위치의 한쪽을 연결하고 대각선으로 다른 한쪽은 아두이노의 GND에 연결을 합니다. 단순한 배선이므로 회로도는 표시하지 않겠습니다. <sketch 9-6> 스케치에서 눈여겨 볼 부분은 pinMode(sw, INPUT);라고 하여 12번을 입력포트로 설정해 둔 상태에서 바로 digitalWrite(sw, HIGH); 명령으로 다시 12번 포트를 HIGH로 했다는 점입니다.

이렇게 특정포트를 INPUT으로 입력기능으로 해둔 상태에서 HIGH신호를 주면 풀업 저항으로 동작하게 됩니다. 따라서 이와 같이 구성하게 되면 외부풀업 저항 없이도 플로팅을 방지할 수 있는 스위치를 만들 수 있습니다. 스위치를 누르면 아두이노 내부LED에 불이 켜지면서 시리얼 통신으로 내 컴퓨터에 "LED ON"이라고 문자를 보내고 떼면 불이 꺼지며 "LED OFF"라고 표시하는 동작을 반복하게 됩니다.

```
int sw=12;
int led=13;
void setup() {
  Serial.begin(9600);
  pinMode(led, OUTPUT);
  pinMode(sw, INPUT);
  digitalWrite(sw, HIGH);
}
```

```
void loop() {
  if(digitalRead(sw)==LOW){
    digitalWrite(led, HIGH);
    Serial.println("LED ON");
  }else{
    digitalWrite(led, LOW);
    Serial.println("LED OFF");
  }
}
```

<sketch 9-6> 내부 풀업저항으로 스위치 사용하기

9.9 아날로그 출력(PWM)-펄스로 LED 제어하기

PWM(Pulse Width Modulation, 펄스 폭 변조)에 대해서 학습해 보도록 하겠습니다. 설명하기에 앞서 예를 들어 보도록 하겠습니다. '금빛글'이라는 언니가 있습니다. 동생 이름은 '은빛글'입니다. 금빛글 언니가 동생 은빛글의 볼을 잡아당깁니다. 10초의 시간 중에서 9초 동안 볼을 당기고 있는 것과 10초 중에서 2초만 볼을 당겼다가 놔주는 것 중에서 어느 쪽이 덜 아플까요? 왜 볼을 꼬집는지는 궁금해 하지 마세요. 예를 든 것이니까요. 당연히 2초만 꼬집고 8초간 쉬는 것이 덜 아프고 10초중에서 9초 동안 꼬집고 1초만 놓아 주고 다시 9초간 반복해서 꼬집는 것이 더 아플 것입니다. 왜냐면 마치 계속 꼬집는 것과 거의 같으니 말이죠.

PWM은 바로 그런 것입니다. 즉, 10초중에서 9초간 전원을 5V를 보내주고 1초 쉬고 다시 9초간 전원 넣고 1초 쉬기를 반복한다면 거의 연속적인 5V를 보내주는 것과 같습니다. 반면에 10초중에서 2초만 5V를 보내주고 8초간 0V를 보내준다면 이건 거의 0V 나 마찬 가지일 것 이구요.

<그림 9-6> PWM 설명 예

아두이노는 3, 5, 7, 9, 10, 11번 포트가 PWM포트라고 했습니다. 아두이노의 PWM포트는 0~5V 사이의 값을 주기적으로 변화시켜서 펄스를 만들어냅니다. 펄스란 우리 몸의 맥박과 같은 진동을 말하며 펄스를 이해하기 위해서는 몇 가지 용어의 의미를 알아야 하므로 아래의 그림을 보면서 설명해보도록 하겠습니다. 주기라는 것은 어떤 동작을 반복할 때에 한번 반복에 걸리는 시간을 말하며 진폭이란 진동이 있을 때 그 진동의 키(크기)를 의미하고 듀티 비(duty cycle)라는 것은 한 번의 주기(반복)때 특정 값을 가해주는 시간으로써 아두이노에서는 한번의 주기에 5V의 전원을 인가하는 시간을 의미합니다.

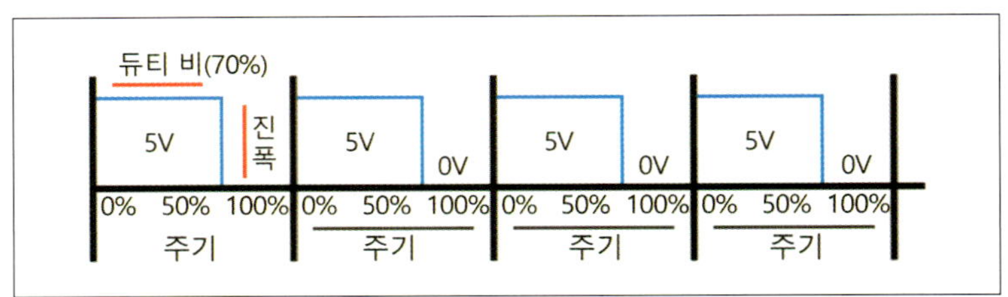

<그림 9-7> PWM 주기

위 그림을 보시면 한 번의 주기에 파랑색으로 표시된 듀티 비가 대략 70% 정도 반복되고 있습니다. 위와 같은 식으로 듀티 비를 0~100% 사이에서 얼마만큼을 주는가에 따라 주기 당 5V 전원을 공급하는 시간을 몇 %로 보낼 것인지를 결정하는 것입니다.

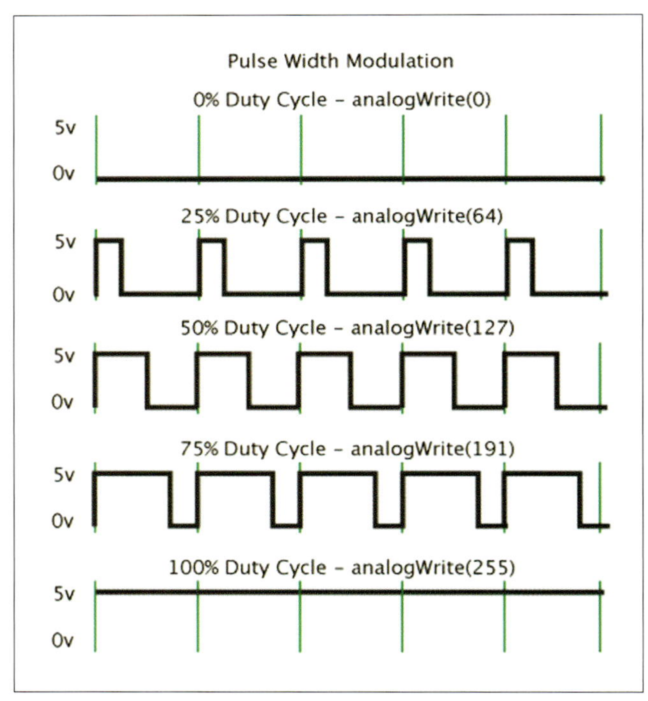

<그림 9-8> 아두이노사에서 공개한 PWM 값

예를 들어 한 주기가 1초라고 할 때에 듀티 비를 70% 준다면 1초 중에서 0.7초 동안 HIGH(5V) 신호를 주라는 의미인거죠. 한 주기에 70%라면 쉽게 계산하여 5V × 0.7 = 3.5V 정도의 전원이 공급되는 것과 같은 의미입니다. 따라서 90%를 주면 5V × 0.9 = 4.5V의 전원이 공급되는 것과 같고 30%를 주면 5V × 0.3 = 1.5V 정도가 흐른다는 의미이며 이렇게 PWM을 통해서 전원 공급량을 제어할 수 있다는 것입니다.

아두이노에서는 analogWrite()라는 명령으로 아날로그 형태로 포트에 PWM을 출력할 수 있습니다. analogWrite() 명령을 통한 출력 값의 범위는 0 ~ 255입니다. 만약에 analogWrite(0)을 주면 듀티 비를 0% 보내라는 의미이고 analogWrite(255)를 주면 100%의 듀티 비를 주라는 의미입니다. <그림 9-8>은 아두이노 홈페이지에서 소개하고 있는 PWM의 듀티 비와 analogWrite()의 값과의 상관 관계도입니다.

자~ 이제 실습을 통해서 몸소 체험해보도록 하겠습니다. <배선도 9-1> LED 한 개 켜고 끄기 예제에서 LED만 12번에서 11번으로 바꿔서 LED의 불이 PWM을 통해서 서서히 켜지고 서서히 꺼지는 스케치를 만들어 보겠습니다.

```
int brightnessLED=11;

void setup() {
   //
}

void loop() {
  for(int brightness=0; brightness<256; brightness++){
      analogWrite(brightnessLED, brightness);
      delay(10);
  }
  for(int brightness=255; brightness>1; brightness--){
      analogWrite(brightnessLED, brightness);
      delay(10);
  }
}
```

〈sketch 9-7〉 PWM으로 LED 서서히 켜고 끄기

처음에는 반복문(for)를 사용하여 analogWrite()으로 0에서 255까지 값을 점증(점점 증가)시켜 보내면 0V에서 5V까지 점차 높아지므로 led의 불이 차츰 환하게 되고 255까지 값이 도달하면 for문이 끝나며 그 다음 for문은 255에서 0까지 값이 줄어들게 되므로 불이 차츰 흐려지다가 꺼지게 됩니다. for문에서 delay(10)을 준 이유는 우리 눈으로 LED불이 서서히 켜지고 서서히 꺼짐을 확인 할 시간을 벌기 위함입니다.

9.10 아날로그 신호 받기-건전지 전압 측정하기

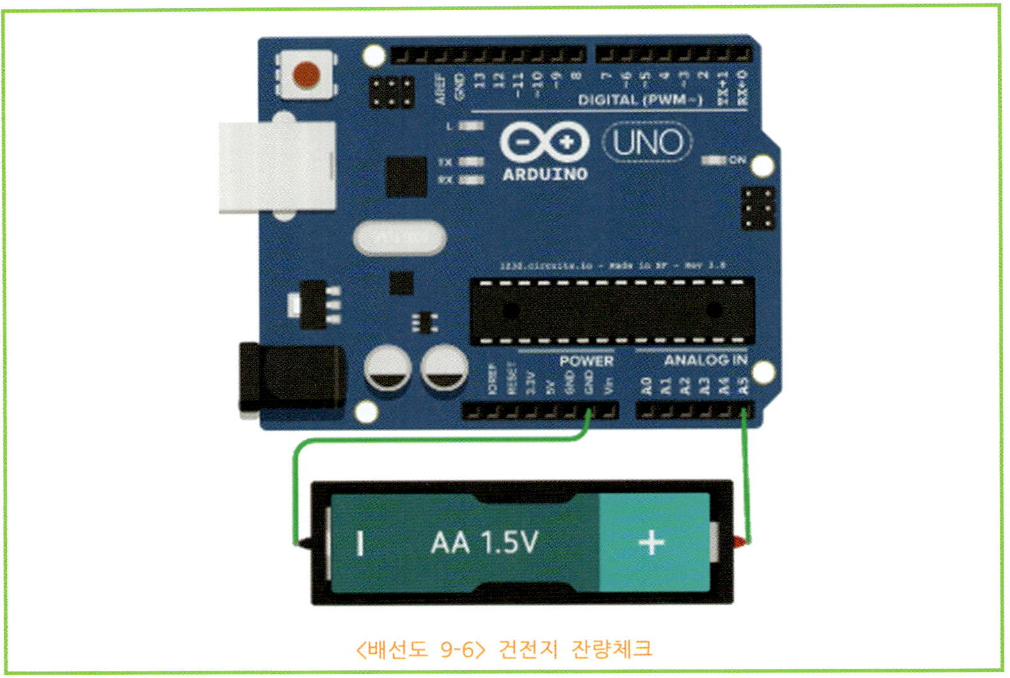

〈배선도 9-6〉 건전지 잔량체크

우리 생활 곳곳에서 사용하는 1.5V 건전지는 전압이 약 1.6V 정도로 채워져 있다가 사용하면서 점점 낮아집니다. 일반적으로 1.4V 이하로 떨어지면 정상적인 사용이 어렵습니다. 건전지의 전압이야말로 완전한 아날로그 값이므로 아날로그 값을 포트로 입력받아 측정해보는 연습을 하기에는 더 없이 좋습니다.

단지, 아두이노 포트가 완벽한 아날로그 값을 읽을 만큼 분해능이 좋지 못하다는 것이 아쉽지만 실험하기에는 충분한 분해능을 가지고 있으므로 전압을 체크하여 표시하도록 해보겠습니다. 아두이노 우노의 아날로그 입력 포트는 A0에서 A5까지 6개를 제공하고 있습니다. 이중에서 우리는 A5 포트에 건전지의 '+'를 연결하고 '-'를 GND에 연결하고 아래와 같이 스케치하시기 바랍니다.

```
float V = 5.0;
int bport = A5;

void setup(){
  Serial.begin(9600);
}
```

```
void loop(){
  int inV = analogRead(bport);
  float NowV = (inV / 1023.0) * V;
  Serial.println(NowV);
  delay(1000);
}
```

〈sketch 9-8〉 아날로그핀, 건전지 용량 읽기

건전지의 전압을 analogRead(bport); 명령으로 아날로그 입력포트 A5로 0V에서 5V사이의 값을 0~1023 값으로 쪼개서 입력받게 됩니다. 이렇게 받은 값을 다시 우리가 알아볼 수 있는 0에서 5V의 숫자로 변환하여 보여주려면

```
float NowV = (inV / 1023.0) * V;
```

라고 해주면 됩니다.

즉, 입력받은 전압을 1023.0으로 나누고 5.0V의 전원을 곱한 값을 시리얼 통신을 통해 내 컴퓨터로 1초마다[delay(1000);] 보내는 스케치입니다. 업로드 하신 후에 돋보기 모양 아이콘( )을 클릭하셔서 시리얼 통신 창을 열고 1초마다 나오는 아두이노가 측정한 값과 테스터기로 측정한 값을 비교해 보시기바랍니다.

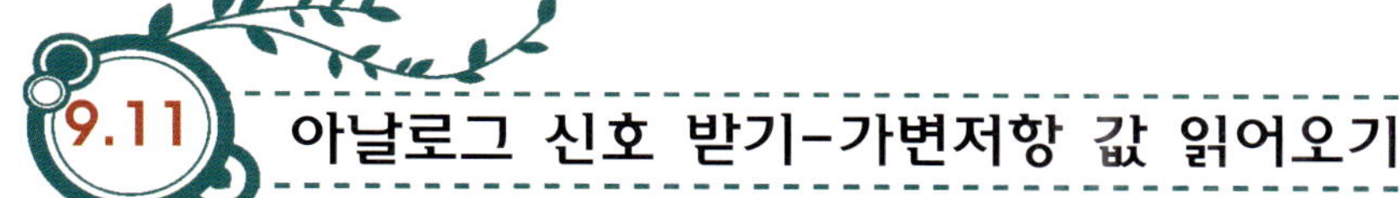

9.11 아날로그 신호 받기-가변저항 값 읽어오기

가변저항(potentiometer)은 우리 일상생활에서 다양하게 사용되는 부품으로서 라디오 볼륨부터 시작해서 조명 밝기 조절, 난방기 온도 조절 등 많은 제품에서 볼 수 있습니다. 가변저항은 일반적으로 3핀으로 이루어져서 한 핀은 아날로그 신호를 보내는 선으로써 아두이노의 아날로그 포트와 연결해야하며 나머지 양쪽은 5V 전원과 GND를 연결해주면 됩니다. 위 <배선도 9-7>처럼 아날로그 입력 포트인 A5로 가변저항의 값을 읽어서 아날로그 출력이 가능한 11번 포트에 외부 LED에게 읽은 아날로그 값만큼 출력을 할 것입니다.

아두이노에는 어떤 범위의 값을 특정 범위의 값으로 환산하는 map()이라는 함수가 있습니다. 이 함수는 예를 들어 아두이노 아날로그 입력포트는 0V에서 5V까지의 아날로그 전압을 0~1023까지로 분해하여 읽어온다고 했습니다.

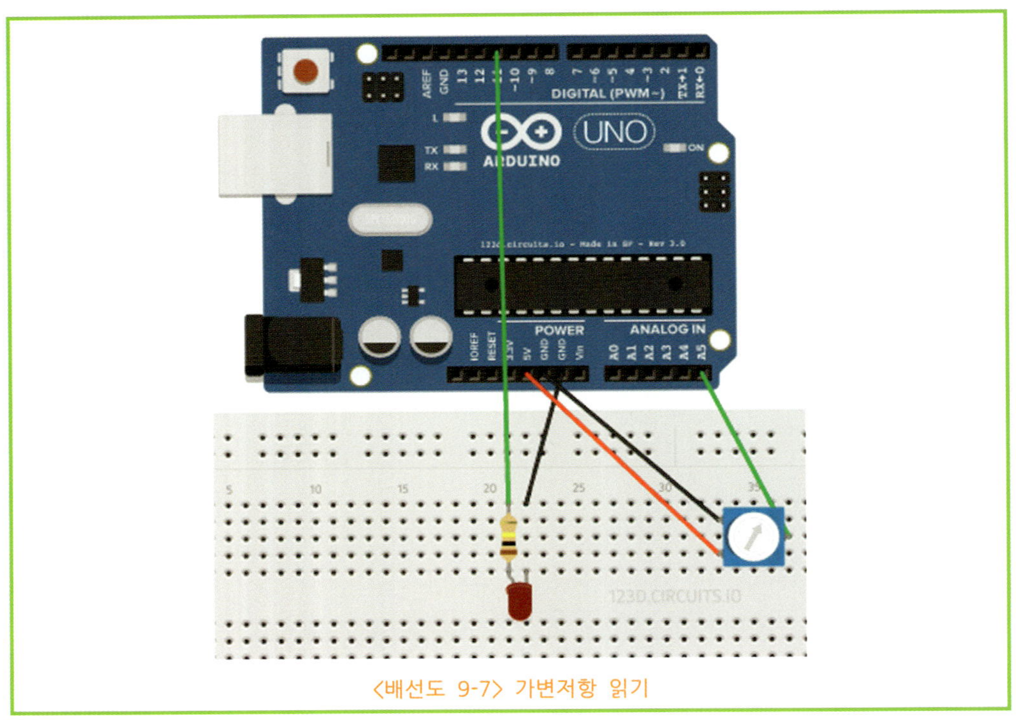

〈배선도 9-7〉 가변저항 읽기

이 값을 0~100%로 변경하여 표시하고 싶을 때에 사용하는 함수가 바로 map() 함수입니다. 아날로그 입력포트 A5에서 가변저항의 값을 읽어오면 0~1023까지의 범위로 입력되어 들어옵니다. 이 값을 0~100%로 환산하여 표시하고 싶을 때는 map(A5, 0, 1023, 0, 100);이라고만 명령해주면 됩니다. 만약 100~500 사이의 값으로 환산하고 싶으시다면 map(A5, 0, 1023, 100, 500);이라고 명령을 내리면 됩니다. 매우 단순해서 특별히 더 설명할 필요도 없죠?

```
int brightnessLED=11;
int bport= A5;

void setup() {
}

void loop() {
  int inV = analogRead(bport);
  chV= map( inV, 0, 1023, 0, 255 );
  analogWrite( brightnessLED, chV );
}
```

〈sketch 9-9〉 map() 함수를 활용한 가변저항으로 LED 켜기

스케치를 살펴보면 먼저 bport라는 변수에 아날로그 입력포트인 A5를 대입하고 analogRead 명령으로 bport 즉, A5포트를 읽습니다. analogRead() 함수는 정수 0~1023까지의 값을 읽어내

는 함수이기 때문에 inV라는 정수 변수에 넣었습니다. 그리고 map() 함수를 이용하여 0 ~ 1023의 값을 가진 inV라는 변수를 다시 0 ~ 255 범위의 값으로 바꿔서 analogWrite() 함수를 통해 0 ~ 255의 값인 PWM으로 출력하게 됩니다. 앞에서 설명했듯이 아두이노 우노의 PWM 출력포트는 3, 5, 6, 7, 9, 10, 11이며 0 ~ 255 사이의 값으로 아날로그 출력을 할 수 있기 때문에 위 스케치에서는 0 ~ 255 값으로 변환하여 출력한 것입니다.

9.12 아두이노로 멜로디 연주하기

PIEZO(피에조)라는 부품은 스피커의 일종으로 주파수의 변화에 따라 안에 들어있는 소리를 내는 물질이 늘어났다가 줄어들었다하는 진동과정을 통해 소리를 내는 방식입니다. 사람의 성대를 흉내 내서 소리를 발생시킨다고 생각할 수 있겠습니다.

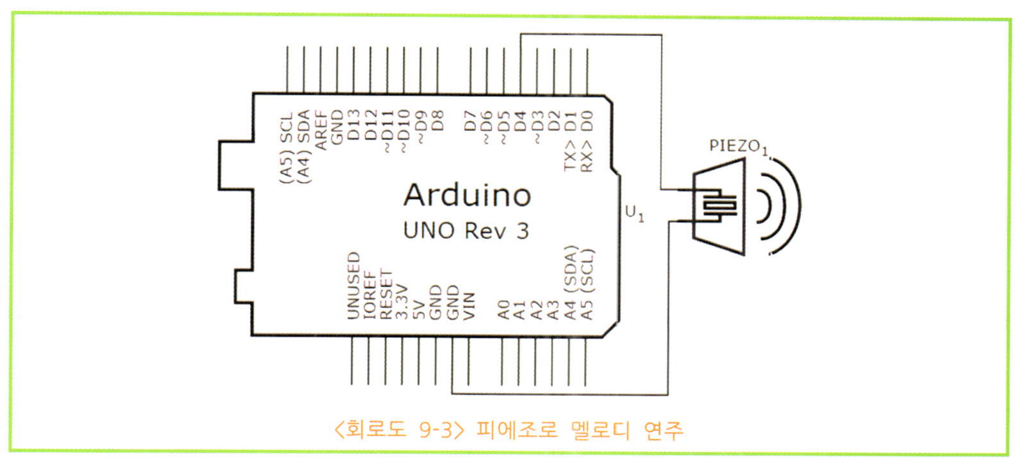

〈회로도 9-3〉 피에조로 멜로디 연주

〈배선도 9-9〉 피에조로 멜로디 연주

위 회로도와 배선도를 보시고 연결하십시오. 피에조의 + 부분은 아두이노 포트4번과 연결하시고 피에조의 - 부분은 아두이노의 GND에 연결하십시오.

아두이노가 음을 만들어내기 위해서는 tone() 함수를 이용합니다. tone(4,440,1000) 명령은 4번 포트에 연결된 피에조에게 440Hz의 주파수를 1초간 발생시키라는 명령입니다. 이렇게 명령을 내리면 피에조에서 소리가 나는 것입니다. 그리고 소리가 만들어지는 지속시간을 delay(); 함수로 지연시켜 줘야만 우리가 소리를 들을 수 있답니다.

아두이노사(社)에서는 기본적으로 음계주파수를 샘플로 제공하고 있습니다. 해당 음계주파수대로 값을 주고 실행하면 어떤 멜로디라도 연주할 수가 있는 셈입니다. 음계주파수를 샘플인 piches.h 파일도 역시 구글 검색을 해보시면 수두룩하게 찾을 수 있습니다.

```
int piezo=4;

void setup() {
  tone(piezo, 400, 1000);
  delay(1300);
  noTone(piezo);
}
void loop() {
  // 반복하지 않을 것이므로 코드가 없음.
}
```

〈sketch 9-10〉 Tone함수로 소리내기

우선, 간단히 1초간 삐~ 소리 정도만 나고 멈추는 스케치를 실습해보겠습니다. int piezo=4; 명령을 통해 피에조가 4번 포트에 연결되어 있음을 선언합니다. 반복해서 소리를 낼 것이 아니므로 void loop()에 코드를 넣지 않고 void setup()에 tone(piezo, 400, 1000); 명령으로 4번 포트에 1초 간 400Hz의 주파수를 보냅니다. 그리고 delay() 함수를 통해 출력시간의 30% 정도를 더한 값을 지연시킨 후에 noTone(piezo); 명령으로 소리를 멈추게 하고 있습니다.

아두이노사(社에)서 제공하는 코드표를 한번 볼까요? 아래 음계와 옥타브가 표로 정리되어 있습니다. 소수점은 반올림하여 사용하시면 해당 소리를 낼 수가 있습니다. 즉 6옥타브의 솔(G)은 tone(piezo, 1658);이라고 하시면 됩니다. <표 9-3>은 아두이노사(社)에서는 piches.h라는 라이브러리로 제공해주고 있습니다.

<표 9-3> 멜로디 연주하기

옥타브 / 음계	1	2	3	4	5	6	7	8
도(C)	32.7032	65.4064	130.8128	261.6256	523.2511	1046.602	2093.005	4186.009
도#(C#)	34.6478	68.2957	138.5913	277.1826	554.3653	1108.731	2217.461	4434.922
레(D)	36.7081	73.4162	146.8324	293.668	587.3295	1174.659	2349.318	4698.646
레#(D#)	38.8909	77.7817	155.5635	311.1270	622.2540	1244.508	2489.016	4978.032

미(E)	41.2034	82.4069	164.8138	329.6276	659.2551	1318.510	2637.020	5274.041
파(F)	43.6535	87.3071	174.6141	349.2283	698.4565	1396.913	2793.826	5587.652
파#(F#)	46.2493	92.4986	184.9972	369.9942	739.9888	1479.978	2959.955	5919.911
솔(G)	48.9994	97.9989	195.9977	391.9954	783.9909	1567.982	3135.963	6271.927
솔#(G#)	51.9130	103.8262	207.6523	415.3047	830.6094	1661.219	3322.438	6644.875
라(A)	55.0000	110.0000	220.0000	330.0000	880.0000	1760..000	3520.000	7040.000
라#(A#)	58.2705	116.5409	233.0819	466.1638	932.3275	1864.655	3729.310	7040.000
시(B)	61.7354	123.4708	246.9417	493.8833	987.7666	1975.533	3951.066	7902.133

<sketch 9-11>은 위의 표를 토대로 하여 간단한 연주를 하는 스케치입니다. 우선 아두이노사에서 제공해주는 음계주파수인 "pitches.h" 라이브러리를 다운 받아서 스케치가 저장되는 위치에 넣고 스케치 맨 위에 음계주파수 라이브러리를 포함하라고 선언해주면 됩니다.

```
#include "pitches.h"
int piezo=4;
int melody[] = {
                NOTE_G4,NOTE_G4,NOTE_A4,NOTE_A4,NOTE_G4,
                NOTE_G4,NOTE_E4,NOTE_G4,NOTE_G4,NOTE_E4,
                NOTE_E4,NOTE_D4,NOTE_G4,NOTE_G4,NOTE_A4,
                NOTE_A4,NOTE_G4,NOTE_G4,NOTE_E4,NOTE_G4,
                NOTE_E4,NOTE_D4,NOTE_E4,NOTE_C4
};

int noteDurations[] = { 4,4,4,4,4,4,2,4,4,4,4,1,4,4,4,4,4,4,2,4,4,4,4,1
};

void setup() {

  for (int thisNote = 0; thisNote < 24; thisNote++) {
    int noteDuration = 1000 / noteDurations[thisNote];
    tone(piezo, melody[thisNote], noteDuration  );
    int pauseBetweenNotes = noteDuration * 1.30;
    delay(pauseBetweenNotes);
    noTone(8);
  }

}

void loop() {
  // no code
}
```

<sketch 9-11> 멜로디 연주하기

melody[] 배열 안에는 연주할 음계를 넣습니다. 이 스케치에서는 '학교종이 땡땡땡'을 연주할 것입니다. '학교종이 땡땡땡'에 맞는 음계를 찾아서 melody[] 배열 안에 넣고 noteDurations[] 배열에는 각 음표를 넣어둡니다. 멜로디를 반복하여 재생하지 않을 것이기 때문에 loop()을 사용하지 않고 setup()에 코드를 넣었으니 딱 한번만 재생될 것입니다. 가장 먼저 for문이 배열에 있는 '학교종이 땡땡땡'의 총 23개의 음계와 박자를 꺼내기 위해 23번을 반복할 것입니다.

noteDuration 값에 noteDurations[] 배열의 첫 번째 요소인 4를 불러와서 1000으로 나눈 값이 들어가면 4분 음표가 됩니다. 만약 8분음표로 하고 싶다면 8을 넣어주시면 됩니다. 그리고 tone(piezo, melody[thisNote], noteDuration); 명령으로 배열에 있는 음계와 음표를 차례대로 꺼내와서 소리를 내며 pauseBetweenNotes 변수에 음표의 1.3배의 수치를 만들어 delay() 함수에 넣어서 지연시켜 가면서 음표와 음표 사이를 구분해주고 있습니다.

[제 10 장]

외부세계를 감지하는 사물인터넷

외부세계의 다양한 물체를 감지하고 인식하는 센서들을 활용하여 다양한 사물인터넷 제품들을 만들어 볼 수 있습니다. 예를 들어 문이 열리면 경보로 알려즈는 기술이라든지 접근하는 물체가 있을 경우 몇 미터(M)나 센치(Cm)만큼 접근해 왔는지 측정하여 정보를 스마트 폰이나 PC에게 전송해 줄 수 있습니다.

즉, 적외선 센서를 통해 문 열림을 감지하고 이를 즉시 무선 와이파이 쉴드를 통해 아두이노 보드가 상태를 변화시켜 놓으면 상태변화를 체크하는 스마트폰 앱에서 경보로 알려주는 동작을 만들 수도 있습니다.

또한 제11장 엑츄에이터 부분의 DC모터 및 서보모터를 이용하여 열린 문을 닫을 수도 있습니다. 이러한 동작을 자유자재로 구현할 실력을 쌓기 위해 이번 장에서는 다양한 감지센서에 대해서 알아보도록 하겠습니다.

10.1 광 센서(LDR-light dependent resistor)

광 센서는 빛을 감지하는 센서로써 단순히 밝고 어두운 정도를 감지하는 센서부터 어마어마하게 밝은 몇 만 조도(Lx-룩스)까지 측정하는 정밀 디지털 조도센서까지 있습니다만 우리는 아날로그 형태의 광 센서인 CDS셀을 통해 아두이노에서 빛을 감지하는 부품에 대해 알아보도록 하겠습니다.

CDS 센서는 황화카드뮴이라는 화합물로서 빛이 많이 들어오면 저항이 작아지고 빛이 조금 들어오면 저항이 커지는 성질을 이용하여 빛의 양을 감지하는 광도전소자입니다.

CDS는 아날로그 소자이므로 아두이노의 아날로그 포트를 통해 CDS가 감지한 값을 읽어 와야 합니다.

먼저, 광 센서를 활용하여 어떤 동작을 시켜볼 지 생각해 볼까요? 산업현장에서 가장 많이 사용되는 기술은 바로 어두워지면 전등이 들어오게 하는 장치입니다.

CDS로 빛이 있는지 없는지 체크하여 어두워지면 전등을 켜고 환해지면 전등을 끄는 것이죠. 또 다른 아이디어도 생각해볼까요? 꽃을 연상해 보겠습니다. 꽃은 햇님이 떠올라 밝아지면 활짝 피었다가 달님이 오는 어두운 때에는 고개를 숙이거나 오므라져 있습니다.

우리는 이와 같은 동작을 아두이노 보드를 통해 구현해 보겠습니다.

다음 그림처럼 CDS셀의 한쪽은 VCC(+전원)에 연결하고 다른 한쪽은 1K옴의 저항을 통해 GND(0V)에 연결하시고 사이에 아두이노의 아날로그 입력포트 A0을 연결해보십시오. 회로도는 다음과 같습니다.

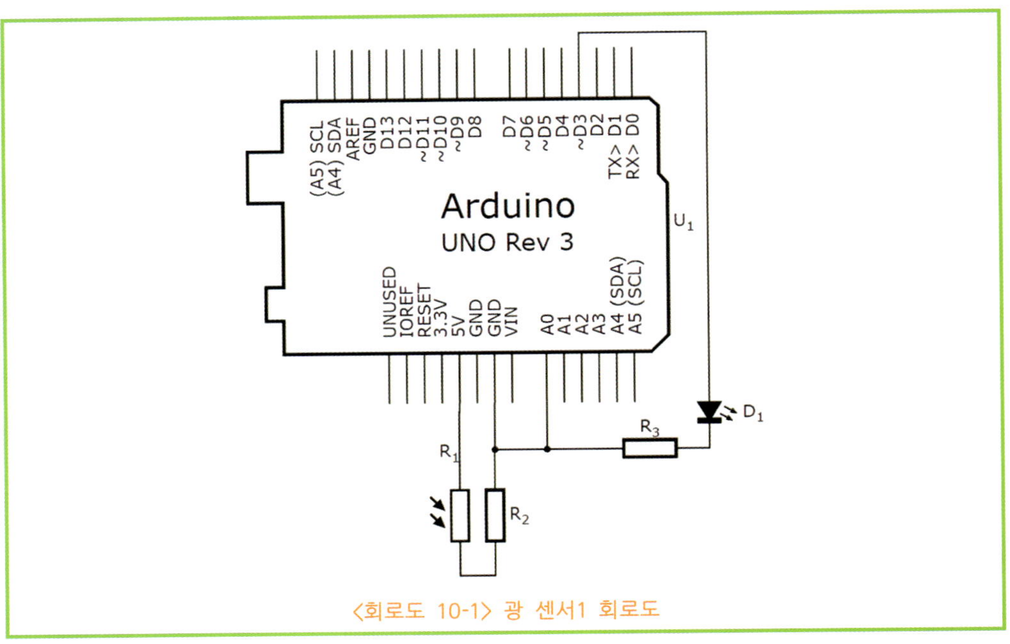

〈회로도 10-1〉 광 센서1 회로도

〈배선도 10-1〉 광 센서1 브래드보드

아두이노의 아날로그 출력 포트인 3번 핀에 연결된 LED는 빛이 밝을 때에 꽃이 활짝 피듯이 가장 밝게 빛나게 되고 빛이 없어지면 LED도 점점 꺼지게 됩니다. 실험하는 방법은 여러분들 스마트폰에서 '플래시(FLASH)'와 같은 불을 밝히는 앱을 이용하여 CDS 가까이 가면 LED가 엄청 밝아질 것이고 반대로 손으로 가리는 등의 동작으로 CDS를 어둡게 하면 LED의 불빛도 점점 어두워질 것입니다. 위 회로는 CDS에서 감지되는 값이 빛이 밝을 때에 수치가 높게 나오고 높은 수치는 3번

PWM포트에 높은 출력 값을 보내게 됩니다.

스케치를 하기 전에 시리얼 통신을 통해 CDS 값을 읽어서 내 컴퓨터에 표시하여 CDS의 빛에 따른 변화를 확인하는 스케치를 작성해 보겠습니다.

```
int brightnessLED=3;
int cds= A0;
void setup() {
   pinMode(brightnessLED, OUTPUT);
   Serial.begin(9600);
}

void loop() {
  int inV = analogRead(cds);
  Serial.println(inV);
  analogWrite(brightnessLED, map(inV,0,1023,0,255) );
  delay(100);
}
```

<sketch 10-1> 광 센서 다루기

스케치를 해석해보겠습니다. 먼저 LED를 달아 줄 3번 포트는 PWM방식의 아날로그 출력을 하도록 pinMode(brightnessLED, OUTPUT);으로 선언해주고 아날로그 입력 포트인 A0 포트에서 int inV = analogRead(cds); 명령으로 광 센서의 값을 읽어서 inV라는 변수에 담아 두고 이 값을 map(inV,0,1023,0,255) 함수로 0~1023 사이로 읽혀진 아날로그 값을 0~255값으로 환산한 다음 LED(brightnessLED)에게 0~255 사이의 값으로 보내면 LED 불빛이 밝아졌다가 어두워졌다가를 반복하게 됩니다. 그리고 Serial.println(inV); 명령은 읽혀진 A0 포트의 값이 들어있는 inV변수의 값을 내 컴퓨터에게 전송하여 우리가 확인할 수 있도록 하고 있습니다.

햇빛이 반짝이면 꽃이 활짝 피는 것은 맞지만 LED는 빛이 밝은 곳에서는 그다지 효과적인 부품이 아닙니다. 오히려 빛이 밝으면 LED는 어두워지고 빛이 어두울 때 LED가 밝아야만 효과적일 것입니다. 예를 들어 밤이 어두워지면 자동으로 불을 밝히는 조명이 있으면 좋겠죠? 그렇다면 위에서 배운 조건 중에서 어떤 부분을 손을 봐서 어두워지면 불을 밝힐 수 있을까요? 회로는 그대로 두고 스케치를 바꾸는 방법도 있고 스케치는 그대로 두고 회로를 바꾸는 방법도 있습니다. 우리는 스케치는 그대로 두고 회로를 약간 고쳐서 어두울 때 LED가 더 밝아지도록 해보겠습니다.

앞에서 본 회로도는 CDS센서의 한쪽은 VCC(+전원)에 연결되어 있고 다른 한 쪽은 저항을 통해 GND(0V)로 연결되고 사이에 A0포트를 연결하였지만 이번 회로도에서는 CDS의 한 쪽은 GND(0V)와 연결하고 다른 한 쪽은 저항을 통해 VCC(+전원)과 연결하고 그 사이에 A0포트로 연결하여 값을 읽도록 하고 있습니다. 이렇게 하면 CDS에서 감지되는 값이 빛이 어두울 때는 수치가 높게 나오고 높은 수치는 3번 PWM포트에 높은 수치를 보내게 되며 높은 수치는 곧 높은 전원을 공급하게 되므로 밝은 빛이 나오게 됩니다.

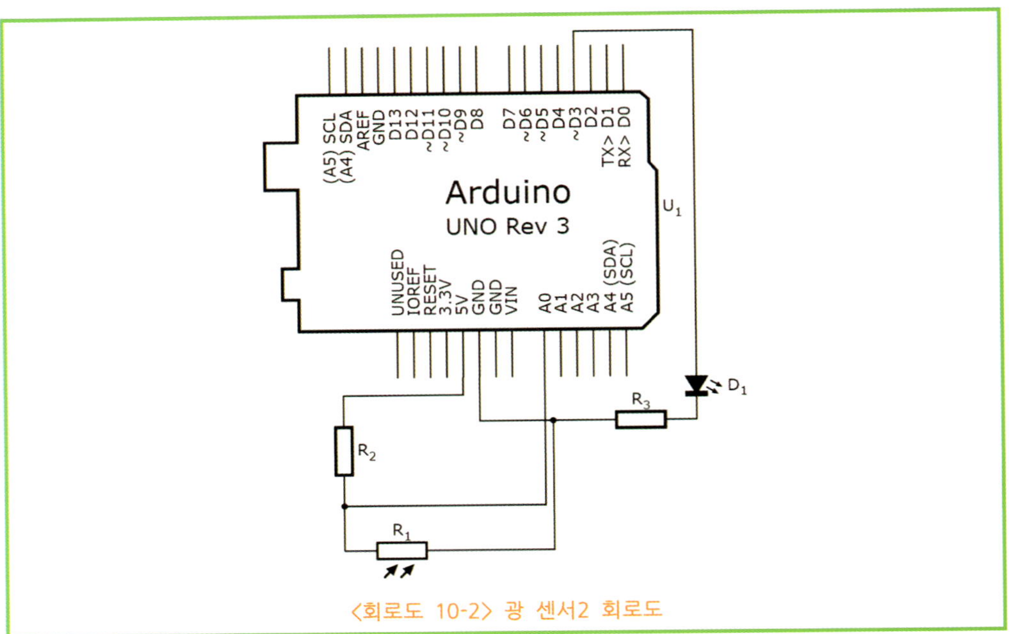

〈회로도 10-2〉 광 센서2 회로도

〈배선도 10-2〉 브래드보드

10.2 인체감지 센서로 침입자 감시 사물인터넷에 도전

인체감지센서(PIR-Passive Infrared Rays)는 움직임을 감지한 후에 이를 디지털 신호로 보내주는 장치입니다. 감지하는 방법은 열을 가진 물체(사람이나 동물)가 움직일 경우에 이를 감지하는 센서이며 처음 감지된 이후 절대 움직이지 않는다면 PIR 선서는 물체가 없다고 감지하여 신호를 보내지 않습니다. 일반 IR적외선 센서와는 비슷하지만 다릅니다.

일반 IR적외선 센서는 근적외선을 감지하고 PIR 센서는 원적외선을 감지하는 센서입니다. 또한 IR적외선 센서는 먼저 송신부에서 적외선을 쏜 후 그 적외선이 물체에 부딪혀 반사되어 돌아오는 적외선을 감지하지만 PIR 센서는 적외선을 쏘지 않고 물체의 열에서 나오는 원적외선을 감지하는 센서입니다.

대부분의 PIR 센서는 물체를 감지한 후 일정시간 동안 계속 감지 신호를 보내게 됩니다. 아파트 현관문 등이 좋은 예로 생각해 볼 수 있습니다. PIR 센서는 침입자 감시 시스템 등에서도 많이 사용되고 있으나 오작동이 많은 것이 흠이라고 할 수 있습니다.

<회로도 10-3>을 보시면 알겠지만 PIR 센서는 3개의 핀 중에서 두 개는 전원을 공급받는 핀이며 나머지 한 핀이 신호를 출력하게 됩니다. 아두이노에서는 이 출력신호를 감지하여 원하는 동작을 하도록 스케치하면 되는 것입니다.

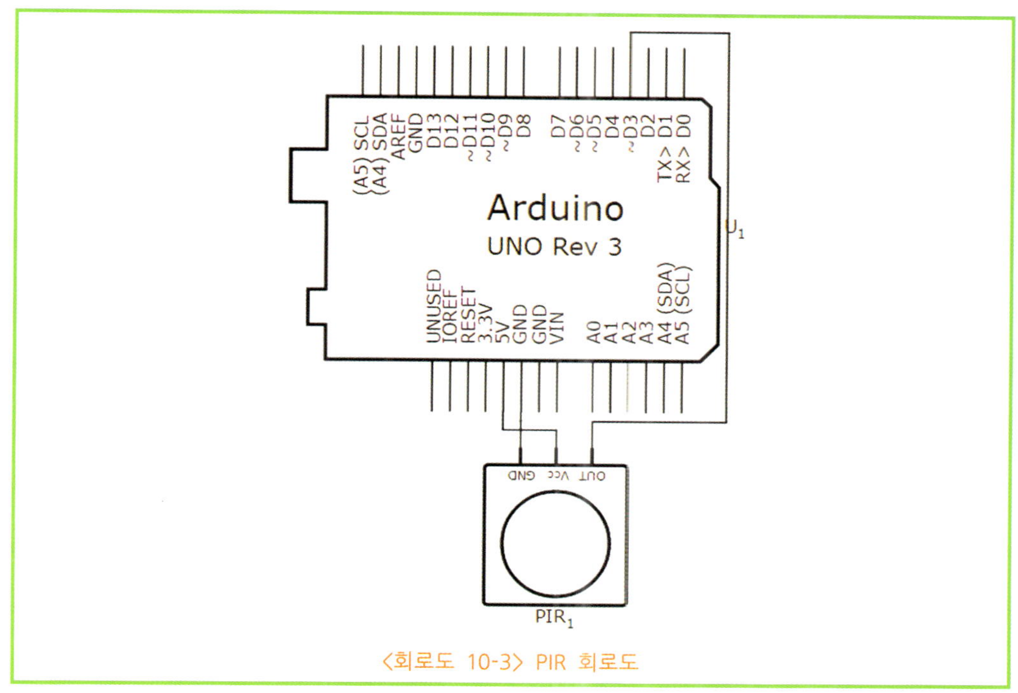

〈회로도 10-3〉 PIR 회로도

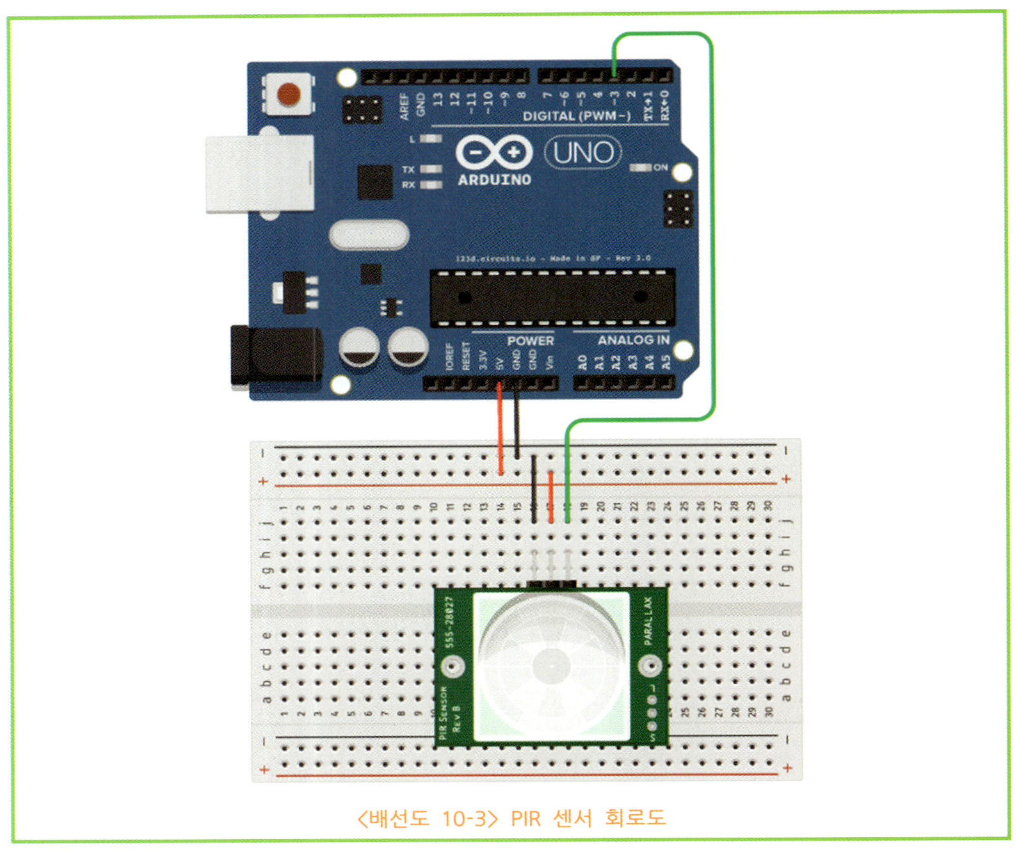

〈배선도 10-3〉 PIR 센서 회로도

이제 실습을 해볼까요? PIR 센서는 디지털 신호로 감지 여부를 보내므로 이번에는 디지털 입력 포트들 중에서 사용할 것입니다. 아두이노의 3, 5, 7, 9, 10, 11번 포트는 PWM 아날로그 출력포트이기도 하지만 디지털 출력 및 디지털 입력포트로도 사용이 가능합니다.

이런 특성을 이해하기 위해서 이번 시간에는 일부러 3번 포트를 디지털 입력포트로 사용하여 PIR 센서로부터 감지되는 신호를 처리하도록 하겠습니다. 재미를 위해 PIR 센서로부터 물체가 감지되면 아두이노가 내 컴퓨터에게 시리얼 통신으로 "intruder!!"라고 침입이 발생했다는 문자를 보내도록 해보겠습니다.

일반적으로 적외선 센서는 VCC와 GND 그리고 Signal 3핀으로 구성되어 있습니다. 그리고 종류에 따라서 감지신호를 보내주는 시간을 조정하는 가변저항이 있을 수도 있고 감지거리를 조정하는 가변저항도 있는 모델도 있고 PIR 센서에 캡을 달아서 측정 범위를 더 넓거나 특정 각도로 조종할 수 있는 모델도 있습니다.

여러분이 원하는 기능이 있는 제품을 구하셔서 설명서를 충분히 확인한 후 사용하시면 됩니다.

```
int pir= 3;
void setup()
{
```

```
  Serial.begin(9600);
  pinMode(pir, INPUT);
}

void loop()
{
    int val = digitalRead(pir); // 센서값 읽기
    if (val == HIGH) { // 인체감지시
        Serial.println("intruder!");
    } else {
        //
    }
}
```

<sketch 10-2> PIR 센서

위 스케치는 단순하게 감지신호가 들어오면 시리얼 통신으로 알려주는 것입니다. 물체가 감지되면 부저가 울리게 할 수도 있고 릴레이를 작동하여 스위치를 온·오프할 수도 있습니다.

10.3 적외선 센서를 통한 문 열림 사물인터넷의 구현

이번시간에는 적외선 센서모듈을 이용하여 문열림을 감지하는 사물인터넷을 구현해 보겠습니다. NS-IRPSM이라는 적외선 센서 모듈입니다. 이 모듈은 적외선을 송신하는 포토다이오드(photo-diode)라는 부분과 송신한 적외선이 사물에 반사되어 돌아오는지를 감지하는 포토트랜지스터(photo transistor)라는 두 가지의 부품으로 구성되어 있습니다.

<그림 10-1> NS-IRPSM 적외선 센서

일반적으로 적외선 센서는 3개의 핀이 있습니다. VCC, GND, OUT 이렇게 3개의 핀을 아두이노의 5V, GND 그리고 4번 포트에 연결합니다. 제품에 따라서 물체가 감지되면 LOW 신호가 나오는 제품도 있고 HIGH 신호가 나오는 제품도 있습니다. 우리가 사용하는 센서는 물체가 감지되면 LOW 신호가 나오는 제품입니다.

<배선도 10-4> IR센서 배선도

적외선 센서는 일반적으로 자동으로 움직이는 장난감 로봇 등이 달리다가 앞에 물체가 있으면 피해나가는 용도로 많이 사용되고 있습니다. 또한 산업 현장에서 기계를 제어할 때에 물리적으로 접촉하지 않고 제어를 하고 싶을 때에 많이 사용됩니다. 예를 들어 생수공장에서 생수통에 물을 자동으로 넣는 생산라인이 있다면 생수통이 수도꼭지 앞에 도착하면 물을 넣는 동작이 필요합니다. 생수통이 수도꼭지 앞에서 멈추게 하는 방법은 여러 가지가 있겠지만 수도꼭지에 물리적인 스위치를 달아서 생수통이 와서 수도꼭지 앞의 스위치를 건드리면(접촉하면) 정지하는 방법과 수도꼭지에 적외선 센서를 달아서 생수통과 접촉하지 않고도 수도꼭지 앞에서 멈추게 하는 방법이 있을 것입니다. 후자의 상황에서 적외선 센서를 이용하면 될 것입니다.

<sketch 10-3>은 특별히 설명할 것도 없습니다. 그저 단순히 4번 포트를 디지털입력으로 읽어서 읽은 값이 LOW이면 시리얼 통신을 통해 "Door Open!!"라고 내 컴퓨터에게 문자를 보내주게 됩니다.

```
int ir = 4;

void setup() {
  Serial.begin(9600);
  pinMode(ir, INPUT);
}

void loop() {
  int readIR=digitalRead(ir);
  if( readIR==LOW ){
       Serial.println("Door Open!!");
  }
}
```

<sketch 10-3> IR 센서

10.4 초음파 센서를 통한 거리측정 사물인터넷에 도전

어두운 동굴에 사는 박쥐가 눈을 가리고도 물체를 피해 요리조리 날아다니는 이유가 초음파라는 것을 통해서라고 합니다. 박쥐들은 초음파를 쏴서 물체가 있을 때 그 물체와 부딪혀 반사되어 돌아오는 초음파를 탐지하여 먹이도 잡는다고 합니다. 초음파는 사람이 들을 수 있는 범위의 소리(음파)보다 높은 음파를 말하며 쥐도 사람보다 고주파수까지 들을 수 있는 동물이랍니다. 따라서 사람에게 안 들리고 쥐는 싫어하는 고주파수의 음파를 계속 보내면 도망가거나 스트레스로 죽는다고 합니다.

이번 시간에 다뤄 볼 초음파 센서도 박쥐를 흉내 내어 초음파를 먼저 쏴주고 물체에 부딪혀 반사되어 돌아오는 초음파를 수광부로 받아 주변을 탐지하는 장치입니다. 초음파는 산업현장에서 다양한 용도로 사용되고 있습니다. 일상생활에서 주로 접할 수 있는 것은 자동차가 후진할 때 물체의 유무와 물체와의 거리를 측정하는 용도로 많이 볼 수 있습니다.

초음파 센서는 일반적으로 VCC, GND, TRIG, ECHO의 4핀을 가지고 있습니다. 이곳에서는 구하기 쉬운 HC-SR04센서를 통해 아두이노의 4번 포트와 초음파 센서의 TRIG 핀과 연결하고 5번 포트를 초음파 센서의 ECHO와 연결하며 5V, GND를 각각 다음 그림과 같이 배선하시기 바랍니다.

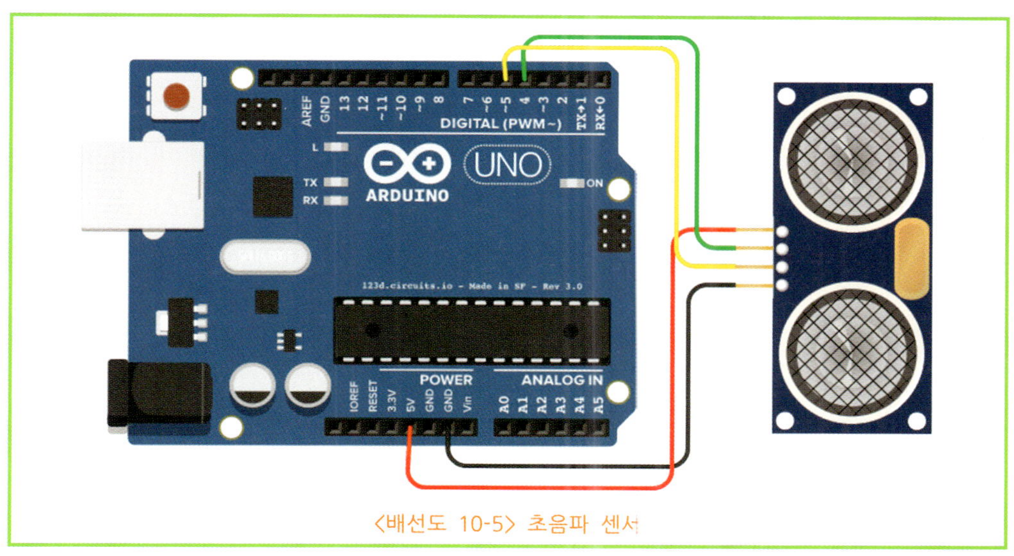

〈배선도 10-5〉 초음파 센서

동작원리는 초음파 센서의 Trig핀을 HIGH로 하면 초음파가 나가기 시작합니다. 그리고 LOW로 신호를 주면 초음파가 멈추게 됩니다. 이렇게 잠깐 동안 초음파를 쏜 후 그 초음파가 물체에 부딪혀 돌아오는 시간을 재보면 그 거리를 알 수 있습니다. 스케치를 통해서 확인해보도록 하겠습니다.

```
int trigPin = 4;
int echoPin = 5;
long duration;
int  distance;

void setup() {
  pinMode(trigPin, OUTPUT);
  pinMode(echoPin, INPUT);
  Serial.begin(9600);
}
void loop() {
  digitalWrite(trigPin, LOW);
  delayMicroseconds(2);

  digitalWrite(trigPin, HIGH); //초음파 송신
  delayMicroseconds(10);  //10ms 후 정지
  digitalWrite(trigPin, LOW);

  // 초음파의속도는 초당 340m
  duration = pulseIn(echoPin, HIGH);  // 반사되어 돌아온 왕복 시간
  distance = duration*0.034/2;  // Cm 거리데이터로 환산


  Serial.print("Distance : ");
  Serial.print(distance);
  Serial.println("Cm");

  delay(500);
}
```

<sketch 10-4> 초음파 센서

스케치를 분석해 보겠습니다. void setup()에서는 trigPin은 초음파를 쏠 것이므로(송신) pinMode(trigPin, OUTPUT); 명령을 통해 출력으로 설정하고 echoPin은 물체에 부딪혀 반사된 초음파를 받아야 하므로(수신) pinMode(echoPin, INPUT); 명령을 통해 입력으로 설정합니다. echoPin은 전원이 공급되면 기본적으로 HIGH신호가 나가다가 물체에 부딪힌 초음파가 반사되어 수신되면 LOW로 신호가 바뀌게 됩니다.

다음으로는 void loop()에 반복할 동작 코드를 넣습니다. loop()을 살펴보면 digitalWrite(trigPin, LOW); 명령과 delayMicroseconds(2);을 통해 초음파 센서를 초기화(초음파 센서 작동준비 상태) 시켜줍니다.

그리고 초음파를 약 10마이크로세컨드 정도(10ms) 발사하고부터 pulseIn(echoPin, HIGH);이라는 함수를 통해 초음파가 어떤 물체에 부딪혀 다시 돌아온 시간을 duration 변수에 기록합니다.

pulseIn()이라는 함수는 임의로 설정해준 신호에서 다른 신호로 바뀔 때까지의 시간을 측정하는 함수입니다. 따라서 pulseIn(echoPin, HIGH);이라고 하면 echoPin에 HIGH 신호가 LOW 신호로 바뀔 때까지의 시간을 측정하게 됩니다. 그리고 나서는 시간을 거리로 환산하는 식인 distance = duration*0.034/2;를 통해 distance라는 변수에 거리를 넣게 됩니다.

초음파는 초당 340m의 속도를 내기 때문에 걸린 시간*0 034를 해주면 거리로 계산되어 나오게 되며 이는 왕복거리이기 나누기 2를 해서 정확한 거리로 계산한 것입니다.

10.5 온 · 습도 센서로 지정한 장소의 온도 실시간 파악하기

온 · 습도 센서(temperature-humidity sensor)는 우리 주변의 일상생활 및 산업현장에서 널리 사용되는 주요 부품입니다. 너무 더운 날씨이거나 너무 추운 날씨일 때에 "도대체 몇 도인데 이렇게 괴로운 거야?"라고 불평을 하곤 합니다. 그럴 때 갑자기 걱정이 밀려오는 분들은 집에서 반려동물을 키우시는 분들 혹은 화초를 키우시는 분들일 겁니다. 이 날씨에 화분에 꽃들이 잘 보내고 있는지, 반려동물이 안정하게 있는지 말이죠. 이럴 때에 간편하게 스마트 폰으로 집안의 온도가 몇 도인지 알 수 있다면 편리하겠죠? 그래서 이번 시간에는 온드와 습도를 감지하는 온 · 습도 센서에 대해서 알아보고자 합니다. 비교적 안정적이고 오차범위가 적은 DHT22라는 센서를 사용해 볼 생각입니다. DHT22는 4핀짜리도 있고 3핀짜리도 있습니다. 4핀짜리의 'NC' 부분은 사용하지 않으니 3핀이든지 4핀이든지 배선은 같습니다. 아래와 같이 VCC와 GND를 배선하고 Data 혹은 Sig 부분과 아두이노의 2번 포트를 연결하십시오.

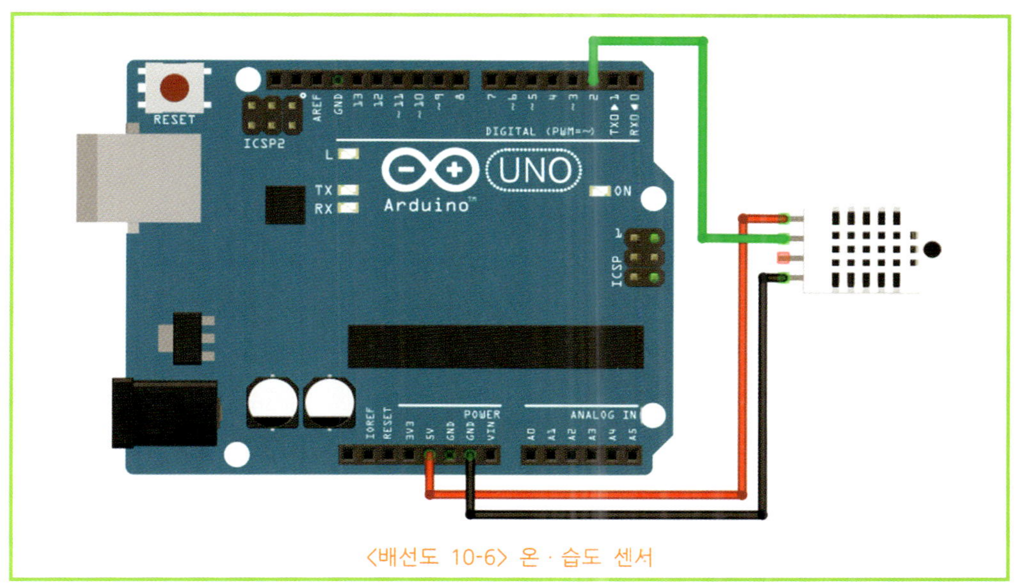

<배선도 10-6> 온 · 습도 센서

현장에서 온습도 센서는 선을 길게 해서 온도를 측정할 위치에 놓는 것이 대부분입니다. 이때 주의할 사항은 선이 길수록 데이터에 노이즈(잡음)가 끼어들 가능성이 높아지기 때문에 너무 길게 하시면 오작동의 원인이 됩니다.

DHT22 또한 제조사에서 라이브러리를 제공해 줍니다. 라이브러리를 다운받는 방법은 제5장에서 설명하고 있으니 참고하시면서 'zip라이브러리' 혹은 '라이브러리 관리'에서 아두이노에 개발환경에 등록을 해둔 라이브러리를 사용할 때는 <>를 사용하여 #include <DHT.h>라고 등록한다는 점, 그렇지 않고 파일의 압축을 풀어 스케치 저장 위치에 넣고 사용할 경우에는 #include "DHT.h"를 사용한다는 것 잊지 않으셨죠? 배선과 라이브러리 등록이 모두 끝났으면 이제 스케치해 보도록 하겠습니다.

```
#include <DHT.h>
#define DHTPIN 2
#define DHTTYPE DHT22
DHT dht( DHTPIN, DHTTYPE );

void setup() {
  Serial.begin(9600);
  dht.begin();
}

void loop() {

 delay(2000);
  float humidity = dht.readHumidity();
  float temperature = dht.readTemperature();

  if (isnan(humidity) || isnan(temperature)) {
    Serial.println("Failed DHT!!");
  } else {
    Serial.print("Humidity: ");
    Serial.print(humidity);
    Serial.print(" %\t");
    Serial.print("Temperature: ");
    Serial.print(temperature);
    Serial.println(" *C");
  }
}
```

〈sketch 10-5〉 온 · 습도 센서

스케치의 맨 위에서는 라이브러리를 선언합니다. 다음으로 #define DHTPIN 2라는 명령으로 상수 DHTPIN에 2를 치환합니다. 쉽게 얘기하자면 "DHTPIN은 2로 대체합니다. 그러므로 "DHTPIN

은 2이다"라고 선언하는 것과 같습니다. DHTTYPE도 마찬가지로 #define문을 사용해서 DHT22로 치환한다는 의미입니다.

다음으로는 DHT dht(DHTPIN, DHTTYPE);라는 명령으로 제조사에서 제공해준 라이브러리에게 아두이노의 2번 포트가 데이터를 읽을 것이고 온도 센서의 종류는 DHT22이다 라고 알려주고 있습니다.

다음으로는 void loop()에서는 반복할 코드들을 넣습니다. 가장 먼저 delay(2000); 명령을 통해 온·습도 센서가 온·습도 값을 읽어올 충분한 시간을 줍니다. 그리고 float humidity = dht.readHumidity();라는 제조사에서 제공해주는 함수를 통해 humidity라는 변수에 습도 값을 불러오고 float temperature = dht.readTemperature(); 명령으로 temperature 변수에 온도 값을 불러와서 만약에 정상적인 값이 아니라면 "Failed DHT!!"라고 출력하고 그렇지 않다면 습도와 온도를 시리얼 통신을 통해 내 컴퓨터에게 표시하는 예제입니다.

이 예제는 제13장의 네트워크와 접목하여 스마트폰을 통해 온·습도를 실시간으로 파악하실 수 있습니다.

[제 11 장]

물리적 움직임을 제어하는 사물인터넷 기술

여러분, 이번 시간에는 물리적인 움직임을 제어하는 사물인터넷에 도전해보도록 하겠습니다. 친구를 만나기 위해 나왔는데 스마트 폰 정보를 보니 깜빡 창문을 열어 놓고 온 것을 확인했습니다. 비도 온다는 소식이 있어 이럴 때 사물인터넷이 없었다면 다시 되돌아가서 창문을 닫고 나와야 했지만 IOT 덕분에 스마트폰으로 명령을 보내 창문을 닫습니다. 바로 DC기어드 모터라는 토크(힘)좋은 DC모터를 사용한다면 충분히 열린 창문을 닫을 수 있습니다.

DC모터를 작동시켜 창문을 닫는 동작을 하면서 적외선 센서로 문이 완전히 닫혔는지를 체크하여 닫힘 신호를 받은 후 DC모터 동작을 멈추게 하는 것이죠. 물론 반대로 열수도 있겠죠?

11.1 DC모터 제어하기

DC모터는 전기에너지를 회전에너지로 바꿔주는 부품으로써 선풍기, 자동차, 로봇 등 다양한 곳에서 사용되고 있습니다. DC모터는 직류전기를 에너지원으로 하여 동작하며 DC모터를 움직이게 하기 위해서는 전압과 전류가 해당 DC모터에 맞게 공급해줘야 합니다.

따라서 모터를 고를 때는 그 모터의 필요한 힘과 그 힘이 나오게 하기 위해서 필요한 전압과 전류를 고려하여 선택하시면 됩니다. 최근에는 이미 앞에서 언급한 기어드 DC모터라는 힘 좋고 저렴한 모터들이 많이 있습니다. 기어드 모터는 우리가 어렸을 때 배운 도르래와 같이 적은 에너지로 큰 힘을 내게 하는 장치로써 창문을 열고 닫을 정도의 기어드 모터라면 12V정도의 1/700 기어비 정도면 충분할 것입니다.

물론 창문크기가 클수록 더 좋은 토크의 기어드 DC모터가 필요할 것입니다. 우선 이번 시간에는 일반적인 DC모터에 대해서 알아보겠습니다. 기어가 있느냐 없느냐의 차이일 뿐 제어하는 방법은 같기 때문입니다.

모터드라이브라는 것이 있습니다. 이것은 아두이노 자체로는 모터에게 충분한 파워를 주기 어렵기 때문에 충분한 힘을 주기 위해 사용하고 또한 1개 이상의 모터를 제어하는데 있어 더 편리하고 효율적인 방법을 지원하기 때문에 사용하는 모듈입니다.

여러분들이 아두이노 보드에서 직접 모터를 제어하려면 그 회로구성이 쉽지 않기 때문에 모듈을 사용하여 DC모터를 제어하는 편이 정신건강상 좋습니다. 물론 공학도라면 회로 구성까지 공부하는 것이 더 의미가 있겠죠.

우리가 예제에서 사용할 모터 드라이버는 L298N 모터 드라이버입니다. 인터넷에서 L298N 모터 드라이버라고 검색하시면 많은 제품들이 나올 것입니다. 그 중에서 아래와 같이 DC모터를 2개 지원하고 5V로 동작하고 구동전원은 6V ~ 12V 사이까지 지원하는 제품을 고르시면 됩니다.

<그림 11-1> DC모터 드라이버

아두이노 보드는 기본적으로 12V 어댑터를 통해 12V의 전원을 공급받아 '7805'라는 부품을 통해 5V로 바꿔서 운용됩니다. 실제로 아두이노 보드의 Vin이라는 핀은 12V가 흐르고 있습니다.

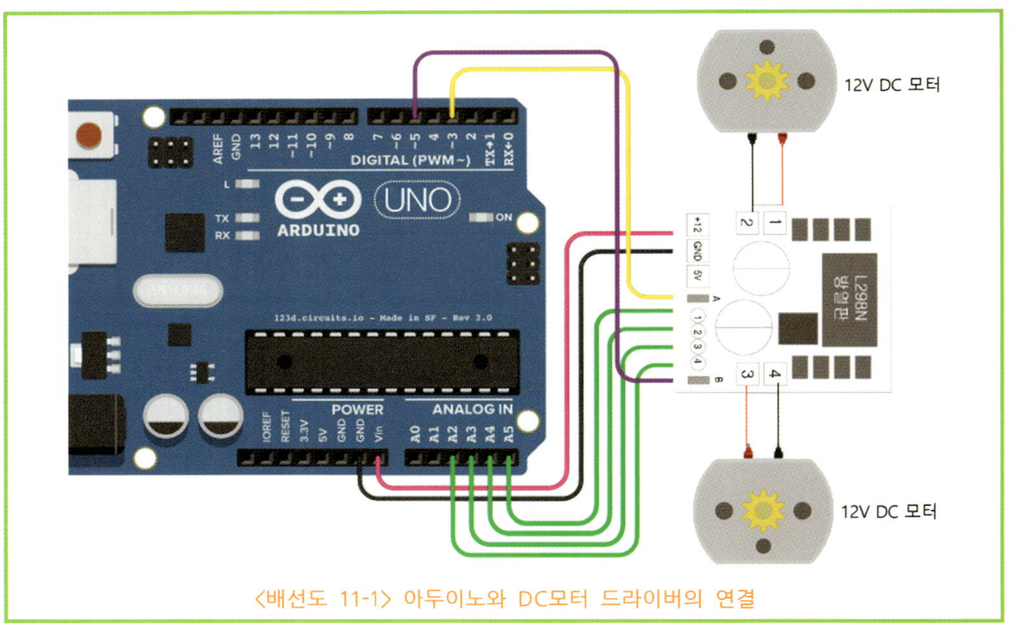

〈배선도 11-1〉 아두이노와 DC모터 드라이버의 연결

실습에서는 위와 같이 아두이노의 Vin전원을 이용해서 구동해 보겠습니다만 산업현장에서 실제 사용할 때는 모터 드라이버에 12V 전원을 직접 달아서 사용해야만 합니다.

왜냐하면 모터 드라이버는 2A까지 전류를 흘릴 수 있으나 아두이노 보드는 그렇지 않기 때문입니다. 그렇다고 12V의 2A를 아두이노에 흘리게 되면 아두이노 보드가 고장 날 수 있습니다.

<그림 11-2> PWM 모터속도조정 핀

어쨌든 현 실습에서는 위 배선도대로 모터 드라이버의 '+12V'라는 부분에 아두이노의 Vin을 연결하고 GND끼리 연결하시면 12V모터를 작동시킬 수 있습니다. 위 DC모터 드라이버는 2개의 DC모터를 연결하여 동시 혹은 각각 그리고 앞으로 회전, 뒤로 회전하게 할 수 있습니다.

두 개의 모터 중 첫 번째 DC모터는 '1'과 '2'라는 부분에 두선을 연결하시고 '3'과 '4' 부분에 나머지 DC모터를 연결하시면 됩니다. 그리고 아두이노의 아날로그 출력포트(PWM) 3번을 DC모터 드라이버의 ENA를 보시면 두 개의 핀이 있습니다. 두 개의 핀 중에서 아래 핀과 연결하고 아두이노의 아날로그 출력포트(PWM) 5번과 ENB(B)도 마찬가지로 아래 핀에 연결하세요.

이곳 ENA와 ENB는 처음에는 점퍼(연결)되어 있습니다. 점퍼 되어있을 때는 PWM 값을 255 즉, 최대치 5V를 준다는 의미이며 일반적으로 사용하는 방법입니다. 하지만 DC모터의 회전 속도를 조정하고 싶으시다면 이렇게 아두이노 보드의 아날로그 출력(PWM)으로 0~255까지 PWM신호를 보내서 속도를 조절하실 수 있습니다. 속도 조절이 필요 없는 분은 DC모터 드라이버의 ENA와 ENB를 점퍼 해 놓으시고 아두이노 3번, 5번 포트는 연결 안하셔도 됩니다.

그리고 ENA와 ENB 사이에는 'IN1,IN2,IN3,IN4'이라는 신호를 입력받는 핀이 있습니다. 위 배선도에서는 단순히 ①②③④라고 표시된 부분으로써 이곳에 아래와 같이 신호를 주면 모터A와 모터B 작동에 표시된 대로 모터가 움직이게 됩니다.

<표 11-1> 모터 신호표

모터 신호표		모터A 작동	모터B 작동
IN1=HIGH, IN2=LOW,	IN3=HIGH, IN4=LOW	정회전	정회전
IN1=LOW, IN2=HIGH,	IN3=LOW, IN4=HIGH	역회전	역회전
IN1=LOW, IN2=LOW,	IN3=LOW, IN4=LOW	정지	정지
IN1=LOW, IN2=HIGH,	IN3=HIGH, IN4=LOW	역회전	정회전

게다가 PWM으로 0~255사이의 값을 3번 포트로 보내면 모터A의 속도가 조절이 되고 5번 포트에 0~255 값을 주면 모터B의 속도가 해당 값에 따라 회전하게 됩니다.

```
int IN1=A5;
int IN2=A4;
int IN3=A3;
int IN4=A2;
int A=3;
int B=5;
int Apwm=255;
int Bpwm=255;

void setup() {
  pinMode(IN1,OUTPUT);
  pinMode(IN2,OUTPUT);
  pinMode(IN3,OUTPUT);
  pinMode(IN4,OUTPUT);
}

void MotallStart()
{
    digitalWrite(IN1,HIGH);
    digitalWrite(IN2,LOW);
    digitalWrite(IN3,HIGH);
    digitalWrite(IN4,LOW);
}

void stopMotor()
{
    digitalWrite(IN1,LOW);
    digitalWrite(IN2,LOW);
    digitalWrite(IN3,LOW);
    digitalWrite(IN4,LOW);
}


void AreverseBturn()
{
    digitalWrite(IN1,LOW);
    digitalWrite(IN2,HIGH);
    digitalWrite(IN3,HIGH);
    digitalWrite(IN4,LOW);
}

void AturnBreverse()
{
    digitalWrite(IN1,HIGH);
```

```
    digitalWrite(IN2,LOW);
    digitalWrite(IN3,LOW);
    digitalWrite(IN4,HIGH);
}

void loop() {

 analogWrite(A, Apwm);
 analogWrite(B, Bpwm);

 Apwm=Apwm-15;
 Bpwm=Bpwm-15;

 if(Apwm<15){ Apwm=255;}
 if(Bpwm<15){ Bpwm=255;}

  MotallStart();
  delay(3000);
  AreverseBturn();
  delay(3000);
  AturnBreverse();
  delay(3000);
  stopMotor();
  delay(3000);

}
```

<sketch 11-1> DC모터 드라이버를 통한 DC모터 제어

스케치를 분석해 보겠습니다. 원래 A0 ~ A5 포트는 아날로그 입력포트인 것은 앞에서 배웠기 때문에 알고 있죠? 그러나 아날로그 입력 핀은 디지털 출력포트로 사용할 수도 있기 때문에 이번 스케치에서는 IN1, IN2, IN3, IN4라는 변수에다가 A5, A4, A3, A2 번을 디지털 출력포트로 사용한다고 선언합니다. 그리고 A변수에는 아두이노의 3번 PWM 포트를 B변수에는 5번 PWM포트를 대입해주었고 Apwm과 Bpwm변수에는 최초 PWM 출력 값으로 255를 대입해주었습니다.

void setup(); 함수에서는 pinMode(IN1,OUTPUT); 명령을 통해 A5, A4, A3, A2번 포트를 출력포트로 사용한다고 선언했습니다. 아날로그출력(PWM)핀들은 미리 OUTPUT 선언을 해줄 필요는 없습니다. analogWrite() 함수에는 이미 입력포트로 사용한다는 선언이 들어가 있기 때문입니다.

다음으로는 모터제어에 관한 함수들입니다. 먼저 MotallStart() 함수는 위의 모터신호표와 같이 HIGH 혹은 LOW 신호를 IN1, IN2, IN3, IN4에 넣어서 digitalWrite(); 명령으로 보내면 DC모터가 정의 된 동작을 하게 됩니다.

MotallStart() 함수는 A모터와 B모터 2개가 동시에 정회전을 합니다.

stopMotor() 함수는 A모터와 B모터 모두 정지합니다.

AreverseBturn(); 은 A모터는 역회전하고 B모터는 정회전하고 AturnBreverse();은 A모터는 정회전하고 B모터는 역회전하는 함수들입니다.

void loop() 함수를 살펴보면 가장 먼저 A(3번)포트와 B(5번)포트에 pwm신호를 255 값으로 출력합니다 그 다음 코드는 Apwm과 Bpwm 값을 반복해서 -15씩 차감하다가 15보다 작으면 Apwm과 Bpwm 값을 255로 만들고 다시 반복합니다. 이렇게 하시면 모터가 처음에는 강하게 돌다가 점차적으로 약하게 회전하다가 다시 처음부터 강하게 돌기를 반복하게 됩니다.

11.2 릴레이 제어하기

Tip

고전압을(220V) 사용하실 때에는 큰 부상의 위험이 있으니 반드시 주의를 기울여야 합니다. 가장 좋은 실험 방법은 직접 고전압을 연결하지 마시고 릴레이만 아두이노에 연결해서 끄고 켜기를 실험해보거나 두 번째 예제인 DC모터 제어 예제를 따라해 보시기 바랍니다!!

11.2.1 릴레이를 통한 전원스위치 온 · 오프

릴레이는 일종의 스위치라고 볼 수 있습니다. 단지 사람의 손을 통한 온 · 오프 스위치가 아닌 디지털 신호를 받아서 껐다 켜기를 반복하는 스위치라고 볼 수 있습니다. 릴레이이에 On(온) 신호를 보내면 전자석의 힘으로 스위치를 당겨 와서 전류가 흐르게 하여 스위치가 켜진 효과를 내며 반대로 OFF(끔) 신호를 주면 전자석의 스위치가 떨어지면서 전류가 통하지 않게 하여 스위치가 꺼진 효과를 냅니다.

릴레이는 아래 <배선도 11-2> 그림과 같은 모양으로 입력 단은 VCC, GND, IN으로 전원 핀과 켜짐 꺼짐 신호를 받는 입력(IN)핀이 있으며 출력 단에는 OFF, COMMON, ON 단자가 있습니다. 릴레이 신호를 Off로 줬을 때 전원이 흐르게 하고 싶다면 즉, 전구를 켜고 싶다면 OFF와 COMMON에 배선을 하고 릴레이 신호가 On일 때에 전원이 흐르게 하고 싶다면 ON과 COMMON에 연결하시면 됩니다.

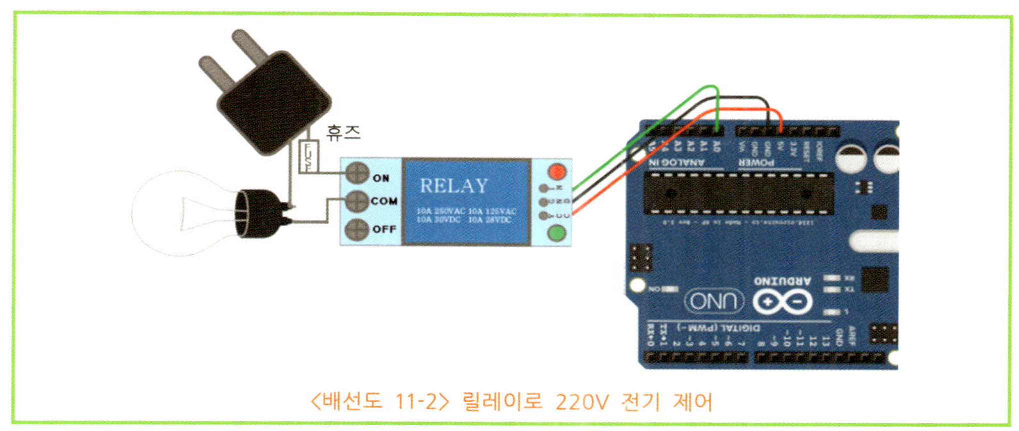

〈배선도 11-2〉 릴레이로 220V 전기 제어

위 그림의 배선을 보시면 아두이노의 5V와 GND를 릴레이의 VCC와 GND를 연결하고 A0 포트와 릴레이의 IN핀을 연결합니다. 그리고 220V 플러그의 두 가닥 전선 중에서 한 가닥은 220V전구에 나머지 한 가닥은 릴레이의 COMMON(일반적으로 중간)단자에 연결하고 전구의 한 쪽은 플러그에 나머지 한 쪽은 릴레이의 ON의 위치에 연결하면 아두이노에서 ON(켜짐)신호를 릴레이에게 주었을 때 전구에 전기가 들어가면서 전구가 켜지게 됩니다. 반대로 전구 한쪽의 선을 릴레이의 OFF에 연결하고 아두이노에서 릴레이스위치 OFF신호를 주었을 때 전구의 불이 꺼지게 됩니다. 위 배선도에서는 안전을 위해 Fuse(휴즈)를 한쪽 선에 달아두었습니다.

11.2.2 릴레이를 통한 DC모터 제어

두 번째 릴레이 예제로는 DC모터를 제어해보도록 하겠습니다. DC모터는 단순히 규격 전류만 연결해주는 돌아가는 부품입니다. 산업현장에서 수많은 전자기기에 사용되고 있는 부품이지요. 안마의자, 로봇장난감부터 시작해서 아픈 사람을 치료하는 의료기기까지 안 들어가는 곳이 없답니다. 이번 예제에서는 5V~12V DC모터를 하나 구해서 전원선 중에 한 선을 잘라서 아래 <배선도 11-3>과 같이 릴레이에 연결하여 아두이노에서 제어해보겠습니다.

참고로 상용제품 중에서 모터 제어가 들어가는 물건은 모터와 아두이노 보드사이에(상용제품의 경우 컨트롤보드) 절연시켜주는 것이 매우 중요합니다. 왜냐하면 모터는 회전을 하다가 멈출 때에 역기전력이라는 것이 흐르기 때문에 이 역기전력이 모터와 보드의 연결된 선을 타고 흘러가면 오작동하게 됩니다. 그렇기 때문에 가능하면 모터와 보드를 선으로 연결이 안되도록 보드와 완전히 절연시켜주는 것이 가장 안정적인 제품을 만드는 비결입니다. 바로 이런 완전 절연의 방법 중에 하나가 포트커플러 릴레이를 사용 하는 것입니다. 포토커플러라는 부품은 선 없이 빛으로 신호를 전달을 하기 때문에 서로 전기적으로는 끊어져 있지만 신호는 완벽히 전달할 수 있어서 완전 절연이 가능한 제품입니다. 위와 같이 완전 절연시키지 않고 개발된 제품은 연구개발실에서 10,000번 실험을 통과했다고 하더라도 실제 상용화단계에서 오작동하는 문제가 심심치 않게 발생하는 경우가 있기 때문입니다. 따라서 연구개발실에서 완벽히 동작했다 하더라도 근본적으로 해결하지 않게 되면 반드시 문제가 발생된다는 점 꼭 명심하세요. 자꾸 강조하는 이유는 필자가 그러한 일을 겪었기 때문입니다. 그땐 정말... 심장이 요동치고 걱정으로 밤잠 설치며 도대체 뭐가 문제인지 한참 고민하다가 문득 모터의 역기전력이 아닐까하여 절연하고 보니 수년째 아무 이상 없이 잘 동작했었답니다.

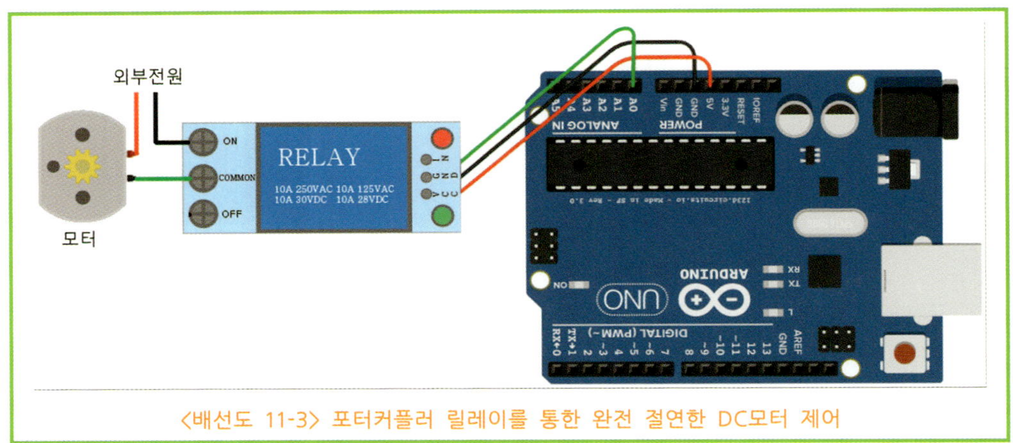

〈배선도 11-3〉 포터커플러 릴레이를 통한 완전 절연한 DC모터 제어

스케치는 너무 간단합니다. A0핀을 디지털 출력으로 한 후 5초간 릴레이를 끄고 다시 5초간 릴레이를 켜는 예제입니다.

```
int relay = A0;

void setup ()
{
  pinMode (relay, OUTPUT);
}
void loop ()
{
  digitalWrite (relay, HIGH);
  delay (5000);
  digitalWrite (relay, LOW);
  delay (5000);
}
```

〈sketch 11-2〉 릴레이로 온 · 오프 제어

11.3 서보모터 제어하기

서보모터는 RC카 등 장난감 자동차의 방향 제어 장치, 로봇분야에서는 정밀한 제어와 자연스러

운 움직임을 구현하기에 좋은 부품입니다. 서보모터는 원하는 각도만큼만 움직이게 할 수 있기 때문에 더 세밀한 제어를 할 수가 있습니다. 예를 들어 로봇의 움직임을 생각해 볼 때 로봇의 팔을 90도 정도만 올리게 하고 싶을 경우에 DC모터로는 90도가 어느 정도인지를 모르기 때문에 어렵지만 서보모터는 원하는 각도에 척척 위치하기 때문에 이렇게 정확한 위치 제어가 필요할 때 사용할 수 있는 부품입니다.

제가 학부시절에 두발로 서서 걸어가는 이족로봇에 도전한 적이 있습니다. 천장에 줄로 매달아 놓고 손과 발을 움직여 보다가 로봇에게 폭행(?) 당한 적도 있고 천장에서 땅에 내려 걷기만 시키면 쓰러지는 수십 번 실패의 쓴잔을 마신 결과 로봇의 크기에 비례한 적정한 토크의 서보모터가 필요하다는 것과 구조적으로 문제가 있다는 것을 깨달았습니다.

다행히 학교에서 동아리 연구비 지원이 있어서 기성제품을 구입한 후, 분해해서 모방하여 두발로 걷게 하는 목표를 성공한 적이 있습니다. 날아갈 듯한 기분이었지요. 여러분들도 목표한 바를 이루기 위해서는 수많은 시행착오와 비용이 괴롭게 할 것입니다만 남들도 성공했다면 나라고 성공 못할 리가 없기에 도전 정신을 통해 극복하시기를 바랍니다. 그만큼 성취감도 클 것입니다.

서보모터는 펄스(PWM)을 통해서 각도를 제어합니다. 펄스신호를 20ms(100분의2초)의 주기 동안 HIGH신호를 얼마나 주느냐에 따라서 값에 맞는 각도에 의치하게 되는 방법입니다. 일반적으로 서보모터는 20ms 주기 동안 1.0ms의 HIGH 신호를 주면 서보모터의 각도가 0도에 위치하게 되고 1.5ms만 켜면 90도에 위치하고 2ms만 켜면 180도에 위치하게 됩니다.

<표 11-2> 서보모터 각도

신호	서보보터	각도
1.0 ms		0도
1.5 ms		90도
2.0 ms		180도

각도는 0도, 90도, 180도만 있는 것은 아니고 얼마든지 그 사이의 각도도 적당한 펄스폭을 보내서 만들 수 있습니다.

아두이노에서는 서보모터의 사용방법을 더 쉽게 하기 위해서 라이브러리를 만들어 제공하고 있습니다. 단순히 '#include <Servo.h>'라고만 스케치의 맨 위에 선언하시면 서보모터의 제어에 필요한 함수들을 사용하여 더 쉽게 서보모터를 제어할 수 있습니다.

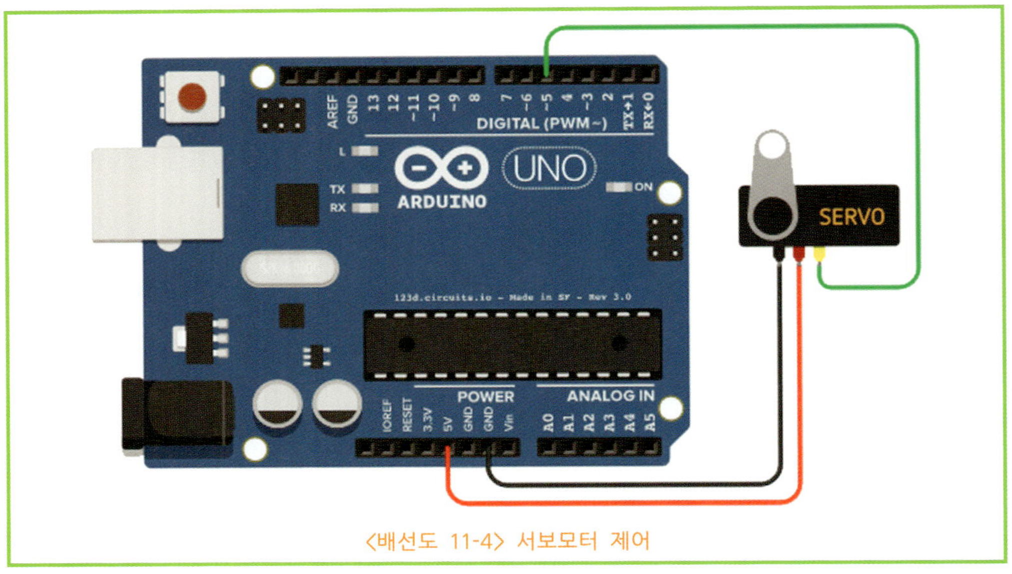

〈배선도 11-4〉 서보모터 제어

다음 그림과 같이 서모모터의 VCC, GND를 아두이노의 5V, GND를 연결하고 서보모터의 SIGNAL(신호)선을 아두이노의 5번 핀과 연결합니다. 서보모터의 종류는 5V에서 작동하는 모델로 구입하시면 됩니다.

```
#include<Servo.h>
Servo myservo;

void setup()
{
  myservo.attach(5);
}

void loop()
{
  myservo.write(180);
  delay(2000);
  myservo.write(90);
  delay(2000);
  myservo.write(0);
  delay(2000);

}
```

〈sketch 11-3〉 서보모터 제어

스케치를 살펴보도록 하겠습니다. 먼저 아두이노사(社)에서 제공해주는 서보모터 제어 라이브러리리를 사용하겠다고 #include<Servo.h>라고 선언해줍니다. 그리고 아두이노사(社)에서 만들어놓은 Servo라는 자료형을 myservo라는 객체로 생성합니다.

void setup()에서는 myservo.attach(5);라는 명령으로 5번 포트를 서보모터의 신호선과 연결했다고 알려주는 것입니다. 다음으로 void loop() 함수에서는 myservo.write(180); 명령에서는 서보모터를 180도에 위치시키라고 명령하고 2초간 쉰 후에 다시 90도, 그리고 0도로 위치시키는 것을 반복합니다.

11.4 정밀한 제어를 위한 스테핑모터

스테핑모터는 3D프린터의 정밀한 동작을 제어하거나 컴퓨터에 들어있는 하드디스크의 정보를 읽는 등 상당히 정밀한 제어를 해야 하는 장치들에 주로 사용되고 있습니다. 스테핑모터는 한 바퀴를 회전시킬 때 전체 회전 각도를 작은 스텝각도로 쪼개서 한 스텝 한 스텝씩 회전시키는 방식으로 제어함으로써 정확한 회전과 방향 및 속도를 제어할 수 있으며 4개의 신호 선을 통해 회전 방향 및 회전 스텝 등을 제어할 수 있습니다.

스텝모터에는 유니폴라방식과 바이폴라 방식이 있습니다. 유니폴라는 권선에 전류를 한 방향으로만 흘려 회전시키는 방식으로 단점으로는 큰 토크(힘)를 낼 수 없다는 점이지만 고속회전이 가능하고 탈조위험이 낮다는 장점이 있습니다.

바이폴라 방식의 스텝모터는 권선에 흐르는 전류 방향을 다르게 줄 수 있어 회전 방향을 정회전 혹은 역회전 시킬 수 있습니다. 토크도 좋고 정밀도가 특히 높은 장점이 있습니다.

스텝모터는 스텝모터 드라이버를 통해 구동시키므로 모터 드라이버가 필요합니다. 우리는 앞서 <배선도 11-1>에서 실습해 본 'L298N 모터 드라이버'를 사용하여 스텝모터를 구동시켜 보도록 하겠습니다. 스텝모터는 'NEMA17'라는 모델을 구입하여 'L298N 모터 드라이버'에 연결하고 L298N 모터 드라이버는 아두이노에 연결하여 구동시켜 보겠습니다.

NEMA17 스텝모터를 살펴 보면 12V, 0.4A, 1.8도이라고 표시되어 있습니다. 이것은 전압은 12V가 필요하고 흐르는 전류는 0.4A가 흘리면 동작하며 한 펄스 당 1.8도 씩 회전한다는 의미입니다. 아래 <그림 11-3>을 보면 선을 꽂을 수 있는 커넥터가 있습니다. 왼쪽부터 1~6번 핀까지 있습니다.

이중에서 우리가 사용할 핀은 1, 3, 4, 6번 핀을 사용하여 모터 드라이버에 아래 <그림 11-3>처럼 연결할 것입니다. 그리고 모터 드라이버의 in1을 아두이노의 3번 핀에 그리고 in2을 아두이노의 4번 핀, IN3을 5번 핀, IN4를 6번 핀에 연결하고 모터 드라이버의 ENA와 ENB는 점퍼로 연결해두십시오. 나중에 속도까지 제어하실 필요가 있을 때는 ENA와 ENB를 아두이노 PWM 핀에 물려서 속도를 제어하실 수도 있습니다.

<그림 11-3> 스텝모터와 모터 드라이버 연결

```
#include <Stepper.h>
int IN1=3;
int IN2=4;
int IN3=5;
int IN4=6;

Stepper step1(200, in1, in2, in3, in4);
int lap = 200;
void setup()
{
 step1.setSpeed(30);
}

void loop()
{
  step1.step(lap);
  delay(1000);
  step1.step(-lap);
  delay(1000);
}
```

〈sketch 11-4〉 스텝모터 제어

위 스케치를 살펴보면 #include <Stepper.h>를 통해 아두이노에서 제공하는 스텝모터 라이브러리를 불러와서 쉽고 편리하게 사용할 준비를 합니다.

그리고 아두이노 핀 3, 4, 5, 6을 모터 드라이버 in1, in2, in3, in4에 대응시켰으므로 스케치에서도 알아보기 쉽도록 in1에 아두이노핀 3번을 대입시키고 4, 5, 6번도 in2, in3, in에 대입합니다.

다음으로 Stepper step1이라고 선언하여 step1이라는 아두이노사에서 Stepper 객체를 만듭니다. Stepper 객체에는 200, in1, in2, in3, in4이라는 값을 넣어 줍니다. 맨 앞에 200은 사용하려는 스텝모터의 360도 스텝각도를 의미합니다. 우리가 사용하는 'NEMA17' 스텝모터의 각도는 한번에 1.8도이므로 360도를 회전시키려면 360/1.8도 = 200이므로 200이라는 값을 넣어준 것입니다. 그리고 in1, in2, in3, in4는 스텝모터에 연결된 핀 번호로서 아두이노 스케치에서 보내는 값만큼 전류를 흘려서 스텝모터를 동작시키게 됩니다. 다음으로 int lap = 200; 은 위에서 설정한 360도 스텝각인 200에 대응한 회전 값을 넣어줍니다. 즉, 이곳에 200을 넣으면 360도가 회전하고 100이라는 값을 넣으면 200(360도)의 반이므로 180도만 회전하게 됩니다.

setup() 함수에서는 step1.setSpeed(30);이라는 명령으로 스텝모터의 회전속도를 넣었습니다. 너무 빠르거나 느리면 탈조현상이 발생하니 적당한 값을 선택하여 넣어주시면 됩니다. 마지막으로 loop() 함수에서는 step1.step(lap); 을 통해 360도 회전하고 delay(1000); 명령으로 1초를 쉰 후에 다시 step1.step(-lap); 명령을 통해 반대로 360도 회전됩니다.

[제 12 장]

사물인터넷 장치들 간의 디지털통신 소개

12.1 I2C 통신 규약

I2C는 네델란드의 필립스라는 회사에서 텔레비전과 같은 가전제품용으로 개발한 동기식 디지털 직렬통신입니다. I2C(아이스퀘어씨, Inter-Integrated Circuit)는 각각 독립된 장치끼리 자신고유의 임무를 수행하며 그 결과를 서로 주거나 받도록 동작하게 되어 있습니다.

우리가 뒤에서 실습해 볼 시계 모듈을 생각해본다면 다음과 같습니다. 시계장치는 시간을 오차없이 정확히 표시하는 것이 자신의 고유기능입니다. 이렇게 고유기능을 수행하고 있다가 아두이노 보드가 지금이 몇 시 인가를 물어보면 지금은 00시입니다 라고 보내주는 것입니다.

I2C는 여러 개의 장치가 각각 사용될 수 있기 때문에 자신을 구분하기 위한 고유 주소를 가지고 있습니다. 주소는 그 장치의 이름으로 아두이노 보드에 여러 개의 I2C 장치가 붙어있을 경우에 각각의 장치를 찾기 위한 방편으로써 아두이노 보드 하나에 8가까지의 I2C 장치를 붙여서 사용 가능합니다.

이렇게 아두이노 보드 하나에 연결하여 사용하는 각각의 I2C장치를 슬레이브(Slave)라고 하며 아두이노 보드는 마스터(Master)라고 부릅니다. 장치 상호 간에는 데이터를 주고받을 때 서로 박자를 맞추기 위한 SCL이라고 하는 부분과 실제 데이터를 전글해주는 SDA라는 부분이 있습니다.

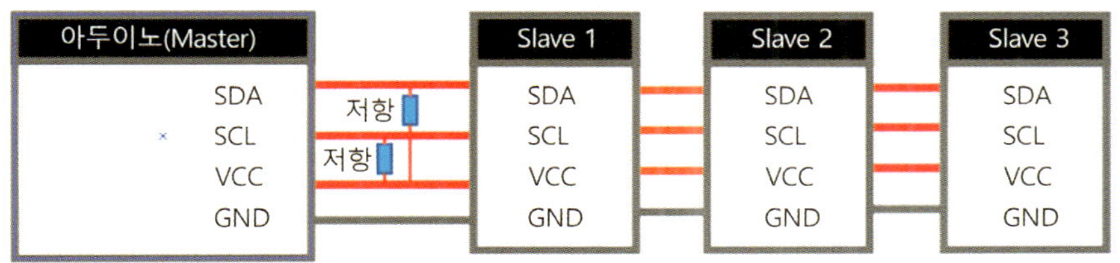

<그림 12-1> 서보모터 각도

I2C 통신은 적은 연결선으로 여러 개의 장치를 사용할 수 있는 장점이 있는 반면 속도가 느리다는 단점이 있습니다. 아두이노 우노보드에서는 ARF 좌측 옆이 SDA핀이고 그 옆이 SCL 핀입니다. 또한 아두이노 우노보드는 아날로그 입력포트 A4번을 SDA 핀으로 A5번 포트를 SCL핀으로 사용할 수도 있습니다.

다음으로는 I2C이 기기간에 어떻게 통신을 하는지 그 통신 방식에 대해서 자세히 살펴볼까요? I2C는 통신을 하기 위해서 8개의 비트 중에서 해당 Slave의 주소를 7개의 비트로 표시합니다. 나머지 1개의 비트는 데이터를 보내는 것인지(0) 읽어오는 것인지(1)를 표시하여 총 1바이트(8비트)를 만들어서 슬레이브에게 보내면 슬레이브는 1개의 비트로 인식신호를 마스터에게 보내줍니다.

슬레이브의 응답을 받은 마스터는 데이터를 보낼 것이라면 보낼 데이터를 실어서 보내고 혹은 데이터를 받아올 것이었다면 데이터를 읽을 준비를 하는 방식으로 동작합니다.

START 시작	Slave Adress 주소	R/W 0, 1	A 응답	DATA 보내거나 받을 자료	Stop 정지

<그림 12-2> 서보모터 각도

참고로 여러분들이 어떤 I2C 장치가 가지고 있지만 해당 장치의 주소를 모르는 경우가 많습니다. 이럴 때는 해당 장치의 주소 값을 읽어내는 I2C_Scanner라는 스케치를 아두이노사(社)에서 제공해주고 있으니 www.arduino.cc에 가셔서 다운을 받거나 아래 <sketch 12-1> 스케치를 입력한 후에 아두이노 우노보드로 업로드하여 실행하시면 시리얼 통신을 통해 해당 장치의 주소 값을 알아낼 수 있습니다.

```
#include <Wire.h>

void setup()
{
  Wire.begin();
  Serial.begin(9600);
  while (!Serial);
  Serial.println("\nI2C Scanner");
}

void loop()
{
   byte error, address;
   int nDevices;
   Serial.println("Scanning...");
   nDevices = 0;
  for(address = 1; address < 127; address++ )
  {
    Wire.beginTransmission(address);
    error = Wire.endTransmission();

    if (error == 0)
    {
      Serial.print("I2C device found at address 0x");
      if (address<16)
        Serial.print("0");
      Serial.print(address,HEX);
      Serial.println("  !");

      nDevices++;
    }
```

```
      else if (error==4)
      {
        Serial.print("Unknow error at address 0x");
        if (address<16)
          Serial.print("0");
        Serial.println(address,HEX);
      }
    }
    if (nDevices == 0)
      Serial.println("No I2C devices found\n");
    else
      Serial.println("done\n");

    delay(5000);
  }
```

<sketch 12-1> I2C장치의 아이디 알아내기

12.2 I2C 통신을 활용한 시계모듈

아두이노 보드는 시계 기능이 없습니다. 따라서 아두이노 보드에서 시간을 관리할 수 있게 하려면 시간을 관리하는 기능을 가진 모듈이 필요합니다. 다양한 시계모듈 중에 PCF8563이라는 시계모듈이 있습니다. 간단히 I2C 통신방식을 통해서 아두이노에게 시계기능을 부가해 줄 수 있습니다.

준비되었다면 PCF8563RTC 모듈의 VCC, GND는 아두이노의 5V와 GND에 연결하시고 모듈의 SDA와 SCL은 아두이노의 ARF라고 적힌 부분의 SDA와 SCL이라는 핀과 연결하세요. 참고할 것은 다음 그림의 PCF8563RTC모듈을 보시면 빨강색 사각형 부분에 VCC와 BAT라는 부분이 있으며 이중에서 VCC에 점퍼가 연결되어있습니다. 출고시에는 VCC에 연결되어 있는 것입니다.

VCC 상태는 아두이노에게 5V의 전원을 받아서 시계모듈이 동작된다는 의미입니다. 그런데 이렇게 해두시면 아두이노 전원을 껐을 때 시계모듈도 전원이 꺼지기 때문에 시계가 동작하지 않을 뿐더러 현재의 시간도 잃어버립니다.

그렇다면 시계모듈 본연의 기능을 수행하지 못하게 되겠죠? 아두이노 전원을 꺼도 시계모듈은 꺼지지 않고 계속 시계가 동작하도록 하기 위해서는 시계모듈의 점퍼를 'BAT' 부분으로 연결해서 시계모듈이 배터리로 동작하도록 합니다. 시계모듈 안에는 노란테두리의 동그란 수은전지가 있습니다. 바로 이 배터리로 동작하기 때문에 아두이노의 전원을 꺼도 시계모듈은 작동하게 됩니다.

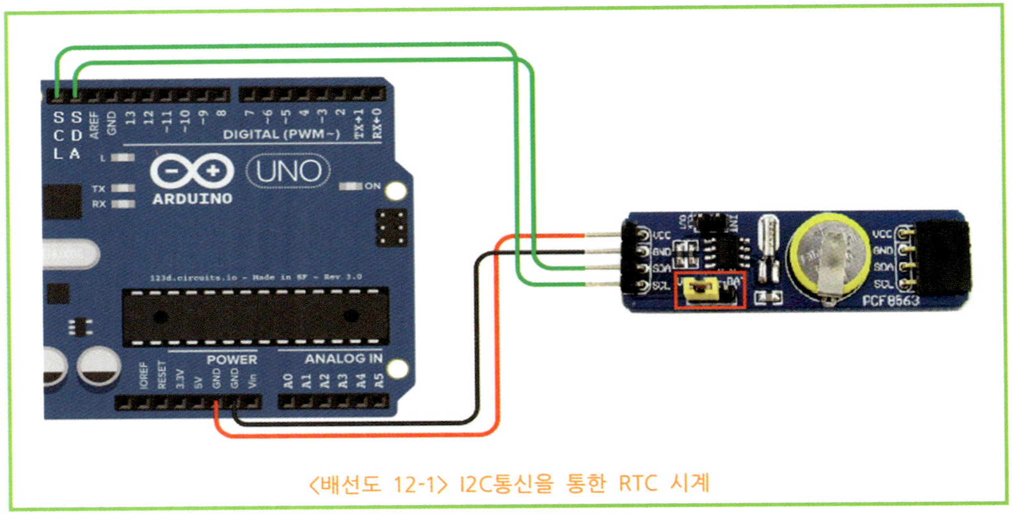

〈배선도 12-1〉 I2C통신을 통한 RTC 시계

```
#include <Wire.h>
#include "Rtc_Pcf8563.h"

Rtc_Pcf8563 rtc;

void setup()
{
  Serial.begin(9600);
  Serial.println("Date and Time Set!");
  rtc.initClock();
  rtc.setDate(14, 3, 12, 1, 16); // 날짜, 요일,월, 세기(1-21세기), 년도
  rtc.setTime(15, 40, 0); // 시 분 초
}

void loop()
{
  Serial.print("Date is: ");
  Serial.print(rtc.getYear());
  Serial.print("-");
  Serial.print(rtc.getMonth());
  Serial.print("-");
  Serial.println(rtc.getDay());

  Serial.print("Time is: ");
  Serial.print(rtc.getHour());
  Serial.print(":");
  Serial.print(rtc.getMinute());
```

```
    Serial.print(":");
    Serial.println(rtc.getSecond());
    Serial.print("Week is: ");
    Serial.println(rtc.getWeekday());
    delay(3000);
  }
```

<sketch 12-2> I2C를 활용한 아두이노 시계

위 스케치를 입력하시기 라이브러리를 설치합니다. 구글에서 PCF8563RTC 라이브러리라고 검색하셔서 'Rtc_Pcf8563. cpp'와 'Rtc_Pcf8563.h'를 본 예제 스케치가 저장되는 폴더에 넣고 #include "Rtc_Pcf8563.h"라고 선언하셔도 되고 아두이노 개발환경 머뉴에서 '스케치'에서 '라이브러리 포함하기'를 클릭하여 '라이브러리 관리'를 열어서 '검색에 필터하기...' 부분에서 찾을 라이브러리 이름으로 검색하여 설치하셔도 되고 또는 zip파일로 다운받아 zip라이브러리로 등록해서 사용해도 됩니다. 라이브러리 설치방법은 제5장의 마지막 부분을 참고하시기 바랍니다.

가장 먼저 #include <Wire.h>를 통해서 I2C를 사용한다고 선언을 합니다. 두번째는 PCF8563RTC 모듈의 라이브러리를 사용하기 위해 #include "Rtc_Pcf8563.h"를 선언하였습니다. 그리고 Rtc_Pcf8563 rtc; 명령을 통해 rtc라는 객체를 생성하여 이 모듈 제조회사에서 제공해주는 함수를 사용할 수 있도록 준비합니다.

void setup()에서는 현재 시간을 RTC모듈에게 알려주고 있습니다. 왜냐하면 RTC 모듈은 최초에 공장에서 나올 때 시간을 맞춰 나오지 않기 때문입니다.

처음에 한번만 맞추면 되기 때문에 두 번째 실행부터는 아래처럼 주석 처리를 해야만 합니다. 그렇치 않으면 항상 껐다 결 때 시간이 재설정되기 때문입니다.

```
void setup()
{
 /*    "/* 부터 */  사이는 모두 주석 처리됩니다. 즉, 명령어로 인식하지 않습니다."
  Serial.begin(9600);
  Serial.println("Date and Time Set!");
  rtc.initClock();
  rtc.setDate(14, 3, 12, 1, 16); // 날짜, 요일,월, 세기(1-21세기), 년도
  rtc.setTime(15, 40, 0); // 시 분 초
*/
}
```

다음으로 loop()에서는 년. 월. 일 그리고 시간. 분. 초까지 반복하여 시리얼 통신을 통해서 표시해주는 코드입니다. rtc.getYear(), getMonth(), rtc.getDay()은 연월일을 표시해주며 rtc.getHour(), rtc.getMinute(), rtc.getSecond()은 시간과 분, 초를 표시하는 함수이고 Serial.println() 안에 넣어서 시리얼 통신으로 내 컴퓨터에 표시하게 합니다.

Serial.print()는 문자를 화면에 표시, Serial.println()은 문자를 화면에 표시한 후에 개행(줄바꿈)하도록 합니다.

12.3 SPI 통신 규약

SPI(Serial Periheral Interface) 통신 역시 디지털통신의 한 방식입니다. 아두이노에서는 많은 장비들이 SPI 방식을 통해 아두이노와 통신하고 있습니다. SPI 통신은 데이터를 보내는 선과 받는 선이 별도로 있어서 동시에 자료를 받고 보낼 수 있어 I2C보다 속도가 빠르고 I2C와 마찬가지로 동시에 여러 개의 장치를 연결하여 사용할 수도 있습니다.

SPI는 MOSI라는 데이터를 받는 핀과 MISO라는 데이터를 보내는 핀, 통신하는 장비끼리 느리지도 빠르지도 않도록 박자를 맞추기 위한 SCK 그리고 여러 슬레이브 중에 내가 선택되어졌다는 것을 알려줄 SS핀으로 구성되어 있습니다.

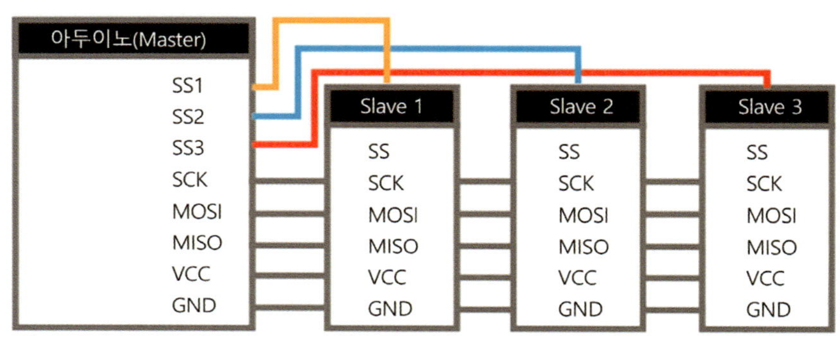

<그림 12-3> 서보모터 각도

위 그림을 보시면 Slave1~Slave3까지 독립한 모듈이 있습니다. 각 모듈 SS1, SS2, SS3에는 풀업으로 항상 HIGH 상태로 구성해줘야 합니다. 왜냐하면 여러 개의 모듈 중에서 아두이노가 통신하고 싶은 모듈에게 LOW 신호를 보내서 해당모듈과 통신하겠다는 신호를 하기 때문입니다.

즉 아두이노가 Slave2와 통신하고 싶다면 아두이노의 Slave2(SS2)가 연결된 핀에 LOW 신호를 보내면 Slave2 모듈이 "아~ 나하고 통신하려고 하는구나."라고 Slave2 모듈이 통신 준비를 하게 됩니다. 풀업을 하는 방법은 아두이노의 내부 풀업을 이용하셔도 되고 외부에 풀업저항을 달아서 사용하셔도 됩니다. 풀업저항에 관한 내용은 제6장을 참고하시기 바랍니다.

12.4 SPI 통신으로 SD메모리카드 사용

데이터를 저장하는 장치 중에는 SD메모리라는 것이 있습니다. 아마 여러분들 주변에서 많이 봤을 것이고 또 누구나 한 번씩은 사용해봤을 것이고 지금 현재도 사용하고 있을 것입니다. SD메모리의 종류는 SD메모리와 마이크로 SD메모리가 있습니다. 우리는 마이크로SD메모리를 다뤄 볼 것입니다. 따라서 마이크로 SD메모리를 사용할 수 있는 마이크로SD모듈과 마이크로SD메모리를 준비하셔야 합니다.

예제에서 사용될 마이크로SD카드는 CATALEX사의 마이크로SD모듈입니다. 그리고 마이크로SD메모리는 어떤 제품이든지 상관없습니다. CATALEX사의 마이크로SD모듈은 SPI 통신을 이용하는 방식으로 SD메모리에 데이터를 읽고 기록하도록 만들어져 있습니다.

이번 시간에는 SPI 통신을 통해 마이크로 SD카드에 데이터를 저장하거나 읽어오는 방법에 대해서 학습해보도록 하겠습니다. 준비되었다면 아래 <배선도 12-2>처럼 마이크로 SD모듈의 VCC와 GND는 아두이노의 5V와 GND에 연결하시고 마이크로 SD모듈의 CS는 아두이노의 4번 포트에 연결하시고 SCK는 13번 포트, MISO는 12번 포트와 MOSI는 11번 포트와 연결합니다.

그리고 SD카드 라이브러리에서 자동으로 4번 포트를 제어하기 때문에 여러분이 직접 4번 포트에 LOW 신호를 줄 필요는 없습니다. 여러분은 그저 SD.begin(4)이라는 곳에 4라는 숫자만 넣어주시면 됩니다. 준비되었다면 SD모듈에 마이크로SD메모리를 넣어주세요.

참고로 전원이 들어있는 상태에서 넣고 꺼내기를 반복하시던 파일이 깨질 수도 있으니 넣고 뺄 때는 전원이 꺼진 상태에서 진행하시기 바랍니다.

〈배선도 12-2〉 SPI 통신

```
#include <SPI.h>
#include <SD.h>
File myFile;
void setup() {
  Serial.begin(9600);
  if (!SD.begin(4)) {
    Serial.println("initialization failed!");
    return;
  }
  Serial.println("initialization done.");

  myFile = SD.open("test.txt", FILE_WRITE);
  if (myFile) {
    Serial.print("Writing to test.txt...");
    myFile.println("testing 1, 2, 3.");
    myFile.close();
    Serial.println("done.");
  } else {
    Serial.println("error opening test.txt");
  }
  myFile = SD.open("test.txt");
  if (myFile) {
    Serial.println("test.txt:");
    while (myFile.available()) {
      Serial.write(myFile.read());
    }
    myFile.close();
  } else {
    Serial.println("error opening test.txt");
  }
}
void loop() {
  // nothing happens after setup
}
```

〈sketch 12-3〉 SPI 통신을 통한 SD카드에 문서 보관하고 읽어오기

위 스케치는 아두이노 개발환경에서 제공하는 SD카드 라이브러리를 사용해서 쉽게 실습해 보도록 하겠습니다. 아두이노 개발환경의 메뉴 중에서 '파일'을 선택하시고 '예제'를 클릭하신 후 'SD' 중에서 'ReadWrite' 예제를 선택하시면 <sketch 12-3>과 비슷한 스케치가 나옵니다. 똑같지 않은 이유는 필자가 지면 절약을 위해 약간의 수정을 가했기 때문입니다.

스케치를 살펴보면 #include <SPI.h>라고 선언하여 SPI 통신을 할 수 있도록 합니다. 다음으로 #include <SD.h> 명령으로 아두이노사(社)에서 제공해주는 SD카드 관련 라이브러리를 사용할 준

비를 합니다. 그리고 File myFile;라는 명령으로 SD 객체를 생성합니다.

SD.begin(4)이라는 함수를 통해 4번 포트에 연결된 SD모듈이 제대로 연결되었는지 혹은 정상적으로 시작을 했는지 확인하여 성공하면 "initialization done."이라고 표시하고 실패하면 "initialization failed!"이라고 표시한 후에 프로그램을 끝내 버립니다.

SD모듈에 정상적으로 연결되었다면 myFile = SD.open("test.txt", FILE_WRITE);이라는 명령을 통해 SD카드에 test.txt라는 이름으로 파일을 기록할 수 있도록 준비하라는(OPEN) 명령을 보냅니다. 이것은 학교 다닐 때에 수학노트에 필기 하려면 수학 노트를 열어서(펼쳐서) 쓸 수 있도록 준비 하는 것과 같습니다.

가끔 여러분들 노트 펼쳐놓은 상태에서 아이스크림 같은 음식 먹다가 흘리게 되면 노트의 그 부분이 딱 달라붙어서 펴지지가 않는 수가 있습니다. 난감하죠~ 마찬가지로 SD카드에 기록된 파일도 아이스크림을 흘린 것은 아니겠지만 다양한 원인으로 인해 파일을 열려고 하는 중에 오류가 발생하여 열리지 않을 수도 있습니다. 그런 경우에 "error opening test.txt"라는 에러가 메시지를 내보냅니다.

정상적으로 열렸다면 SD카드에 myFile.println("testing 1, 2, 3.");라는 명령으로 "testing 1, 2, 3."라는 문자를 SD카드에 기록합니다.

기록이 모두 끝난 후에는 myFile.close();라는 명령으로 닫아줍니다.

아래로 내려오면 myFile = SD.open("test.txt"); 명령으로 다시 test.txt파일을 오픈합니다. 바로 전의 myFile = SD.open("test.txt", FILE_WRITE);은 test.txt와 FILE_WRITE라는 두 개의 인자가 사용되었습니다만 이번에는 'test.txt' 하나밖에 없습니다. 이렇게 명령하면 그저 'test.txt' 파일을 읽어오겠다는 것을 의미합니다. 따라서 SD카드에 보관된 test.txt라는 파일을 읽을 수 있도록 열어라(OPEN)라 하는 것입니다.

그다음에 if (myFile) {...} 구문을 통해 정상적으로 SD카드가 열렸다면 while문을 통해 반복하여 test.txt 파일에 기록된 문자를 한 글자씩 연속적으로 읽어옵니다. myFile.available() 명령은 계속 읽어올 문자가 더 있는지 아니면 파일의 끝인지를 알려주는 함수입니다. 즉, 읽어 올 문자가 있다면 myFile.read() 통해 계속 읽어오는 동작을 while문으로 반복하는 것입니다.

아두이노에서 SD메모리를 통해 기록하거나 읽어올 일이 얼마나 될지 궁금하신 분도 있을 것입니다만 이외로 활용할 수 있는 것이 많습니다. 예를 들어 아두이노를 통해 한달 간 온도 데이터를 파악하고 싶다면 하루하루의 온도자료를 기록하여 보관하고 있어야만 한 달이 지난 후 요긴하게 사용할 수 있을 것입니다. 또한 아두이노가 정상적으로 작동하는지의 여부를 파악하기 위한 로그 파일용으로도 매우 유용하고 카메라를 연결해서 촬영한 사진자료를 저장하는 것도 가능하기 때문에 여러분들이 SD모듈을 다룰 줄 아는 것은 중요합니다.

아두이노 개발환경 메뉴에서 '파일' 그리고 '예제'에서 'SD'로 가시면 여러 가지 예제가 더 있으니 모두 불러와서 연습해 보시기 바랍니다.

12.5 SPI 통신으로 8자리 숫자 표시하기

FND는 일상생활에서 자주 눈에 띄는 익숙한 부품입니다. FND는 특별히 다른 종류의 부품이라기보다 우리가 앞서 살펴 본 LED 여러 개를 묶어 놓은 것과 같습니다. <그림 12-4> FND구조의 f와 g를 켜면 1이라고 보일 것이고 a, b, g, e, d를 켜면 2라는 숫자가 표시되는 방식으로 0에서 9까지를 표시합니다.

그런데 앞서 배웠던 <배선도 9-1>의 LED 한 개 켜고 끄기를 생각해보면 한 개 켜는데 아두이노의 디지털 포트가 한 개 사용되었으니 FND 하나를 도트까지 모두 사용하기 위해서는 총 8개의 포트가 필요하게 됩니다.

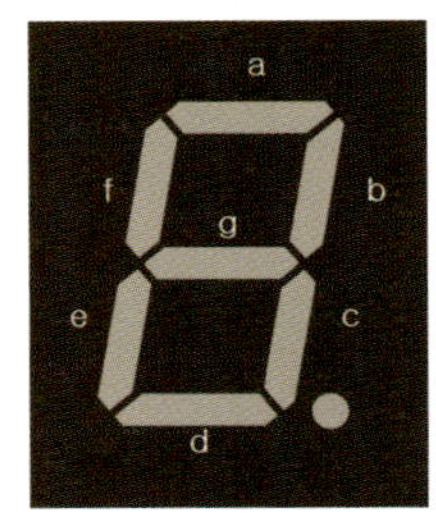

<그림 12-4> FND구조

문제는 너무 많은 포트를 사용하게 된다는 것입니다. 두 자릿수를 표시하려면 16개의 포트가 사용된다면 아두이노의 포트가 FND에만 쓰이게 되는 셈입니다. 또한 FND는 LED의 종류이기 때문에 각각 전류제한용 저항도 달아줘야 합니다. 따라서 겨우 숫자만 표시하려 것임에 비해 너무 복잡한 구성이 따르게 되므로 뭔가 비효율적으로 보입니다. 따라서 우리는 다른 방법을 통해 매우 간단하면서도 더 많은 숫자를 표시할 수 있도록 해보겠습니다.

최근에는 거의 모든 부품이 모듈형태로 제공이 되어 있습니다. FND도 마찬가지로 8자리를 표시하는 MAX7219라는 모듈이 판매되고 있습니다.

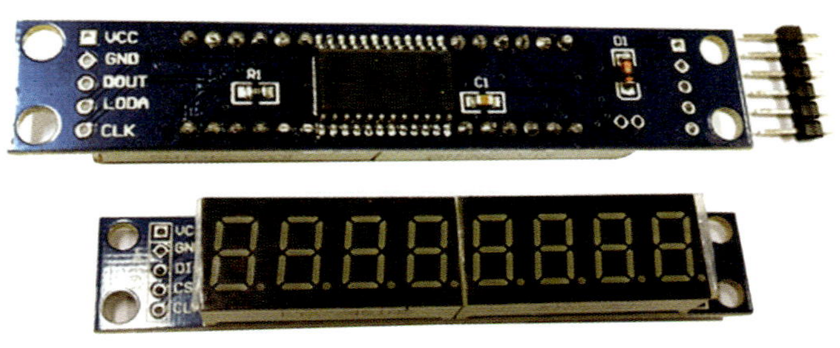

<그림 12-5> MAX7210 모듈

이 모듈은 SPI 통신을 사용하여 간단하게 8자리까지 숫자를 표시할 수 있게 합니다.

<그림 12-6> MAX7210 모듈구조

또한 동시에 여러 개의 연결이 가능 하며 3개까지는 검증했지만 선의 길이가 길어지면 오작동하게 됩니다. 여러 개를 연결하는 방법은 모듈의 왼쪽은 VC, GND, DIN, CS, CLK이지만 오른쪽은 VC, GND, DOUT, CS, CLK으로 배열되어 있습니다. 여러 개를 연결할 때는 아래 <그림 12-7>처럼 한 모듈의 DIN과 또 다른 모듈의 DOUT만 서로 연결해주면 여러 개를 붙여서 사용이 가능합니다.

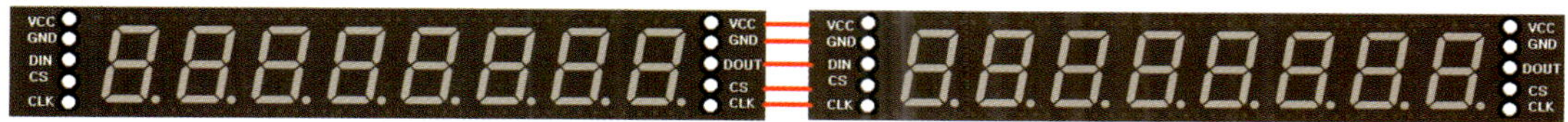

<그림 12-7> MAX7210 모듈의 여러 개 연결방법

그리고 아두이노 보드와는 모듈의 맨 왼 쪽의 VCC, GND, DIN, CS(혹은 LOAD), CLK를 연결한 다음에 제조사에서 제공하는 라이브러리를 사용하여 아주 손쉽게 무려 8개의 FND를 마음대로 제어하실 수 있습니다.

그럼 실제로 아두이노와 연결하여 사용해 볼까요? 우선, MAX7219모듈 하나를 아래의 그림과 같이 연결해 보세요. VCC는 5V핀과 GND는 GND끼리 연결하고 아두이노의 12번 포트와 MAX7219 모듈의 DIN과 연결하고 11번은 CS(혹은 load)와 연결, 10번은 CS와 연결합니다.

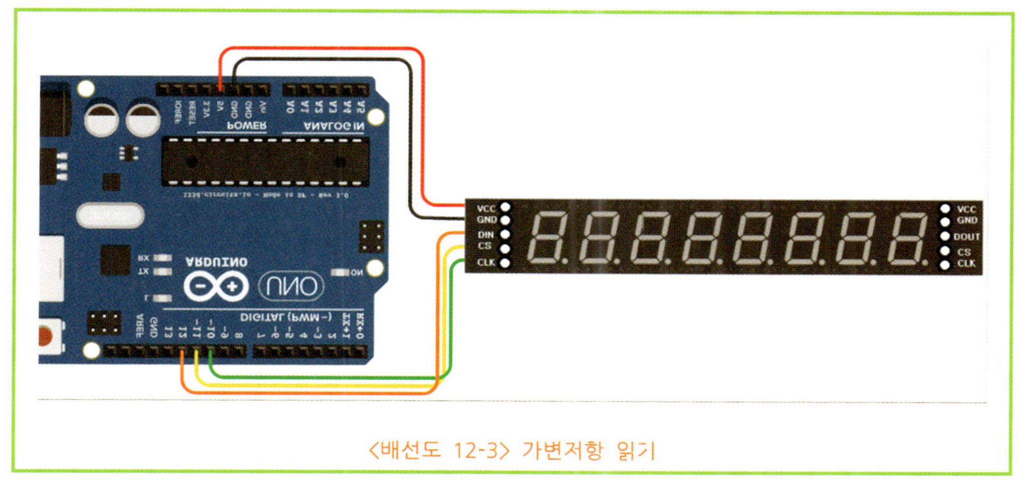

〈배선도 12-3〉 가변저항 읽기

위와 같이 배선을 완료했으면 이제부터는 스케치를 해야 합니다.

MAX7219모듈은 이미 모듈을 만든 회사에서 단순하게 아두이노가 명령만 내리면 숫자가 8개나 표시될 수 있도록 모듈 안에 프로그램해서 넣어둔 상태입니다. 따라서 우리는 원하는 숫자를 표시하기 위해서는 모듈회사에서 제공한 방법대로 아두이노에서 명령을 내리기만 하면 되는 것이고 그렇게 하기 위해서는 모듈회사에서 제공해준 라이브러리를 우리 스케치로 불러와서 선언해주기만 하면 됩니다. 라이브러리를 사용하는 방법 또한 간단합니다. 스케치 맨 위에 불러들일 라이브러리 이름만 선언해주면 사용할 준비가 완료됩니다. 우리는 MAX7219모듈을 만든 회사에서 제공하는 'LedControl.h'라는 파일을 아래와 같이 선언합니다.

```
#include "LedControl.h"
```

구글 검색에서 "LedControl"라고 검색하시면 해당 라이브러리를 손쉽게 구할 수가 있습니다. 필요파일은 "LedControl.h"과 "#include "LedControl.cpp"입니다. 이 두 개의 파일을 여러분들이 코딩할 스케치를 저장할 위치에 넣어두시면 됩니다. 라이브러리에 대한 설명은 <8.4.6. 아두이노 개발환경의 라이브러리 추가하기>에 설명하고 있으니 참고 하시기 바랍니다.

모든 준비가 다 끝났다면 실제 스케치를 보면서 한 가지씩 모듈에게 숫자를 표시하게 하는 명령들을 배워보도록 하겠습니다.

```
#include "LedControl.h"

// 데이터(DIN-12)핀,클럭(CLK-10)핀,칩선택(CS-11)핀,모듈 사용개수 1개 설정
함.
LedControl max=LedControl(12,10,11,1);

void setup() {
  max.shutdown(0,false);  // 0 Wake up displays
  max.setIntensity(0,8);  // 0번 모듈 FND 8개
  max.clearDisplay(0);   // FND 모듈 초기화

}
void loop()
{
    max.setDigit(0,0,1,false);
    max.setDigit(0,1,2,false);
    max.setDigit(0,2,3,false);
    max.setDigit(0,3,4,false);
    max.setDigit(0,4,5,false);
    max.setDigit(0,5,6,false);
    max.setDigit(0,6,7,false);
    max.setDigit(0,7,8false);
    delay(250);
}
```

〈sketch 12-4〉 8자리 FND 켜기

위 스케치는 MAX 8자리 FND 전체에 '1,2,3,4,5,6,7,8'을 표시하라는 스케치이며 신기하게도 저렇게 간단한 명령 몇 개를 가지고 8개의 숫자를 표시할 수 있습니다. 앞에서 배선도 해보았지만 너무 간단했을 것입니다. 이제 한 가지씩 명령을 풀이해 보겠습니다.

먼저 LedControl max=LedControl(12,10,11,1);이란 명령은 MAX7219 모듈에게 아두이노와 연결된 포트 번호를 알려주고 있습니다. 즉 12번 포트는 DIN과 연결하고 11번 포트는 CS, 10번 포트는 CLK와 연결한다고 선언하는 것입니다. 그리고 마지막은 모듈을 여러 개 연결해서 사용할 경우 그 갯수를 넣어주는 곳이며 우리는 한 개만 사용할 것이기 때문에 1이라고 해둡니다. 다음은 void setup() 함수에서 사용 전에 초기화 등 준비 작업을 해주는 것으로서 먼저 max.shutdown (0,false); 명령은 MAX7219 모듈에게 이제부터 숫자를 보낼 것이니 초기화 준비하라는 것이고 앞의 0 은 모듈 1번이라는 뜻입니다. 모듈을 여러 개 사용할 때는 첫 번째 모듈을 0이라고 한다면 당연히 두 번째 모듈은 0 다음 번호인 1이라고 표시해주면 됩니다.

두 번째 max.setIntensity(0,8); 명령은 모듈 1번의 밝기는 8정도 하라는 명령이고 세 번째, max.clearDisplay(0); 명령은 1번 모듈의 숫자를 모두 끄라는 것이며 마치 지우개처럼 깨끗이 지워서 다른 숫자를 쓸 수 있는 준비를 하라는 의미입니다.

이제 아두이노가 반복해서 처리할 void loop()을 살펴보도록 하겠습니다. 먼저 max.setDigit(0, 0,1,false);라는 명령의 첫 번째 자리의 0은 MAX7219모듈 1번 모듈을 가리킵니다. 따라서 여러 개의 모듈을 사용한다면 첫 번째 FND모듈은 0, 두 번째 MAX7219모듈은 1이라는 식으로 사용 할 MAX7219모듈 번호만 넣어주시면 됩니다.

명령의 두 번째 자리의 0은 MAX7219는 총 8개의 숫자를 표시할 수 있다고 했습니다. 바로 그 자릿수를 의미합니다. 따라서 max.setDigit(0,0,1,false); 명령의 두 번째 0은 8개의 자릿수 중에서 첫 번째 자리라는 의미입니다.

max.setDigit(0,0,1,false); 명령의 세 번째 1은 MAX7219모듈에다가 표시할 숫자입니다.

예를 들어 max.setDigit(0,1,2,false);라는 명령은 첫 번째 MAX7219모듈의 두 번째 자리에 숫자 2를 표시하라는 명령입니다. max.setDigit(0,1,3,false);이라고 한다면 숫자 3이 두 번째 자릿수에 표시될 것입니다. max.setDigit(0,2,2,false);라고 한다면 세 번째 자릿수에 2가 표시될 것입니다. 구글에서 검색해서 보시면 MAX7219모듈에 대한 더 많은 응용 소스를 쉽게 찾아보실 수 있습니다. 다운받아서 다양한 실험을 해보시길 권장해드립니다.

제 13 장

진정한 사물인터넷을 위한 네트워크 실전

사물인터넷에서 네트워크 기능을 활용하는 것은 중요합니다. 왜냐하면 다양한 센싱 장치 및 제어장치를 구현했다면 관련된 정보에 사용자가 편리하게 접근할 수 있게 해야 하기 때문입니다. 예를 들어 학교에서 공부하고 있는데 애지중지하는 화분이 있는 장소의 온도가 궁금할 때 가서 확인할 필요 없이 멀리 떨어진 원격지에서도 스마트 폰으로 온도를 확인할 수 있다면 정말 편리하겠죠?

13.1 아두이노 이더넷 쉴드 활용

아두이노는 쉴드를 입혀서 능력을 업그레이드 할 수 있도록 설계되어 있습니다. 아래 사진에는 아두이노 우노 보드 위에 꼽아서 사용할 수 있는 무선 와이파이 쉴드와 유선이더넷 쉴드의 모습입니다.

<그림 13-1> 유 · 무선 이더넷 쉴드와 아두이노 보드

최근에 아두이노 이더넷 쉴드는 인터넷에서 몇 천원이면 구입할 수도 있습니다. 이더넷 쉴드를 끼우기 전에 아두이노의 전원이 꺼져있는지 확인한 다음 구입한 이더넷 쉴드의 윗면에 인쇄된 핀 번호를 아두이노의 각 핀 번호와 맞춰 잘 끼우시고 다시 한번 맞는지 확인한 후에 전원을 넣어주기 바랍니다. 전원을 넣었을 때에 이더넷 쉴드의 파워(PWR) LED에 불이 들어오면 준비가 끝난 것입니다.

다음으로는 공유기의 빈 포트에 UTP케이블을 꼽고 아두이노의 이더넷 쉴드에도 UTP케이블을 꼽아서 서로 연결해 주시기 바랍니다. UTP케이블은 일반적으로 이더넷 쉴드 구매시에 함께 들어있습니다.

13.1.1 이더넷의 로컬IP 알아내기

물리적으로 준비가 끝났다면 이제는 이더넷 쉴드에게 고유 로컬IP를 지정해 주는 방법에 대해서 알아보겠습니다. 지정하는 방법은 내 컴퓨터가 윈도우10일 경우를 기준으로 삼아 설명하겠습니다. 아래 <그림 13-2>와 같이 윈도우의 왼쪽 하단의 윈도우 시작메뉴 옆에 'Windows 검색'이라는 부분이 있습니다. 이곳에 cmd라고 입력하시고 엔터치시면 <그림 13-3>과 같이 "명령 프롬프트"가 나옵니다.

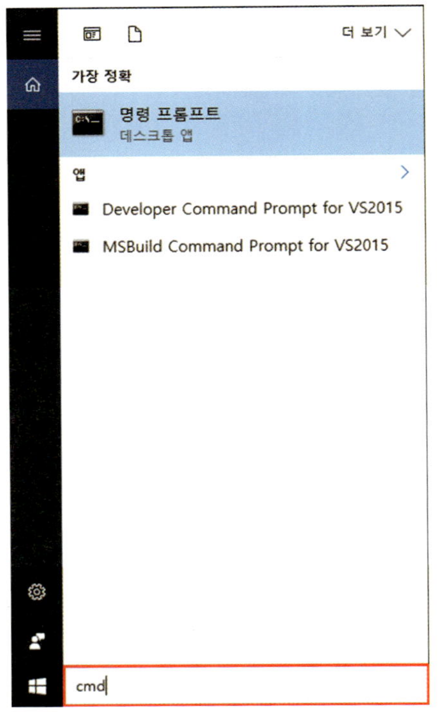

<그림 13-2> 로컬IP 알아내기

"명령 프롬프트"를 클릭하시면 아래 <그림 13-3>처럼 명령을 입력할 수 있는 프롬프트가 나옵니다.

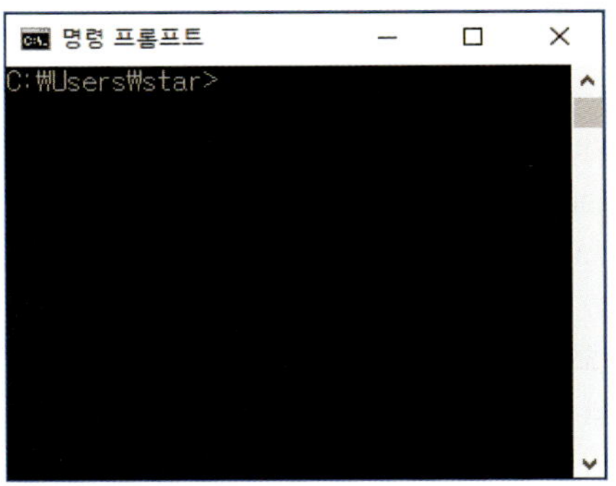

<그림 13-3> CMD 화면

프롬프트에서 "ipconfig"라고 입력하시면 아래 그림처럼 정보가 주르륵 나오게 됩니다. 아래 내용 중에서 IPv4 주소와 서브넷마스트, 기본게이트웨이만 참고하시면 됩니다.

```
... ... ...
연결별 DNS 접미사. . . . :
링크-로컬 IPv6 주소 . . . . : fe80::fc9a:10f8:f4fc:c234%2
IPv4 주소 . . . . . . . . . : 192.168.219.105
서브넷 마스크 . . . . . . . : 255.255.255.0
기본 게이트웨이 . . . . . . : 192.168.219.1
```

〈CMD명령1〉 ipconfig 명령

특히 중요한 내용은 IPv4 로컬IP주소입니다. 네트워크에 둘러있는 모든 기기는 고유의 IP주소가 부여되어 있습니다. '192.168.219.105'라는 주소는 현재 내 컴퓨터에서 사용되고 있는 로컬IP번호를 나타내고 있습니다. 만약에 내 컴퓨터에 접근하고 싶다면 해당 IP번호를 통해 접근하여 정보를 주고 받을 수 있는 것입니다. 마찬가지로 이더넷 쉴드도 이더넷 쉴드만의 고유한 로컬IP를 만들어 줘야만 접근하여 정보를 주고 받을 수 있습니다. 만드는 방법은 간단합니다.

'192.168.219.105'는 내 컴퓨터가 사용하고 있으니 '192.168.219.'까지는 동일하게 써주고 나머지 뒷 부분의 번호만 다르게 하면 됩니다. 예를 들어 '192.163.219.198'이라고 끝자리만 바꿔주면 되는 것이죠. 중요한 것은 '192.168.219.198'이라는 번호 즉, 198번을 다른 기기가 사용하고 있지 않아야 합니다. 충돌이 일어나면 문제가 발생하기 때문입니다. 끝 번호를 0~255 사이의 숫자 중에서 사용하되 다른 장비가 사용하고 있는 번호를 제외하고 사용해야 한다는 것입니다.

내가 사용할 번호가 현재 사용되고 있는 지를 확인해 보려면 ping 명령을 통해 알 수 있습니다. 위 명령프롬프트 상태에서 ping 192.168.219.105라고 했을 때 아래처럼 나오면 사용 중이라는 의미입니다.

```
C:\Users\star>ping 192.168.219.105

Ping 192.168.219.105 32바이트 데이터 사용:
192.168.219.105의 응답: 바이트=32 시간<1ms TTL=128
192.168.219.105의 응답: 바이트=32 시간<1ms TTL=128
192.168.219.105의 응답: 바이트=32 시간<1ms TTL=128
192.168.219.105의 응답: 바이트=32 시간<1ms TTL=128

192.168.219.105에 대한 Ping 통계:
    패킷: 보냄 = 4, 받음 = 4, 손실 = 0 (0% 손실),
왕복 시간(밀리초):
    최소 = 0ms, 최대 = 0ms, 평균 = 0ms
```

〈CMD명령2〉 ping 1

그리고 아래와 같은 정보가 나온다면 다른 장비가 사용하지 않는 비어있는 로컬IP로써 여러분들이 사용할 수 있는 IP번호인 것입니다.

```
C:\Users\star>ping 192.168.219.105

Ping 192.168.219.104 32바이트 데이터 사용:
192.168.219.105의 응답: 대상 호스트에 연결할 수 없습니다.
```

<CMD명령3> ping 2

조금 편하게 사용이 가능한 남아있는 로컬IP 번호로 자동 부여되어 실행되도록 하는 방법도 있습니다. 아두이노 스케치를 통해서 자동으로 로컬IP번호를 알아내는 방법입니다. 아두이노의 개발 환경에서 '파일'에서 '예제'를 선택하시고 'Ethernet'에서 'DhcpAddressPrinter'를 선택하시면 아래의 스케치가 나옵니다. 아두이노에 업로드 하신 후 실행시키면 시리얼 통신을 통해서 내 컴퓨터로 자동으로 부여받은 로컬IP주소를 표시해줍니다. 즉, 사용해도 되는 IP 번호를 찾아서 부여해준다는 것입니다.

```
#include <SPI.h>
#include <Ethernet.h>

byte mac[] = {
  0x00, 0xAA, 0xBB, 0xCC, 0xDE, 0x02
};

EthernetClient client;

void setup() {
  Serial.begin(9600);
  if (Ethernet.begin(mac) == 0) {
    Serial.println("Failed to configure Ethernet using DHCP");
    for (;;)
      ;
  }
   printIPAddress();
}
void loop() { //  }
void printIPAddress()
{
  Serial.print("My IP address: ");
  for (byte thisByte = 0; thisByte < 4; thisByte++) {
    Serial.print(Ethernet.localIP()[thisByte], DEC);
    Serial.print(".");
  }
```

```
    Serial.println();
  }

  //  업로드하시면 아래와 같이 표시됩니다.
  //  My IP address: 192.168.219.198.
```

<sketch 13-1> 이더넷 로컬IP자동으로 알아내기

스케치를 해석해 볼까요? 맨 위는 #include <SPI.h>가 있는 것은 이더넷 쉴드가 아두이노와 SPI로 통신을 하기 때문입니다. 다음으로 #include <Ethernet.h>를 통해 이더넷 라이브러리를 불러옵니다. 그리고 EthernetClient client; 이더넷 정보를 제공받는 클라이언트로 사용하기 위해 client라는 객체를 생성하는 부분입니다.

그리고 byte mac[] = { 0x00, 0xAA, 0xBB, 0xCC, 0xDE, 0x02 };이라는 명령을 통해서 맥어드레스를 입력합니다. 맥어드레스는 이더넷카드의 밑면에 붙은 스티커에 적혀있으며 이 코드를 넣어주시면 됩니다. 맥 어드레스란 수많은 이더넷카드 중에서 자신을 구별할 수 있는 유일한 코드입니다. 하지만 특이하게도 아두이노 이더넷 쉴드에서는 굳이 밑면의 스티커에 붙은 맥어드레스를 안 써줘도 되고 아무거나 넣어줘도 사용상 문제가 전혀 없습니다. 따라서 예제에서 나오는 맥어드레스를 그대로 사용해도 상관없습니다.

void setup()에 와서는 if (Ethernet.begin(mac) == 0) 문을 통해서 아두이노 이더넷 쉴드가 정상적으로 동작하지 않는다면 "Failed to configure Ethernet using DHCP"라고 표시한 후에 for(;;) ; 명령을 통해 무한히 멈추게 됩니다. for문에 ; 외에 아무 값도 안 넣어주면 무한반복을 의미합니다. 즉 아무것도 안하고 전원을 끌 때까지 멈춰있게 됩니다.

이더넷이 정상이라면 printIPAddress(); 함수를 호출하여 부여받은 로컬IP주소를 표시해줍니다. printIPAddress() 함수 안에 Ethernet.localIP()[thisByte] 명령이 IP를 읽어내는 부분입니다. 그리고 Serial.print(데이타, DEC);라는 부분에서 DEC는 10진수로 표시하라는 의미이며 이로써 우리가 알아볼 수 있도록 192.168.219.198이라는 식으로 표시됩니다.

13.1.2 웹상에서 사물인터넷의 정보를 제공하기 위한 아두이노 웹서버의 구현

웹서버란 웹과 서버의 합성어입니다. 웹(Web)은 원래 거미집을 의미했습니다. 거미집을 살펴보면 거미줄들 사이가 서로 복잡하게 연결되어 있다는 것을 알 수 있습니다. 이렇게 거미줄과 거미줄 사이가 연결되는 지점을 사이트(Site)라고 말합니다. 그리고 사이트와 사이트가 연결되어진 것을 네트워크라고 할 수 있으며 이 네트워크가 다른 거미가 사는 네트워크와 계속 연결되어 넓혀진 것을 인터넷이라 생각해볼 수 있습니다. 그리고 이렇게 연결된 채로 글자와 그림 그리고 영상 등의 서비스 등을 주고받는 서비스를 웹이라 말할 수 있으며 WWW(World Wide Web)이라고 표현하기도 합니다.

서버란 다른 컴퓨터들에게 서비스를 제공하기 위한 컴퓨터 또는 소프트웨어를 말하며 반면, 서버에서 보내는 정보를 받거나 요구하는 컴퓨터 또는 소프트웨어를 클라이언트라고 합니다.

웹서버(WebServer)란 인터넷환경에서 글자나 그림, 동영상 등의 정보서비스를 제공하는 것을 의미합니다. 그렇다면 아두이노에서 제공할 수 있는 서비스는 무엇이 있을까요? 아직까지 아두이노는 제대로 된 정보서비스를 하기에는 능력이 많이 부족합니다. 하지만 집에 스위치를 끄거나 켜고 가스 밸브가 잠겨있는지 열려있는지 확인하고 잠근다든지 특정한 장소의 온도가 몇 도인지 등 정도의 서비스를 제공하기에는 딱 제격입니다. 바로 최근에 화두인 IOT(사물인터넷) 서비스를 구현할 수가 있다는 것입니다.

따라서 이번 시간에는 아두이노가 웹서버로서 동작하도록 하고 여러분들의 컴퓨터에서 혹은 로컬 네트워크의 영역 내에 있는 스마트폰 등을 이용하여 접속한 다음 아두이노 웹서버가 제공하는 정보를 받아보는 실습을 해보겠습니다.

```
#include <SPI.h>
#include <Ethernet.h>

byte mac[] = {
  0x00, 0xAA, 0xBB, 0xCC, 0xDE, 0x02
};

IPAddress ip(192, 168, 219, 198);
EthernetServer server(80);

void setup() {

  Serial.begin(9600);
  Ethernet.begin(mac, ip);
  server.begin();
  Serial.print("server is at ");
  Serial.println(Ethernet.localIP());
}

void loop() {

  EthernetClient client = server.available();
  if (client) {
    Serial.println("new client");

    boolean currentLineIsBlank = true;

    while (client.connected()) {
      if (client.available()) {
        char c = client.read();
```

```
          Serial.write(c);

          if (c == '\n' && currentLineIsBlank) {
            client.println("<html>");
            client.println("<p>My WebServer!!</p>");
            client.println("</html>");
            break;
          }
          if (c == '\n') {
           currentLineIsBlank = true;
          } else if (c != '\r') {
           currentLineIsBlank = false;
          }
        }
      }

      delay(1);
      client.stop();
      Serial.println("client disconnected");
    }
  }
```

<sketch 13-2> 이더넷 웹서버

위 스케치의 기능은 여러분들의 공유기에 연결된 컴퓨터 혹은 스마트폰의 웹브라우저에서 192.168.219.198이라고 입력하시면 아두이노 웹서버에 접속되어 "My WebServer"라고 메시지를 보여주는 스케치입니다.

코드를 살펴보면 먼저 IPAddress ip(192, 168, 219, 198);라는 명령을 통해서 이더넷 쉴드 고유의 로컬IP번호를 지정해줍니다.

그 다음코드 EthernetServer server(80);라는 명령어를 통해 웹서버의 통신포트는 80번으로 하여 하겠다는 것입니다. 외부와 통신을 하기 위해서는 외부로 자료가 나가고 들어오기 위한 포트가 필요합니다. 통신장치마다 같은 포트를 사용할 수는 없으므로 서로 다른 포트번호를 부여하여 사용하게 됩니다. 그러한 분류 중에 하나로써 웹 통신을 위한 포트 번호는 80으로 사용하겠다는 의미입니다.

void setup()에서는 Ethernet.begin(mac, ip); 명령으로 로컬 ip와 맥어드레스를 이더넷에 넣어준 후에 server.begin(); 명령으로 웹서버를 시작합니다.

void loop()에서는 클라이언트가 서버에 접속했는지를 검사하여 접속했으면 "new client"라고 표시해주고 클라이언트의 정보를 표시해준 후에 "My WebServer!!"라고 표시합니다.

void loop()을 자세히 살펴보면 EthernetClient client = server.available(); 명령이 보입니다. EthernetClient client는 이더넷클라이언트 클래스의 객체로서 서버에 접속한 클라이언트에게 데이터를 보내기 위한 기능과 클라이언트모드로 서버에 접속하기 위한 두 가지의 기능을 가지고 있습니다.

server.available(); 은 현재 접속을 요청한 클라이언트가 있는지를 확인 하여 있다면 요청한 클라이언트의 접속을 허락하고 client 객체를 생성하여 EthernetClient client에게 대입합니다.

그리하여 if (client)라는 조건문으로 client가 연결되어 있는지 확인하여 연결되어 있다면 while 반복 구문을 통해 클라이언트의 정보를 읽어오게 됩니다. while() 은 참값(True)인 동안 코드를 반복하는 명령입니다. 즉, client.connected()라는 클라이언트가 현재 접속을 유지하고 있는지를 확인하여 참(True, 유지하고 있다)이면 while문의 영역에 있는 코드가 반복되어 실행됩니다.

```
while (client.connected()) {  //참이면 코드 이 영역안의 코드가 반복 }
```

그리고 if (client.available()) { }라는 조건문을 통해서 클라이언트가 보낸 데이터가 있는지를 확인하여 있다면 char c = client.read(); 명령으로 문자 한 개를 읽어서 Serial.write(c);를 통해 시리얼 통신으로 컴퓨터 화면에 표시하게 됩니다.

또한 if (c == '\n' && currentLineIsBlank) 조건으로 클라이언트로부터 데이터를 모두 읽어와서 더 이상 읽어올 내용이 없다면 그 때 비로소 client.println() 명령으로 서버가 클라이언트에게 아래의 데이터를 보냅니다.

```
<html>
<p>My WebServer!!</p>
</html>
```

위 <html> <p> </html> 코드는 웹에서 정보를 교환하기 위한 마크업 언어의 태그(Tag)입니다. html이라는 마크업 언어를 통하여 접속한 클라이언트 즉, 컴퓨터 및 스마트폰의 웹브라우저에게 “My Webserver”라고 표시해줍니다.

```
boolean currentLineIsBlank = true;
while (client.connected()) {
  ... ...
        if (c == '\n' && currentLineIsBlank) {
            ... ...
        }
        if (c == '\n') {
          currentLineIsBlank = true;
        } else if (c != '\r') {
          currentLineIsBlank = false;
        }
}
```

스케치에서 위의 코드만 더 자세히 설명해보겠습니다. 클라이언트가 보낸 데이터가 끝인지 아닌지를 파악하기 위한 방법이며 클라이언트는 웹서버에 접속할 때 자신의 정보를 보내게 됩니다. 보낼 때는 정보의 마지막 줄에는 \r과 \n을 붙여 보내서 끝임을 나타냅니다. 따라서 위 알고리즘을 통해서 클라이언트가 보낸 데이터가 끝인지 아닌지를 파악하여 끝이면 My WebServer!! 라고 표시하고 끝이 아니면 wihile() 문으로 반복해가며 클라이언트가 보낸 데이터를 한 글자씩 받아오는 코드가 되는 것입니다.

13.1.3 SD카드에 저장해 둔 HTML로 웹서버 서비스하기

대부분의 아두이노 이더넷 쉴드는 SD카드가 포함되어 출시됩니다. 따라서 이번 시간에는 SD카드 사용법까지 함께 활용하여 접속한 클라이언트들에 보여줄 메시지를 이더넷 쉴드에 달린 SD카드 안에 보관해두었다가 클라이언트가 접속했을 때마다 메시지를 꺼내서 표시해주는 스케치를 작성해보도록 하겠습니다.

이렇게 하면 더 긴 문장의 HTML태크를 넣어놓고 웹서비스를 할 수도 있어서 좋고 아두이노 코드와 HTML 태그를 분리해서 관리함으로써 더 효과적인 코드관리가 가능합니다. 일반적으로 이더넷 쉴드에 포함된 SD카드는 아두이노 4번 포트와 연결하여 제어하고 있습니다.

따라서 SD.begin(4)라는 명령을 통해 아두이노 4번 포트번호를 통해 SD카드를 제어한다는 선언만 해 주시면 됩니다.

```
#include <SPI.h>
#include <Ethernet.h>
#include <SD.h>

byte mac[] = {
    0x00, 0xAA, 0xBB, 0xCC, 0xDE, 0x02
};

IPAddress ip(192, 168, 219, 198);
EthernetServer server(80);
File sdfile;

void setup() {

  Serial.begin(9600);

  Serial.println("Initializing SD card...");
   if (!SD.begin(4)) {
        Serial.println("ERR!! SD card initialization failed.");
        return;
   }else{
        Serial.println("Success!! SD card initialized.");
```

```
    }
    if (!SD.exists("index.htm")) {
         Serial.println("ERR!! Can't load index.htm file!");
         return;
    }else{
         Serial.println("Success!! load index.htm ");
    }

  Ethernet.begin(mac, ip);
  server.begin();
  Serial.print("server is at ");
  Serial.println(Ethernet.localIP());
}

void loop() {

  EthernetClient client = server.available();
  if (client) {
    Serial.println("new client");

    boolean currentLineIsBlank = true;
    while (client.connected()) {
      if (client.available()) {
        char c = client.read();
        Serial.write(c);

        if (c == '\n' && currentLineIsBlank) {

           sdfile = SD.open("index.htm");
                    if (sdfile) {
                        while(sdfile.available()) {
                            client.write(sdfile.read());
                        }
                        sdfile.close();
                    }
                    break;
        }

        if (c == '\n') {
          currentLineIsBlank = true;
        } else if (c != '\r') {
          currentLineIsBlank = false;
        }
      }
```

```
        }

        delay(1);
        client.stop();
        Serial.println("client disconnected");
      }
    }
```

<sketch 13-3> 이더넷 웹서버

스케치를 살펴보겠습니다. 웹서버 부분은 위에서 설명했으므로 생략하고 SD관련 부분만 설명하도록 하겠습니다. #include <SD.h>를 통해 SD라이브러리를 포함한 후에 File sdfile; 라고 SD에 파일을 읽고 쓸 수 있도록 객체를 선언합니다.

그리고 if (!SD.begin(4)) 조건문으로 SD카드가 제대로 연결되었는지를 확인합니다.

if (!SD.exists("index.htm")) 조건문에서는 SD카드 안에 "index.htm" 파일이 있는지를 확인하여 해당 파일이 있다면 while() 구문 안으로 들어옵니다. while()구문에서는 sdfile.available()을 통해서 SD카드에서 읽어올 내용이 있는지 검사하여 있다면(참) 반복해서 sdfile.read()로 SD카드 안의 내용을 한 문자씩 읽어옵니다. 그렇게 읽어온 문자를 client.write() 명령으로 바로 접속한 클라이언트에게 보내줍니다.

SD카드메모리에는 아래 HTML을 미리 입력해 넣어두어야 합니다.

```
<html>
  <p>My WebServer!!</p>
</html>
```

위 내용을 SD메모리에 입력하는 방법은 먼저 컴퓨터의 SD카드리더기에 SD메모리를 넣어주십시오. 혹시 컴퓨터에 SD카드리더기가 없을 경우에는 SD메모리카드 리더기를 구입해야 합니다

컴퓨터에서 메모장을 열고 위 html을 입력하시고 "다른 이름으로 저장(A)"을 선택하여 SD메모리에 기록해주시면 됩니다.

13.1.4 사물인터넷의 기본 활용 – 아두이노 웹서버로 내 방 온도 확인하기

위에서 배운 아두이노 웹서버는 조금 허무했죠? 힘들게 따라했는데 "My Webserver"라는 한 줄만 달랑 표시되니 말이죠. 그래서 이번에는 좀 더 IOT 다운걸 시도해보기 위해 학교나 직장 등 외부에서 현재 내 방의 온도가 몇 도인지를 확인할 수 있는 사물인터넷을 구현해 보도록 하겠습니다.

내 방의 온도를 알아서 뭐하냐고 말씀하시는 분도 있겠지만 여러 가지 쓰임이 있습니다. 화초를 키우시는 분은 실내의 온도가 중요합니다. 또한 아주 귀한 물고기를 키우시는 분도 어항의 온도가

중요하며 이 외에도 곰곰이 생각해보면 자신의 집이나 사무실, 농장 등의 실내온도를 멀리 외부에서 실시간으로 알 수 있다는 것은 크나 큰 장점이 아닐 수 없습니다.

그럼 실습을 시작해볼까요? 먼저 아두이노 우노보드 위에 이더넷 쉴드를 꼽고 앞전에 배운 DHT22 온습도 센서의 VCC와 GND를 연결하고 신호(data)핀을 아두이노의 2번 포트와 연결을 합니다.

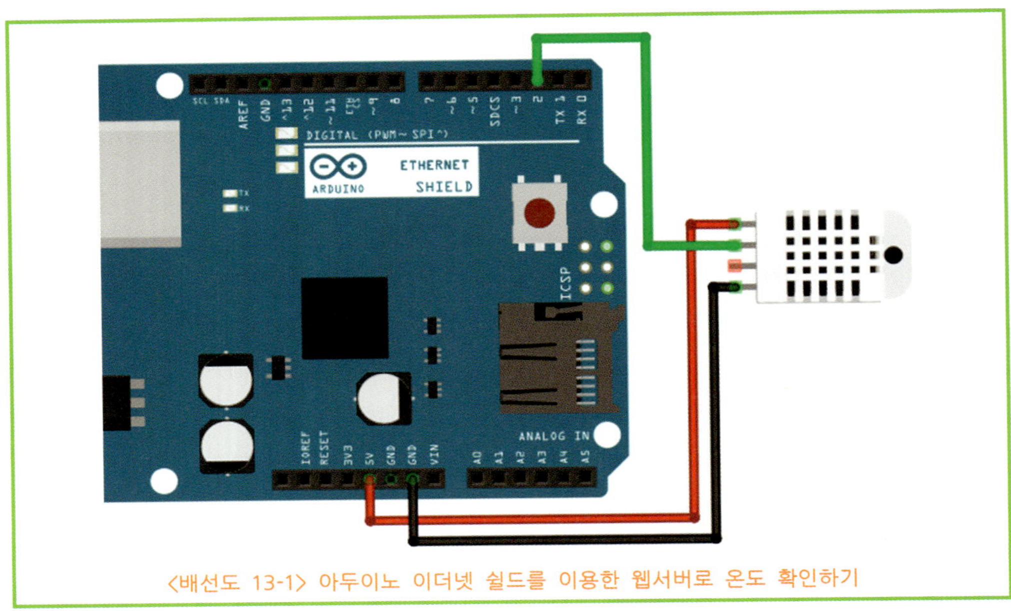

〈배선도 13-1〉 아두이노 이더넷 쉴드를 이용한 웹서버로 온도 확인하기

위와 같이 연결했다면 다음으로는 내 방의 온도 정보를 웹서버에서 서비스하도록 스케치를 해보겠습니다.

```
#include <SPI.h>
#include <Ethernet.h>
#include <DHT.h>

#define DHTPIN 2
#define DHTTYPE DHT22

int cnt=0;

byte mac[] = {
   0x00, 0xAA, 0xBB, 0xCC, 0xDE, 0x02
};
IPAddress ip(192, 168, 219, 198);

EthernetServer server(80);
```

```
DHT dht( DHTPIN, DHTTYPE );
void setup() {

  Serial.begin(9600);

  Ethernet.begin(mac, ip);
  server.begin();
  Serial.print("server is at ");
  Serial.println(Ethernet.localIP());
}

void loop() {

  EthernetClient client = server.available();
  if (client) {
    Serial.println("new client");

    boolean currentLineIsBlank = true;
    while (client.connected()) {
      if (client.available()) {
        char c = client.read();
        Serial.write(c);

        if (c == '\n' && currentLineIsBlank) {
          cnt++;
          client.println("HTTP/1.1 200 OK");
          client.println("Content-Type: text/html");

          client.println("Refresh: 5");
          client.println();
          client.println("<!DOCTYPE HTML>");
          client.println("<html>");
          client.println(cnt);
          float humidity = dht.readHumidity();
          float temperature = dht.readTemperature();

           if (isnan(humidity) || isnan(temperature)) {
              client.println("Failed DHT!!");
           }else {
            client.print("Humidity: ");
            client.print(humidity);
            client.print(" %\t");
            client.print("Temperature: ");
            client.print(temperature);
```

```
            client.println(" *C");
          }
          client.println("</html>");
          break;
        }
        if (c == '\n') {
          currentLineIsBlank = true;
        } else if (c != '\r') {
          currentLineIsBlank = false;
        }
      }
    }

    delay(1);
    client.stop();
    Serial.println("client disconnected");
  }
}
```

<sketch 13-4> 이더넷 웹서버로 온도 알아내기

온 · 습도 센서와 웹서버에서 배운 내용은 제외하고 필요한 내용만 살펴보면 아주 간단한 내용임을 알 수 있습니다.

client.println("HTTP/1.1 200 OK");라는 부분은 접속한 클라이언트에게 통신을 하기 위한 약속으로써 HTTP 프로토콜 1.1으로 사용할 것이며 '200 OK' 부분은 접속요청이 성공적으로 처리되었다 라는 의미입니다.

client.println("Content-Type: text/html"); 의미는 주고 받을 내용에 대해서는 text(글자) 혹은 HTML(웹 언어)를 사용하겠다는 의미입니다.

client.println("Refresh: 5"); 는 5초마다 보고 있는 웹 페이지를 클라이언트에게 다시 보내줍니다. 그리고 cnt++; 부분에서 몇 번 Refresh하고 있는지를 세어서 표시해 줍니다.

매우 단순한 코드지만 응용에 따라 값비싼 정보를 제공하는 IOT를 만들 수 있음을 보여주는 예제였습니다.

13.1.5 사물인터넷 장치가 웹에 접속, 아두이노 웹클라이언트

지금까지는 이더넷 쉴드가 웹서버로서 정보를 제공해주는 역할을 했었습니다만 이번 시간은 아두이노 이더넷 쉴드가 클라이언트로서 www.naver.com나 www.google.com 등에 접속하여 정보를 얻어오는 방법을 학습해보겠습니다. 앞에서 언급했듯이 클라이언트라는 것은 서버에게 정보를 요청하는 쪽입니다. 즉, 사물인터넷 기기가 특정 웹 주소에 접속하여 어떤 명령이나 상태를 조회하여 해당 정보에 따라 제어할 때 사용되는 방법으로써 예를 들자면 기상청에서 날씨 정보를 받아서

비가 오는지 화창한지를 파악하여 창문을 자동으로 닫는다든지 환기를 위해 창문을 여는 동작을 할 수 있는 것입니다.

이해를 위해 먼저 기본적인 지식을 학습해보도록 하겠습니다.

아두이노가 클라이언트로서 다음(search.daum.com)이라는 웹사이트에 접속하여 arduino라는 정보를 검색하여 서버가 보내주는 정보를 받아서 표시해주는 예제를 학습해보겠습니다.

클라이언트라고 해서 무조건 받기만 하는 것은 아니고 서버에 접속할 때 필요한 정보를 함께 보낼 수도 있습니다. 예를 들어 날씨 관련 자료를 받을 때 그냥 "날씨"라고 검색한다면 날씨와 관련된 다양한 자료가 쏟아질 것입니다. 이를 막기 위해 날씨 정보를 요청할 때에 "오늘 날씨" 혹은 "내일 날씨"라고 제한한 정보를 요청한다면 조금 더 정확한 정보를 받아 볼 수 있는 것입니다.

웹서버 접속과 동시에 자료를 보내는 방법은 주소 뒤에 ?를 쓰고 이름 = 자료라고 해주시면 됩니다. 그리고 보내는 자료가 여러 개라면 자료마다 &를 붙여서 여러 개의 정보를 웹사이트에 보내서 조회된 결과를 받아 볼 수 있습니다.

1) www.yourdomin.com?data1=100&data2=200&data3=300

1) 예는 만약 여러분들의 웹사이트가 있다면 그 곳에 자료를 보내면서 조회해보는 방법입니다.

2) www.search.daum.net/search?q=arduino

2) 예는 다음이라는 웹사이트에 arduino라는 정보를 보내서 arduino 관련된 검색내용을 받기 위한 방법입니다.

클라이언트가 보낸 자료를 받는 방법은 서버마다 다릅니다. 서버의 홈페이지를 개발한 회사가 자료를 받는 폼을 미리 만들기 때문입니다. 즉, 위 2)에서처럼 다음 넷은 arduino라는 정보를 찾아달라는 요청을 하실 때는 q?=arduino라고 표기해야만 합니다. q라는 이름이 오면 검색하라는 의미로 파악하는 것이죠.

아래 <sketch 13-5> 코드에서는 아두이노 이더넷 쉴드가 클라이언트로서 구글이라는 사이트의 웹서버에서 검색할 자료와 함께 접속하여 검색된 자료를 아두이노 이더넷 쉴드에서 받아보는 스케치입니다.

```
#include <SPI.h>
#include <Ethernet.h>

byte mac[] = { 0xDE, 0xAD, 0xBE, 0xEF, 0xFE, 0xED };
char server[] = "search.daum.com";

IPAddress ip(192, 168, 219, 198);

EthernetClient client;
```

```
void setup() {

  Serial.begin(9600);
  while (!Serial) {

  }

  if (Ethernet.begin(mac) == 0) {
    Serial.println("Failed to configure Ethernet using DHCP");
    Ethernet.begin(mac, ip);
  }

  delay(1000);
  Serial.println("connecting...");

  if (client.connect(server, 80)) {
    Serial.println("connected");
    client.println("GET /search?q=arduino HTTP/1.1");
    client.println("Host: search.daum.com");
    client.println("Connection: close");
    client.println();
  } else {
    Serial.println("connection failed");
  }
}

void loop() {

  if (client.available()) {
    char c = client.read();
    Serial.print(c);
  }

  if (!client.connected()) {
    Serial.println();
    Serial.println("disconnecting.");
    client.stop();

    while (true);
  }
}
```

<sketch 13-5> 이더넷 웹클라이언트로 다음넷에 접속하기

앞서 설명된 내용은 생략하고 살펴보겠습니다.

char server[] = "search.daum.com";를 통해 구글 주소를 넣어둡니다.

void setup() 함수 안에서는 if (client.connect(server, 80))이라는 조건문으로 구글에 80번 포트로 접속을 시도합니다.

if (client.connect(server, 80)) 조건문으로 80번 포트로 접속이 성공했다면 검색에 필요한 여러 가지 정보를 보내줍니다. 그 중에서 client.println("GET /search?q=arduino HTTP/1.1"); 부분이 바로 "arduino"라는 자료조회를 요청하는 부분입니다. 다음으로 void loop() 함수에서는 if (client.available()) 조건문을 통해서 서버가 전송해주는 데이터를 끝까지 client.read()로 읽어 와서 시리얼 통신을 통해 표시해줍니다. 그리고 if (!client.connected()) 조건문에서는 서버와의 접속이 끊어졌다면 "disconnecting."이라고 표시하고 while (true); 문을 통해 아무 것도 하지 않고 멈추게 됩니다.

13.2 와이파이쉴드를 통한 선 없는 사물인터넷에 도전

적어도 대한민국에서 와이파이라는 단어를 모르는 사람이 없을 정도로 우리 생활에 깊숙이 파고든 기술이 바로 Wireless Fidelity를 줄여 부르는 WI-FI라는 무선통신기술입니다.

와이파이는 미국의 본부를 둔 전기전자기술자협회의 LAN/MAN기술위원회의 표준기술을 토대로 한 와이파이 얼라이언스(Wi-Fi Alliance)라는 단체의 상표명입니다. 와이파이 규격을 준수하는 기기는 종류가 다르더라도 서로 통신이 가능합니다.

우리들 집에 무선 공유기가 있다면 여러 대의 PC 및 스마트폰이 동시에 인터넷에 접속하여 사용할 수가 있습니다. 이렇게 사용되는 방식을 인프라스트럭쳐 모드라고 합니다. 기본적으로 와이파이는 근거리네트워크 방식을 무선화한 것이므로 사용거리가 그리 길지 않습니다만 설치가 쉽고 전송속도가 빠르기 때문에 보급이 점증되는 추세입니다.

지금까지는 공유기와 아두이노의 이더넷 쉴드가 UTP케이블을 통해 유선으로 연결된 상태에서 여러 가지 동작을 구현해봤지만 이번 시간부터는 아두이노의 무선 와이파이 쉴드를 이용하여 선 없이 무선으로 동작되는 웹서버와 클라이언트를 만들어보겠습니다.

13.2.1 와이파이 웹서버를 활용한 아두이노 아날로그 포트 상태 웹서비스하기

먼저 아두이노의 무선 와이파이 쉴드라는 제품을 준비해야 합니다. 아두이노 와이파이쉴드는 인터넷에서 검색하시면 많은 제품을 손쉽게 구입하실 수 있습니다.

<그림 13-4> 무선 와이파이 쉴드

이전 시간에는 이더넷 쉴드는 집에 있는 공유기와 UTP케이블이라는 선으로 연결하고 또한 로컬 IP번호를 이더넷 쉴드에 부여하고 네트워크에 연결되어 통신을 했었습니다. 하지만 무선 와이파이 쉴드는 연결하는 방식이 다릅니다. 무선이니 무선으로 연결해야 합니다. 와이파이 쉴드로 연결하기 전에 공유기에 암호가 설정되어 있다면 해당 암호를 알아야만 접근이 가능합니다.

여러분들 집에서 사용하는 공유기에는 대부분 암호가 걸려있을 것입니다. 암호를 안 걸어놓고 사용하면 해킹의 위험이 있기 때문입니다. SSID라는 것이 있습니다. 이것은 여러분 공유기의 고유 이름(아이디)입니다. 스마트 폰 등에서 와이파이를 찾아보면 한 개 혹은 여러 개의 SSID가 보일 것입니다. 그중에서 여러분의 공유기의 고유이름(아이디)을 선택하면 암호를 물어보게 되어있고 암호가 맞으면 공유기에 접속이 되어 인터넷을 사용할 수가 있는 것이죠.

무선 와이파이 쉴드도 유선이 아닌 무선으로 공유기에 접속하기 위해서는 접속할 공유기의 이름과 암호를 스케치에서 넣어주면 와이파이쉴드를 통해 선 없이 공유기와 연결되는 것입니다.

구입하신 무선 와이파이 쉴드를 아두이노 우노 위에다가 핀들을 정확이 맞춰서 꽂아주세요. 이때 아두이노의 전원이 꺼진 상태에서 하셔야 합니다. 안 그럴 경우 쇼트로 인하여 고장 날 경우가 있습니다. 정확히 꽂으신 후 아두이노에 전원을 넣어 LED에 불이 들어오면 정상적으로 준비가 된 것입니다.

스케치를 통해서 아두이노가 무선 와이파이를 통해서 웹서버로 동작하도록 해보겠습니다. 아래 <sketch 13-6>은 아두이노 개발환경 예제에 있으니 그대로 불러와서 사용해도 됩니다. 단지, 아래 char ssid[] = “yourNetwork”; 부분에 여러분들의 와이파이 SSID를 넣어주시고 char pass[] = “secret Password”; 부분에 패스워드를 넣어주시면 됩니다.

```
#include <SPI.h>
#include <WiFi.h>
char ssid[] = "yourNetwork";
char pass[] = "secretPassword";
int keyIndex = 0;
int analogChannel=A3;
int status = WL_IDLE_STATUS;
```

```
WiFiServer server(80);

void setup() {
  Serial.begin(9600);
  if (WiFi.status() == WL_NO_SHIELD) {
    Serial.println("WiFi shield not present");
    while (true);
  }
  while (status != WL_CONNECTED) {
    Serial.print("Attempting to connect to SSID: ");
    Serial.println(ssid);
    status = WiFi.begin(ssid, pass);
    delay(10000);
  }


  server.begin();
  printWifiStatus();
}

void loop() {
  WiFiClient client = server.available();
  if (client) {
    Serial.println("new client");
    boolean currentLineIsBlank = true;
    while (client.connected()) {
      if (client.available()) {
        char c = client.read();
        Serial.write(c);
        if (c == '\n' && currentLineIsBlank) {
          client.println("HTTP/1.1 200 OK");
          client.println("Content-Type: text/html");
          client.println("Connection: close");
          client.println("Refresh: 5");
          client.println();
          client.println("<!DOCTYPE HTML>");
          client.println("<html>");

            int sensorReading = analogRead(analogChannel);
            client.print("analog input ");
            client.print(analogChannel);
            client.print(" is ");
            client.print(sensorReading);
```

```
            client.println("<br />");

          client.println("</html>");
          break;
        }


        if (c == '\n') {
          currentLineIsBlank = true;
        } else if (c != '\r') {
          currentLineIsBlank = false;
        }
      }
    }
    delay(1);
    client.stop();
    Serial.println("client disonnected");
  }
}


void printWifiStatus() {
  Serial.print("SSID: ");
  Serial.println(WiFi.SSID());

  IPAddress ip = WiFi.localIP();
  Serial.print("IP Address: ");
  Serial.println(ip);

  long rssi = WiFi.RSSI();
  Serial.print("signal strength (RSSI):");
  Serial.print(rssi);
  Serial.println(" dBm");
}
```

〈sketch 13-6〉 아두이노 와이파이 웹서버

위 스케치 또한 앞서 배운 이더넷 쉴드와 거의 같은 동작을 하기 때문에 새로운 부분만 설명해 드리겠습니다.

WiFiServer server(80);는 80번 포트로 통신하는 server라는 객체를 만들어서 사용할 준비를 합니다. if (WiFi.status() == WL_NO_SHIELD) 조건문에서는 와이파이쉴드가 있는지 없는지 체크합니다. 그리고 while (status != WL_CONNECTED)라는 조건반복문을 통해 와이파이가 연결되지 않은 상태라면 연결될 때까지 반복하여 접속을 시도합니다.

status = WiFi.begin(ssid, pass);라는 명령은 ssid와 암호를 넣어 접속을 10초마다 시도하여 그 성공여부를 status에 넣어주고 status가 성공이면 while문은 끝나게 됩니다.

while문이 끝나면 이는 접속가능 상태임을 의미하므로 비로소 server.begin();를 통해 와이파이를 시작합니다.

그리고 printWifiStatus() 함수를 통해서 현재 접속한 SSID를 표시하고 부여받은 로컬IP도 표시해줍니다 그리고 난 후 void loop()에서는 5초마다 반복하여 아날로그 핀 A3번을 읽어서 접속한 클라이언트에게 표시해주는 예제입니다. 물론 이 이 예제에서는 A3에 아무것도 연결된 것이 없지만 이곳에 온도 센서 혹은 광 센서 또는 적외선 센서를 붙여서 사용할 수 있습니다. 여러분들이 원하는 기능으로 구현해보시기 바랍니다.

void loop() 부분은 이미 이더넷 환경에서 배운 내용이기 때문에 설명은 생략하겠습니다.

13.2.2 아두이노 무선 와이파이 웹클라이언트

이번에는 무선 와이파이 통신으로 아두이노를 웹클라이언트로 사용해보도록 하겠습니다. 설명했다시피 클라이언트는 서버의 정보를 요청하여 받아보는 쪽을 의미합니다.

물론 서버에게 정보를 보낼 수도 있다고 했습니다. 조금 자세히 얘기해보겠습니다. 보낸 정보를 서버가 처리하게 하려면 웹서버가 원하는 폼(규격)대로 맞춰서 자료를 보내야 합니다. 만약 여러분들이 웹사이트를 만들었다면,

예를 들어 회원을 관리하는 웹서버를 만들어 서비스한다고 할 때에 각 클라이언트들이 이름과 나이 핸드폰 번호 등의 회원정보를 보내줄 때 어떤 사람은 이름을 irum이라고 해서 서버에 보내주는 사람도 있고 이름을 name이라고 하는 사람 또한 sungmyung(성명)이라고 보내주는 사람 등 멋대로 보내주면 웹서버가 혼동할 수가 있기 때문에 아마도 규칙을 정해서 보내고 받는 것이 효율적일 것입니다. 이름은 name으로 보내라 그리고 나이는 age 전화번호는 phone이라는 변수라고 정해 놓는다면 웹서버와 정확하게 정보를 주고 받을 수가 있겠죠?

예를 들어 www.mysever.com?name1=홍길동&age=21&phone=010-1111-1111라고 보낸다면 명확하죠? 실제로도 웹에서 정보를 보내줄 때 이와 같은 방식으로 보내며 서버에서는 이를 처리하여 다양한 서비스를 처리합니다.

자, 그럼 아두이노에서 직접 실습해볼까요? 바로 앞에서 배운 내용과 마찬가지로 char ssid[] = “yourNetwork”;에는 여러분 공유기의 SSID를 넣어주시고, char pass[] = “secretPassword”;에는 암호를 넣어주세요. 이 예제 또한 구글에 접속하여 “arduino”라는 검색어를 웹서버에게 보내주고 웹서버가 검색하여 나온 값을 읽어오는 예제입니다.

아래 <sketch 13-7> 스케치는 아두이노 개발환경에서 WIFI 예제에 있으니 불러와서 업로드하시면 됩니다. 물론 ssid와 pass 부분은 여러분 공유기 정보로 변경해야 합니다.

```
#include <SPI.h>
#include <WiFi.h>

char ssid[] = "yourNetwork";
char pass[] = "secretPassword";
int keyIndex = 0;

int status = WL_IDLE_STATUS;
char server[] = "search.daum.com";

WiFiClient client;

void setup() {

  Serial.begin(9600);

  if (WiFi.status() == WL_NO_SHIELD) {
    Serial.println("WiFi shield not present");
    while (true);
  }
  while (status != WL_CONNECTED) {
    Serial.print("Attempting to connect to SSID: ");
    Serial.println(ssid);
    status = WiFi.begin(ssid, pass);
    delay(10000);
  }
  Serial.println("Connected to wifi");
  printWifiStatus();

  Serial.println("\nStarting connection to server...");
  if (client.connect(server, 80)) {
    Serial.println("connected to server");
    client.println("GET /search?q=arduino HTTP/1.1");
    client.println("Host: www.google.co.kr");
    client.println("Connection: close");
    client.println();
  }
}

void loop() {
  while (client.available()) {
    char c = client.read();
    Serial.write(c);
  }
```

```
    if (!client.connected()) {
      Serial.println();
      Serial.println("disconnecting from server.");
      client.stop();
      while (true);
    }
  }


  void printWifiStatus() {
    Serial.print("SSID: ");
    Serial.println(WiFi.SSID());

    IPAddress ip = WiFi.localIP();
    Serial.print("IP Address: ");
    Serial.println(ip);

    long rssi = WiFi.RSSI();
    Serial.print("signal strength (RSSI):");
    Serial.print(rssi);
    Serial.println(" dBm");
  }
```

〈sketch 13-7〉 아두이노 웹클라이언트로 다음넷 접속

스케치를 살펴보면 와이파이쉴드가 정상적으로 연결되었다면 WiFi.begin(ssid, pass);를 통해 공유기에 접속합니다. 공유기와 연결된 후에는 printWifiStatus(); 함수를 호출하여 현재 접속된 내공유기의 SSID를 WiFi.SSID() 함수를 통해서 보여주고 다음으로 WiFi.localIP(); 함수를 통해 나의 로컬IP를 표시하고 WiFi.RSSI();를 통해 신호강도를 표시해줍니다.

다음으로 client.connect(server, 80)를 통해 search.daum.com 서버에 연결되어 검색어인 "arduino"를 보내줍니다. 그리고 loop()에서 while (client.available())을 통해서 구글에서 보내주는 검색결과를 한 글자씩 끝까지 읽어와서 시리얼 통신을 창에 뿌려주고 연결을 끊습니다.

13.2.3 외부에서 아두이노 이더넷에 접속

지금까지 여러분들이 학습한 방법 중에서는 유선이더넷이든지 무선 와이파이든지 외부 웹사이트에 접속은 잘 되었지만 반대로 외부 즉, 여러분 공유기의 영역이 아닌 완전히 떨어진 외부 지역에서는 아두이노에게 접속은 불가능했습니다.

왜냐하면 여러분들의 아두이노에 부여된 IP번호는 192.168.0.X로서 내부용 IP이기 때문입니다. 따라서 외부에서는 여러분들의 AP공유기까지 다가 올 수는 있지만 내부 IP까지는 들어올 수는 없습니다. 내부IP까지 들어오려면 공유기에서 포트 포워딩이라는 처리를 해줘야 합니다. 다양한 종류

의 공유기가 있기 때문에 공통적인 내용으로 설명하려 합니다.

여러분들 집에 공유기기 있다는 가정하에 설명하여드리겠습니다. 여러분들의 컴퓨터 인터넷 브라우저 주소창에 http://192.168.0.1이라고 입력하시면 <그림 13-5>와 같은 내용이 보일 것입니다.

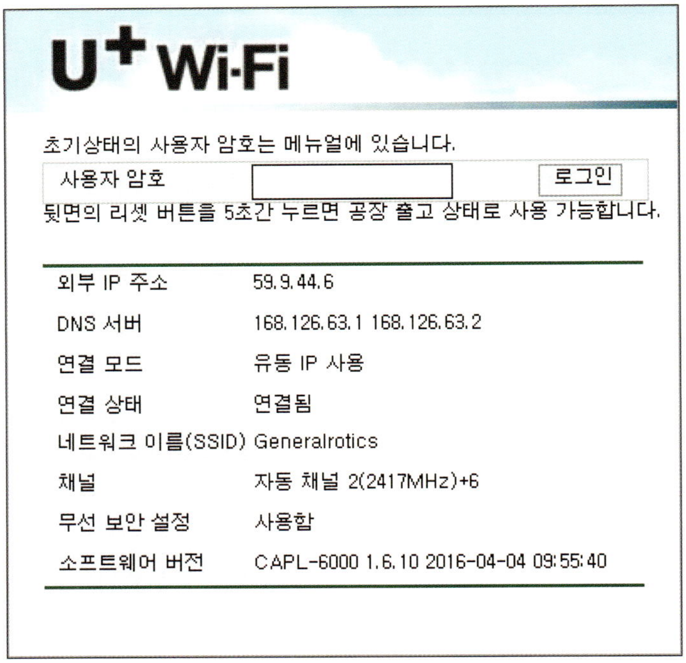

U+ Wi-Fi

초기상태의 사용자 암호는 메뉴얼에 있습니다.

사용자 암호 [ ] 로그인

뒷면의 리셋 버튼을 5초간 누르면 공장 출고 상태로 사용 가능합니다.

외부 IP 주소	59.9.44.6
DNS 서버	168.126.63.1 168.126.63.2
연결 모드	유동 IP 사용
연결 상태	연결됨
네트워크 이름(SSID)	Generalrotics
채널	자동 채널 2(2417MHz)+6
무선 보안 설정	사용함
소프트웨어 버전	CAPL-6000 1.6.10 2016-04-04 09:55:40

<그림 13-5> 공유기 설정 1

암호를 모르시면 해당 공유기 구입한 곳에 문의하시기 바랍니다. 암호를 입력하시고 로그인 하시면 <그림 13-6>과 같은 초기 설정화면이 보일 것입니다. 공유기 종류나 통신회사마다 화면이 다르게 나올 수 있습니다만 잘 읽어보시면 비슷한 내용들이니 차근차근 시도해보시기 바랍니다.

초기 설정화면에서는 빨강색 사각형으로 표시된 부분의 IP주소가 외부에서 여러분들 공유기까지 접근할 수 있는 외부IP 번호입니다. 해당 IP주소를 외부에서 입력하면 공유기까지는 접근된다는 의미입니다. 그러나 여기에서부터 내부IP로 들어가려면 포워딩을 해주어야만 내부 아두이노에게 접근할 수 있습니다.

예를 들어 외부에서 브라우저를 통해 아래 <그림 13-6> 주소인 59.9.44.X라는 접속하게 되면 공유기가 192.168.192.X라는 IP를 가진 아두이노에게 연결하게 되는 것입니다.

<그림 13-6> 공유기 설정 2

자, 그럼 실제 포토 포워딩하는 부분을 살펴볼까요?

위 <그림 13-6>에서 왼쪽 메뉴를 보시면 '고급설정'이라는 부분이 있습니다. 클릭하시면 아래 <그림 13-7>이 나옵니다. 이곳에서 'NAT설정' 부분의 포트 포워딩을 선택하세요.

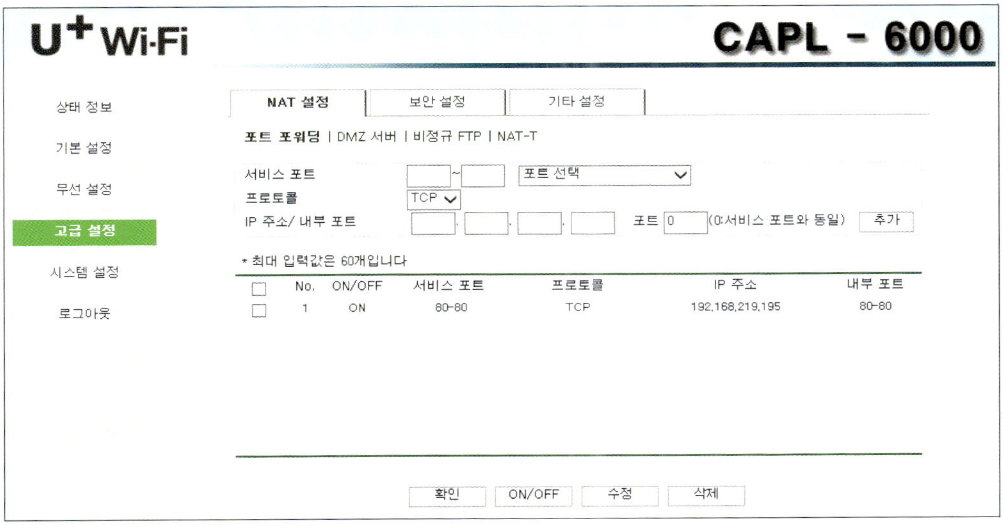

U+ Wi-Fi CAPL - 6000

상태 정보 / 기본 설정 / 무선 설정 / 고급 설정 / 시스템 설정 / 로그아웃

NAT 설정 | 보안 설정 | 기타 설정

포트 포워딩 | DMZ 서버 | 비정규 FTP | NAT-T

서비스 포트 ~ 포트 선택

프로토콜 TCP

IP 주소/ 내부 포트 . . . 포트 0 (0:서비스 포트와 동일) 추가

* 최대 입력값은 60개입니다

	No.	ON/OFF	서비스 포트	프로토콜	IP 주소	내부 포트
☐	1	ON	80-80	TCP	192.168.219.195	80-80

확인 ON/OFF 수정 삭제

<그림 13-7> 포트 포워딩

포트 포워딩 정보는 서비스포트에 웹서비스 통신을 위한 포트번호 80번을 넣어주시고 프로토콜

에는 'TCP', IP주소에는 여러분들의 아두이노에 부여된 IP주소를 입력해주시고 '추가'를 해주시고 '확인'을 누르시면 모든 준비가 완료됩니다.

아두이노 보드에 무선 와이파이 웹서버 혹은 유선이더넷 웹서버를 아두이노 보드에게 업로드 하신 후 외부에서 여러분들 집에 부여된 IP주소 즉, <그림 13-6>의 IP주소로 접속하시면 공유기에서 내부 IP로 포워딩해줌으로 아두이노 보드의 웹서버에 접근할 수가 있게 되는 것입니다.

혹시 설명한대로 진행해도 연결이 안된다면 윈도우의 방화벽에서 웹서비스 포트를 막고 있는지 확인해보시고 IP주소와 로컬주소를 제대로 입력했는지 등을 확인해 보시기 바랍니다.

ㄱ

건전지 전압 194
게이트웨이 19
결과형(return type) 159
광 센서(LDR-light dependent resistor) 203
교류(AC, Alternating Current) 26
기계 학습(Machine Learning) 131
깜빡이기 176, 177, 179

ㄴ

내부의 LED 176
네트워크 토폴로지(Topology) 17

ㄷ

단방향(Simplex) 68
단편화(Fragmentation 또는 Segmentation) 94
데이터 마이닝(Data Mining) 130
데이터의 충돌 121
동기식 전송 72, 73
디지털 포트 175

ㄹ

레귤레이터 29
릴레이 제어 224
링 토폴로지 18

ㅁ

마스터(Master) 235
매개변수(parameter) 159
매시 토폴로지 19
멀티테스터기 34
메아리 통신 164
멜로디 연주하기 197
명암 67
무선 통신 77, 82, 88
무선 와이파이 쉴드 268
문자보내기 161

ㅂ

반송파 주파수(Carrier Frequency) 112
변조(Modulation) 83
보안 인증 134
복호화 137
복호화(Decryption) 135
부품이 장착된 기판 31
브레드보드 32
비동기식 전송 72, 73

ㅅ

사물 간 통신 프로토콜 설계 101
사물인터넷 13
사물인터넷 장치 264
사물인터넷과 클라우드 130
서미스터 특성 41
서미스터의 출력전압 44
서보모터 제어하기 226
센서와 아두이노 연결 16
스위치 182, 185, 188, 189, 190
스케치 167
스타 토폴로지 18
스테핑모터 229
슬레이브(Slave) 235
시리얼 통신 142, 157, 165, 236, 273
시리얼(Serial) 통신 74
시분할 다중화(TDM, Time Division Multiplexing) 109

ㅇ

아날로그 신호의 표본화 64
아날로그 포트 175
아두이노 개발환경 145, 167
아두이노 무선 와이파이 271
아두이노 보드 동작방식 141
아두이노 설치 148
아두이노 웹서버 255
아두이노 웹클라이언트 264
아두이노 이더넷 쉴드 251
아두이노 코딩 158
아두이노(Arduino) 14
아두이노(Arduino) 보드 141
아두이노 보드의 동작방식 143
암호화(Encryption) 135, 136
양방향(Duplex) 68
양자화 개념 65
양전하와 음전하 80
업로드 하기 161
온도 검출소자 40
온도 센서 39
온도 센서 완성도 54

와이파이쉴드 267
외부 LED 177
외부세계 203
웹서버(WebServer) 256
웹클라이언트 271
유선 통신 77
이더넷 모듈 연결 16
인력과 척력 23
인자(argument) 159

ㅈ

자바설치 146
적외선 센서 209
전기장(Electric Field) 23
전류, 전압, 그리고 저항 23
전류의 방향 24
전원장치 27
주파수 분할 다중화(FDM, Frequency Division Multiplexing) 111
지그비(ZigBee) 115
직렬연결과 병렬연결 25
직류(DC, Direct Current) 26

ㅊ

채널 액세스 프로토콜 108
초음파 센서 211

ㅋ

캡슐화(Encapsulation) 95
컴퓨팅 플랫폼(Computing Platform) 132
클라우드 네트워크 129
클라우드 컴퓨팅(Cloud Computing) 130

ㅌ

택트 스위치(Tact Switch) 182
통신 프로토콜(Communication Protocol) 93

ㅍ

파동의 진행방향 82
패러럴 통신 76
패러럴(Parallel) 통신 75
플랫폼(Platform) 132
픽셀 66

ㅎ

해킹 13

C

CDS 센서 203
CHAP(Challenge Handshake Authentication Protocol) 134
CMD 화면 252
CPU(Central Processing Unit) 14

D

Data Bus 54
Data Field 101, 106
DC모터 203, 219, 221, 227
Decoding 71
Demodulation 71, 83
DHT22 213, 214, 262
Duplex 68

F

FDDI(Fiber Distributed Data Interface) 119
Field 101, 102, 105
FireWire 76
Full-Duplex 68

I

I2C(Inter Integrated Circuit) 72
IDII(Interaction Design Institute Ivera) 14
IEEE1394 76
IoT(사물인터넷) 131, 256
IP주소 122, 254, 274, 276
IrDA(Infrared Data Association) 86
IRED(Infra-Red Emitting Diode) 84

M

MA(Multiple Access) 121
MCU(Micro Controller Unit) 14

P

PAP(Password Authentication Protocol 134
PARC(Palo Alto Research Center) 119

S

SO(Smart Object) 101
SOCP(Smart Object Communication Protocol) 101
SPI(Serial Periheral Interface) 240

이용국

- 연세대학교 전자공학 학사
- 연세대학교 전자공학 석사
- 연세대학교 전자공학 박사
- 삼성종합기술원 선임연구원
- 한국과학재단 해외Post-Doc
- (Dept. of E&EE, California State Univ., Sacramento)
- (현) 신구대학교 정보통신 전공 교수

김동준

- 명지대학교 부동산투자경영학 석사
- 강원대학교 법학석사
- 강원대학교 법학박사 수료
- (현) 제네랄로보츠 대표(무인화기기)
- (현) 신구대학교 모바일IT 전공 겸임 교수

사물인터넷과 아두이노 프로그래밍

지 은 이 | 김동준 · 이용국

펴 낸 이 | 김형근

펴 낸 곳 | 도서출판 기한재

주 소 | 경기도 파주시 회동길 56 (파주출판도시)

전 화 | 031)955-0900~2

팩 스 | 031)955-0100

등 록 | 1990년 3월 15일 제2-968호

발 행 | 2017년 8월 30일 1판 1쇄

정 가 | 19,000원

Published by Kihanjae Co.
ISBN 978-89-7018-778-5
http://www.kihanjae.com
E-mail : kihanjae@hanmail.net